U0182068

多尺度聚丙烯纤维混凝土试验研究

梁宁慧　刘新荣　著

科学出版社

北京

内 容 简 介

本书以室内试验为基础，研究了掺入聚丙烯粗纤维、细纤维及多尺度聚丙烯纤维对混凝土的抗裂性能、轴向拉伸性能、立方体抗压性能、弯曲性能、SHPB 动态压缩性能、抗冻融循环和抗渗性能等的影响，确定聚丙烯纤维掺量、粗细聚丙烯纤维混掺比例等因素对混凝土综合性能的作用，得到聚丙烯纤维混凝土的最佳掺量和比例，并结合理论分析多尺度聚丙烯纤维混凝土的增强机理，为实际工程应用提供参考。

本书可供土木工程行业科研人员、专业工程技术人员和高等院校相关专业师生参考使用。

图书在版编目（CIP）数据

多尺度聚丙烯纤维混凝土试验研究/梁宁慧，刘新荣著. —北京：科学出版社，2022.6
ISBN 978-7-03-070546-4

Ⅰ. ①多… Ⅱ. ①梁… ②刘… Ⅲ. ①聚丙烯纤维–影响–混凝土–材料试验–研究 Ⅳ. ①TU528

中国版本图书馆 CIP 数据核字（2021）第 247534 号

责任编辑：周 炜 罗 娟／责任校对：任苗苗
责任印制：赵 博／封面设计：陈 敬

科 学 出 版 社 出版
北京东黄城根北街 16 号
邮政编码：100717
http://www.sciencep.com

北京富资园科技发展有限公司印刷
科学出版社发行 各地新华书店经销

*

2022 年 6 月第 一 版 开本：720 × 1000 1/16
2023 年 1 月第二次印刷 印张：16 1/2
字数：330 000

定价：118.00 元
（如有印装质量问题，我社负责调换）

前　言

混凝土在土木工程中应用广泛，如何克服混凝土易开裂的弱点，一直是工程界研究的重要课题。自工程纤维被引入混凝土并取得较好效果后，如何通过不同种类、不同尺寸纤维的合理搭配产生正效应，引起了广大研究人员的关注。近年来，合成纤维发展较快，尤其是聚丙烯纤维，在国内外工程界得到广泛的推广和应用。多尺度聚丙烯纤维混凝土是指将同品质、不同几何形态的三种或三种以上的聚丙烯纤维掺入混凝土中的新型复合建筑材料。聚丙烯细纤维对混凝土的早期塑性开裂有抑制作用，对后期硬化混凝土的抗裂性能改善较小。以往采用聚丙烯纤维与钢纤维混掺的方法阻止硬化混凝土的开裂，提高韧性，但钢纤维存在易锈蚀、价格高等缺点。聚丙烯粗纤维是一种新型增强增韧材料，具有耐腐蚀性能好、价格低等优点，在环境较为恶劣的工程中可代替钢纤维使用。目前不同尺寸聚丙烯纤维混凝土的力学效应研究还处于理论阶段，工程应用还未普及。因此，研究多尺度聚丙烯纤维混凝土的基本力学性能对推动此材料的发展和应用具有重要意义。

为了深入了解多尺度聚丙烯纤维混凝土的力学性能，为开发合成纤维增强混凝土新结构形式探索道路，本书采用室内试验和理论分析相结合的方法，利用抗裂性能试验、轴向拉伸试验、立方体抗压试验、弯曲试验、切口梁三点弯曲试验、分离式霍普金森压杆动态压缩试验、冻融循环试验和抗渗性试验等系统地研究了多尺度聚丙烯纤维混凝土试件的基本力学性能及耐久性能。

本书的主要内容包括：第1章，绪论；第2章，多尺度聚丙烯纤维混凝土抗裂性能试验；第3章，多尺度聚丙烯纤维混凝土抗拉压性能试验；第4章，多尺度聚丙烯纤维混凝土弯曲性能试验；第5章，多尺度聚丙烯纤维混凝土断裂性能研究；第6章，聚丙烯纤维混凝土纤维桥接应力；第7章，多尺度聚丙烯纤维混凝土基于SHPB的动态抗压力学性能研究；第8章，多尺度聚丙烯纤维混凝土抗冻融性试验研究；第9章，多尺度聚丙烯纤维混凝土抗渗性试验研究。通过各种力学试验分别研究了聚丙烯粗、细纤维以及多尺度聚丙烯纤维对混凝土基本力学性能的影响并进行比较，得出多尺度聚丙烯纤维综合效果最佳的配合比。

本书内容是作者多年来从事聚丙烯纤维混凝土技术领域科研工作的积累。本书作者科研团队成员代继飞、钟杨、杨鹏、郭哲奇、缪庆旭、兰菲、游秀菲、严如、任联玺、毛金旺、周侃等做了大量的相关研究工作，付出了辛勤的劳动。在研究过程中得到了重庆大学土木工程学院陈林、明成云、胡顺利、姚万成、陈古平等老师的大力支持，也得到了陆军勤务学院刘元雪教授、石少卿教授的热心帮助。在此一并表示感谢。

本书研究成果得到国家自然科学基金（41972266）、国家重点研发计划（2018YFC1504802）、中央高校基本科研业务费（106112015CDJXY200007、CDJZR11200002）和重庆市技术创新与应用示范专项社会民生类重点研发(cstc2018jscx-mszdX0071)等项目的资助，在此深表感谢。

限于作者水平，书中难免存在疏漏和不足之处，敬请读者批评指正。

作　者
2021 年 6 月

目　　录

第1章 绪 论

1.1 概 述

随着以三峡大坝、杭州湾跨海大桥、南水北调、西气东输等为代表的大型工程的实施，我国基础设施建设已经迈入新一轮的快速发展阶段。在土木工程中广泛应用的材料是混凝土，混凝土是一种多孔的脆性材料，抗压强度好，抗拉强度差，对冲击、开裂、疲劳的抵抗能力差。如何克服混凝土的弱点，一直是工程界研究的重要课题。受古代建筑土墙中掺入稻草的启发，人们发现掺入纤维可提高混凝土的抗拉强度、抗冲击性能和刚度。然而，由于一直忙于追求提高混凝土的各种力学性能，人们忽略了混凝土的耐久性问题，从而导致许多工程未达到设计使用年限，便出现重大安全隐患，造成巨大的经济损失。采用纤维增强混凝土是目前国际上公认的提高混凝土韧性和耐久性的有效方法之一。纤维增强混凝土（fiber reinforced concrete，FRC），简称纤维混凝土，是以混凝土为基体、各种纤维为增强相的一种新型复合建筑材料。

工程常用的混凝土增强纤维有钢纤维和非钢纤维两大类，钢纤维增强效果相对明显，工程中应用多，但价格高；非钢纤维分为高弹纤维（如玻璃纤维、碳纤维、石棉纤维等）和低弹纤维（如聚丙烯、尼龙等合成纤维）。其中，玻璃纤维在混凝土中不易搅拌均匀，对混凝土强度有负面作用；碳纤维的强度和刚度性能较优，胜过钢纤维，但其价格昂贵；石棉纤维对人体健康有负面作用。最近几十年内合成纤维发展较快，主要是聚丙烯（polypropylene，PP）纤维，它相对其他合成纤维如尼龙、芳纶等具有强度大、耐腐蚀、价格低等优点，在工程界得到广泛应用，被视为近代混凝土技术发展的新方向[1]。

20世纪70年代以来，钢纤维由于其较为显著的抗裂效果，在工程界得到广泛应用。但是钢纤维增强混凝土也有缺陷，尤其在某些特殊环境中。例如，在潮湿与腐蚀性环境中钢纤维容易生锈；钢纤维在路面应用中若处理不当会损伤车辆轮胎；喷射混凝土中掺加钢纤维对喷射装置磨损大等，而且钢纤维密度相对较大且回弹率较高。因此，工程界试图用能克服钢纤维缺陷的其他纤维代替钢纤维。未改性的聚丙烯细纤维弹性模量低，与混凝土的黏结性不好，当掺量过高时，会影响其在混凝土中的分布。经过改性的聚丙烯细纤维也主要用于减少混凝土的塑性早期裂缝。20

世纪 90 年代中期，聚丙烯粗纤维被人们开发出来，与聚丙烯细纤维相比，粗纤维的主要特点是尺度(直径、长度)大，弹性模量高，与混凝土的黏结性能好。试验证明，将体积分数大于 0.3%的聚丙烯粗纤维加入混凝土中，可显著提高混凝土的抗变形能力，减少混凝土硬化后期裂缝，增大混凝土的韧性、抗疲劳性、抗冲击性、抗冻性与抗渗性。在特殊环境中，聚丙烯粗纤维可以代替混凝土中的钢纤维，此方法已在实际工程中得到推广。借鉴国外经验，近年来我国自主开发的聚丙烯粗纤维已可批量生产[2]。

解决混凝土早期塑性开裂问题最简单有效的方法就是在混凝土中掺入细合成纤维。聚丙烯细纤维对阻止混凝土的早期塑性开裂十分有效，但对混凝土硬化后期韧性和抗裂性的改善效果不理想。工程界通常采用钢纤维提高硬化混凝土的抗裂性和韧性，但钢纤维存在易锈蚀、质量大、易结团、易损伤搅拌机器、有磁性干扰、价格高等问题，混凝土搅拌站一般都不愿提供钢纤维混凝土。而聚丙烯粗纤维是一种新型增强增韧材料，具有耐腐蚀性能好、质量轻、易分散、对搅拌机器无损伤、无磁性干扰、价格低等优点，较好地克服了钢纤维的缺点。由此，将聚丙烯粗、细纤维混杂使用，是否既可以改善混凝土早期开裂问题，也可以提高硬化混凝土后期开裂性能？根据以往的工程经验，聚丙烯细纤维的掺量一般采用 0.9kg/m³，聚丙烯粗纤维的掺量一般采用 4.0～8.0kg/m³；钢纤维的掺量一般采用 40～60kg/m³。2018年聚丙烯细纤维的价格一般为 7～15 元/kg，聚丙烯粗纤维价格在 20 元/kg 左右，钢纤维的价格为 4～6 元/kg。每立方米混凝土中聚丙烯细纤维的造价为 6.3～13.5元，每立方米混凝土中聚丙烯粗纤维的造价为 80～160 元，每立方米混凝土中钢纤维的造价为 160～360 元，每立方米聚丙烯粗纤维混凝土比钢纤维混凝土造价节约80～200 元，每立方米聚丙烯粗、细纤维混凝土比钢纤维混凝土造价节约 74～187元。从经济角度上讲，效益是可观的。那么，聚丙烯粗、细纤维混凝土的力学性能是否也能满足工程需要呢？是否也能改善混凝土的韧性呢？聚丙烯粗、细纤维混掺后其力学性能又能有什么改善呢？一系列问题就接踵而至。本书分别对聚丙烯细纤维混凝土、聚丙烯粗纤维混凝土、一种细纤维与一种粗纤维混掺的聚丙烯纤维混凝土及两种细纤维与一种粗纤维混掺的聚丙烯纤维混凝土的力学性能进行试验研究。根据工程经验和以往的试验数据分别确定了聚丙烯细纤维和聚丙烯粗纤维在混凝土中的掺量，利用抗裂性能试验、直接拉伸试验、轴压试验、弯曲试验、切口梁三点弯曲试验、冻融循环试验及抗渗性试验测定其基本力学性能、抗冻融及抗渗性能等，研究聚丙烯细纤维、聚丙烯粗纤维及多尺度聚丙烯纤维对混凝土抗裂性能和基本力学性能的影响，为未来的工程设计提供试验依据和力学性能参数；通过对纤维混凝土试件抗拉、抗压应力-应变曲线的结果分析，了解纤维混凝土在单轴受力过程中的力学效应；通过轴压试验来分析多尺度聚丙烯纤维对混凝土抗压性能的影响；通过弯曲韧性试验来评价多尺度聚丙烯纤维对混凝土抗弯韧性的影响，验证多尺度聚丙烯纤维对混凝土韧性的改善；根据聚丙烯纤维混凝土断裂韧性试验，对比研究纤维掺量、粗细纤维混掺比例等因素对聚丙烯纤维混凝土断裂韧性的影响；通过建立单根纤维的拉拔模型，研究影响纤维桥接作用的因素，为聚丙烯纤维混凝土断裂机理研究、结构稳定性评价及破坏预测提供理论依据；通过动态压缩试验研究多尺度聚丙烯纤维混凝土的动力特性以及动态压缩力学特性机理；通过冻融循环试验，研究冻融循环对多尺度聚丙烯纤维混凝土质量损失、表面破坏以及动弹性模量的影响等；通过抗渗性试验，探究聚丙烯纤维是否能够提高混凝土的抗渗性能和聚丙烯纤维尺寸、掺量以及粗细纤维混掺比例对混凝土抗渗性能的影响，为此类材料在工程上的应用和推广提供试验依据和理论基础。

1.2　国内外研究现状

20 世纪 60 年代，Goldfein 建议在混凝土中加入聚丙烯细纤维，用于建造军队的防爆建筑，可以说是合成纤维混凝土的首次应用[3]。经过工程界多年探索性应用，发现聚丙烯纤维不但可以作为非结构性补强材料来减少塑性收缩裂缝，而且可以提高构件的承载能力，增强结构延性[4]。随着合成工业的发展，聚丙烯粗纤维由美国、日本于 20 世纪末研制成功，2000 年推向市场。目前，工程中使用较多的有日本的 Barchip、美国的 Forta 和 HPP152 等聚丙烯粗纤维。宁波大成新材料股份有限公司生产的高性能异型塑钢纤维（又称聚丙烯粗纤维）是一种新型建筑材料，它对控制混凝土裂缝有较大作用，尤其对混凝土的韧性和抗冲击性能提高幅度较大，与传统的钢筋网、钢纤维相比使用更方便、更经济。

1.2.1　聚丙烯细纤维混凝土

1. 聚丙烯细纤维对混凝土抗裂性能的影响

目前，针对聚丙烯细纤维的种类、长径比、掺量等对混凝土塑性收缩裂缝影响的试验研究表明，聚丙烯细纤维有细化裂缝的作用，能有效延缓混凝土早期塑性收缩裂缝的产生和发展，改善混凝土内部的细观结构，减少混凝土内部原生微裂缝的扩展，使混凝土裂缝宽度减小[5-9]。

Banthia 和 Gupta[10]通过试验研究发现聚丙烯细纤维能有效控制混凝土塑性开裂。聚丙烯纤维越细，控制塑性开裂的效果越好，纤维越粗，控制塑性开裂的效果越差。聚丙烯纤维越长，控制塑性开裂效果越好；反之，效果越差。其中，束状聚丙烯纤维对混凝土塑性开裂控制效果最好。

Banthia 和 Cheng[11]通过研究聚丙烯细纤维长度和掺量对混凝土塑性收缩裂缝的影响得出结论：混凝土裂缝面积和最大裂缝宽度与聚丙烯纤维的长径比成反比。

Wang 等[12]在研究聚丙烯细纤维改善混凝土塑性收缩裂缝机理时，研究了不同纤维掺量水泥浆体的累计水分损失和孔隙结构。试验结果表明，掺入聚丙烯细纤维后试件的累计水分损失减小，孔隙中多了一组直径较大的孔，并且纤维掺量越大，较大毛细孔的数量越多。混凝土试件成型后，聚丙烯纤维表面形成吸附水膜，增加了渗水通道的曲折性，减小了累计水分损失并增多了较大毛细孔数量。

戴建国等[13]参照 Soroushian 等[14]的试验方法，研究了聚丙烯细纤维对混凝土和砂浆早期塑性收缩性能的影响。试验发现，聚丙烯纤维掺量较少时能有效地控制混凝土和砂浆的早期塑性收缩裂缝，聚丙烯纤维体积含量是影响混凝土和砂浆裂缝的主要因素。

马一平等[15]对改性聚丙烯细纤维混凝土进行了塑性收缩试验，发现聚丙烯细纤维使混凝土裂缝细化、均匀且开裂宽度减小，纤维直径越小抗塑性收缩能力越好；改性后的聚丙烯纤维表面能增加纤维与水泥基体之间的界面黏结强度，提高混凝土的抗塑性收缩性能。

张佚伦等[16]、禹凯等[17]研究了相同水灰比和相同坍落度两种试验条件下，聚丙烯细纤维不同掺量对混凝土早期收缩和工作性能的影响。得出结论：两种试验条件下，聚丙烯纤维均能在一定范围内减少混凝土的早期收缩。纤维的减缩效果随掺量的增加而增加；减缩率与掺量不呈线性关系，当纤维掺量达到一定值时，减缩率增加不明显。由于聚丙烯纤维的掺入会明显降低新拌混凝土的坍落度，在确定聚丙烯纤维的最佳掺量时应综合考虑减缩效果和坍落度损失、经济等因素，聚丙烯纤维的掺量宜选在 0.9kg/m³ 左右，即体积分数在 0.1%左右。

刘数华和何林[18]通过试验研究了聚丙烯细纤维对混凝土的强度、脆性、弹性模量和极限拉伸值等物理力学性能的影响。结果表明，在混凝土中掺入一定量的聚丙烯纤维是预防混凝土开裂的有效途径，能有效地提高混凝土的抗裂性能。

李东和叶以挺[19]以开裂时间和开裂面积为指标，采用正交设计法研究了粉煤灰掺量、施工工艺等对聚丙烯细纤维混凝土早期抗裂性能的影响，得到结论：粉煤灰掺量不同、混凝土搅拌工艺不同对聚丙烯纤维混凝土抗裂性能的改善也不同。

李红君等[20]采用温度应力试验机研究了聚丙烯细纤维对混凝土早期开裂敏感性的影响。研究表明，聚丙烯纤维能较大幅度地提高混凝土的早期抗拉强度，抑制混凝土的早期收缩，提高混凝土的早期抗裂性能。

王可良和刘玲[21]研究了不同聚丙烯细纤维掺量对 C25 混凝土拌和物性能、混凝土早期和后期的抗压强度、抗渗性能、劈裂抗拉强度及塑性开裂的影响。研究表明，聚丙烯纤维能改善混凝土的抗压强度，减少混凝土塑性裂缝。

潘超等[22]利用聚丙烯细纤维对混凝土的影响，选用对防渗墙、路基等有利的低弹性模量混凝土配合比，并同时兼顾混凝土强度、弹性模量、抗裂防渗性能，做了本构模型和力学性能研究。结果表明，聚丙烯纤维掺入混凝土中对混凝土开裂和延性有较大改善。当水灰比为 0.65、聚丙烯纤维掺量为 0.9%时，低弹性模量混凝土的抗裂防渗性能达到最优。

马宏旺等[23]在车站混凝土中掺入聚丙烯细纤维，并用于上海地铁 7 号线某车站的抗裂防渗现场施工段内混凝土结构中，测量现场混凝土裂缝点的温度和应变情况。现场测量得出，聚丙烯纤维对混凝土结构的抗裂防渗性能有明显提高，能够满足地铁车站抗裂防渗设计要求。

张玉新[24]为了解决现浇混凝土楼板中长期非荷载抗裂性的难题，对聚丙烯细纤维混凝土平板进行中长期抗裂试验。试验结果表明，聚丙烯细纤维对混凝土中长期裂缝有较好的抑制作用；混凝土的抗渗性能得到改善；聚丙烯细纤维使混凝土的抗拉强度、拉伸极限应变、临界断裂时的最大裂缝宽度增加。使用聚丙烯纤维混凝土楼板具有较显著的经济效益和社会效益。

郭海洋等[25]对长度不同的改性聚丙烯细纤维混凝土进行开裂试验。结果表明，纤维长度对混凝土抗裂性能有影响，长度为 15.25mm 时效果最好。

李光伟[26]和朱缨[27]对聚丙烯细纤维混凝土进行收缩变形试验。试验结果表明，掺入聚丙烯细纤维可以使混凝土的收缩变形明显减少。葛其荣等[28]和徐至钧[29]认为，掺入聚丙烯纤维与不掺聚丙烯纤维，混凝土在一个月内干缩率没什么变化，但在两、三个月之间，掺入聚丙烯纤维混凝土的干缩率比普通混凝土减少 5%～7%。

聚丙烯细纤维对混凝土塑性收缩的抑制机理包括两个方面：一是水泥基材料收缩应变的降低是由于纤维的加入导致水分蒸发速度降低、蒸发量减少等；二是聚丙烯纤维的加入从整体上提高了水泥基材料的应变性能，使水泥基材料的应变性能始终高于或者至少不低于收缩应变，从而减少和防止裂缝的出现[30-32]。

2. 聚丙烯细纤维对混凝土力学性能的影响

聚丙烯细纤维属于低弹性模量、高延伸率的聚合物纤维，与钢纤维等高弹性模量的纤维不同，当聚丙烯细纤维的掺量较低时，掺入混凝土后对混凝土的力学性能改善作用不显著。当聚丙烯细纤维的掺量过高时，对混凝土的力学性能会产生负面作用。

Toutanji 等[33]对含硅粉混凝土和聚丙烯细纤维混凝土进行了试验研究。结果表明，普通混凝土的抗氯离子渗透性比聚丙烯细纤维混凝土小，抗冲击性能低，而且混凝土抗冲击性能随着聚丙烯细纤维含量增多而增强。加了硅粉的聚丙烯纤维混凝土比不加硅粉的聚丙烯纤维混凝土抗氯离子渗透性能强，抗冲击性能也有增强，且随着硅粉含量增加而增强[32]。

Song 等[34]通过试验发现掺入聚丙烯纤维能提高混凝土劈裂抗拉强度、抗折强度、抗压强度、抗冲击性能，使混凝土早期塑性收缩裂缝得到抑制。Choi 和 Yuan[35]的试验研究发现，掺入聚丙烯纤维、玻璃纤维后，混凝土的劈裂抗拉强度有所增加，抗压强度无改善，混凝土的韧性有所改善。Tavakoli[36]研究了聚丙烯纤维掺量对混凝土弯曲性能的影响，得出体积分数在 1.5% 以下时抗拉强度随掺量增加而增大，体积分数大于 1.5%时，抗拉强度随着掺量的增加而减小。

杨华美等[37]分别研究了掺入聚丙烯纤维和钢纤维水下混凝土的力学性能及断裂性能。试验研究发现，掺入聚丙烯纤维不同程度地降低了水下混凝土的抗压强度和劈裂抗拉强度，极限拉伸值却提高 10%左右，对水下混凝土结构抗拉裂缝的改善不明显，对其断裂力学性能的影响也不明显；而掺入钢纤维可以显著改善水下混凝土韧性，提高水下混凝土的抗裂能力。

Karahan 和 Atiş[38]通过试验对聚丙烯纤维混凝土的抗冻融性能进行了研究，测量了冻融过程中混凝土的质量损失率和抗压强度。结果表明，在混凝土中掺入低体积分数的聚丙烯纤维能够有效提高混凝土的抗冻融性和抗压强度，而对于纤维体积分数为 0.1%～0.2%的高掺量纤维混凝土，其抗冻融性和抗压强度低于素混凝土。

徐晓雷等[39]研究发现，当聚丙烯纤维体积分数为 0.15%时，聚丙烯纤维混凝土较素混凝土抗渗性有明显提高。聚丙烯纤维能减少混凝土收缩沉降裂缝，提高基体密实性，从而提高混凝土抗渗性。同时，利用断裂力学原理，对纤维增强混凝土的抗渗机理进行分析：无数纤维均匀分散于混凝土基体内部，在裂缝附近的纤维，能降低裂缝处的应力强度因子，抑制裂缝的产生和发展，降低混凝土连通性，从而提高混凝土的抗渗性。

曹雅娴等[40]为了研究聚丙烯纤维加固水泥土的效果，有效改善水泥土的脆性破坏，以硅粉水泥土为基础，采用在硅粉水泥土中加入聚丙烯纤维的方法，获得了性能更好的聚丙烯纤维硅粉水泥土。研究表明，在水泥土体中掺入聚丙烯纤维可以有效加固水泥土体，提高其力学性能，且水泥土体的强度随纤维掺量的增加而增强。

3. 聚丙烯细纤维在工程中的应用

目前，纤维混凝土已经大量应用于工业和民用建筑、道路、桥梁、水池及地下结构等工程。以聚丙烯细纤维为例，从产品的研发至今仅 30 年左右，却在世界各地的许多混凝土工程中得到广泛应用，其产量的大幅度增长表明聚丙烯纤维在工程中具有较高的商业价值[41]。

2001 年 2 月 2 日，在三峡工程左导墙进行了聚丙烯纤维混凝土现场生产性试验，之后在泄洪坝特殊部位得到了实际应用。在长江三峡工程 185 平台 E-120 栈桥也使用了杜拉纤维混凝土，用于提高混凝土结构的抗冲击、抗开裂、耐冲磨性能，以延长路面寿命。

2001 年 8 月 23 日，通过专家多方论证，决定对国家大剧院基础工程采用聚丙烯纤维混凝土，最终成功控制裂缝。深圳会展中心工程地下室墙体、湖南长岭炼油化工厂焦炭塔框架大厚板采用杜拉纤维均取得了较好的抗裂效果。

南水北调中线穿黄工程南岸连接明渠总长 4628.57m，全段均为挖方型渠道，渠道衬砌混凝土添加聚丙乙烯纤维，以增强抗裂能力[42]。

京石高速永定河大桥于 2003 年进行大桥桥面改造，设计采用聚丙烯纤维混凝土。时至 2011 年，在京石高速交通量成倍递增的情况下，永定河大桥行车依然比较舒适，未出现不良的桥面病害[43]。

广州国际体育演艺中心工程基础底板采用聚丙烯纤维丝（网）、粉煤灰和复合减水剂配制纤维混凝土，克服了大体积混凝土浇筑引起的收缩变形和温度变形，有效地提高了混凝土的防裂抗渗能力[44]。

索风营水电站地下厂房喷锚支护工程采用聚丙烯细纤维喷射混凝土，根据施工要求，对聚丙烯细纤维喷射混凝土现场施工质量进行检测，其抗压强度均达到或超过设计强度等级。对聚丙烯细纤维喷射混凝土经济效果进行分析，其经济效益明显，为工程节省投资约 126 万元[45]。在闸德海水库除险加固工程中，在坝下消能工程面层 65cm 厚混凝土中掺入聚丙烯纤维取得了良好的效果。经过一年运营，混凝土表面没有出现任何裂缝。通过泄流的考验，没有发现任何质量问题[46]。

桑普天等[47]结合淮南某矿区典型锚喷巷道工程，进行了聚丙烯纤维混凝土喷层抗拉、抗压、抗剪及弯曲性能试验研究。结果表明，掺入聚丙烯纤维能较大幅度地提高喷层的极限变形量，同时使喷层具有较强的抗弯能力和抗压能力。喷射聚丙烯纤维混凝土施工工艺简单，回弹率低，喷层成形较好，可增加一次喷射厚度，减小复喷量，有利于提高施工效率。

在贵州省崇溪河—遵义高速公路董家岩堆锚固治理中，预应力锚索中使用了聚丙烯纤维砂浆，有效地改善了锚固段砂浆与锚索的黏结抗剪和握裹强度，该材料具有很好的工程可靠性、实用性。聚丙烯纤维水泥砂浆作为预应力锚固黏结材料，得到较好的运用和推广，具有显著的经济效益和社会效益[48]。

聚丙烯纤维在许多混凝土工程中的应用都表现出较好的抗裂性和耐久性，如广州新中国大厦，广州市南方大厦实业有限公司的地下室底板，广州市东环、西环、南环等高速公路的路面，上海体育场看台、地铁工程等；聚丙烯纤维还大量应用于路面、桥面铺装等工程，不仅满足了混凝土的抗裂、抗磨和抗冲击等要求，还解决了某些特殊位置的无磁性要求等问题。

1.2.2　聚丙烯粗纤维混凝土

聚丙烯粗纤维与聚丙烯细纤维相比具有以下优势：增加纤维与混凝土的握裹力，提高纤维与基材的黏结强度，粗纤维表面经过异型轧制；直径一般为 0.1～1.0mm，弹性模量比普通的聚丙烯单丝细纤维高，除了同聚丙烯细纤维一样具有阻裂作用外，还有微筋材的作用。聚丙烯粗纤维与钢纤维相比具有以下优势：聚丙烯粗纤维耐酸碱腐蚀、无磁性，适用于恶劣条件；分散性好，小结团；具有良好的耐火抗爆裂性；对混凝土搅拌机器和输送设备的磨损小。因此，聚丙烯粗纤维掺入混凝土中不仅能改善混凝土的强度、韧性和抗裂性能，而且在环境恶劣的工程及使用成本方面都具有较大的竞争优势。

1. 聚丙烯粗纤维对混凝土抗裂性能的影响

混凝土中纤维的数量与纤维的平均中心间距是影响纤维混凝土早期抗裂性能的主要因素。在实际工程中，聚丙烯粗纤维在混凝土中的体积分数要大于聚丙烯细纤维，粗纤维的直径与长度均比细纤维大，故单位体积混凝土中聚丙烯粗纤维的根数比细纤维少，而聚丙烯粗纤维的平均中心间距比细纤维大，所以掺入聚丙烯细纤维的混凝土早期抗裂效果比掺入聚丙烯粗纤维的混凝土好[2]。

Najm 和 Balaguru[49]研究了三种聚丙烯粗纤维对混凝土早期塑性裂缝的影响。试验结果表明，长径比越大的粗纤维，对混凝土塑性收缩裂缝面积与裂缝宽度的控制效果越好。Oh 等[50]试验发现，波浪形的粗纤维最能有效地提高混凝土的早期抗裂性。王伯昕和黄承逵[51]通过平面薄板开裂试验发现，掺入聚丙烯粗纤维的混凝土早期抗裂性能是素混凝土的 7.5 倍，是钢纤维增强混凝土的 3 倍，聚丙烯粗纤维的掺入使混凝土的早期裂缝数量减少和裂缝长度减小，细化了裂缝宽度。

Voigt 等[52]研究了不同纤维对混凝土干燥收缩裂缝的影响，发现波浪形刻痕的聚丙烯粗纤维 PP50 在不同的体积分数（0.3%、0.6%、1.0%）下均能有效地减小混凝土干燥收缩的最大裂缝宽度，即使在较低的体积分数下，裂缝宽度也能下降 50%。

以上研究聚丙烯粗纤维的种类、长径比、体积分数等对混凝土塑性收缩裂缝影响的试验结果表明，聚丙烯粗纤维的掺入可以使混凝土的早期裂缝数量减少、裂缝长度减小、裂缝宽度减小。长径比越大，控制效果越好。

2. 聚丙烯粗纤维对混凝土力学性能的影响

掺入粗纤维，混凝土试件在受压或受弯曲时的破坏模式发生改变，混凝土的初裂强度、抗弯拉强度都有相当程度的提高；混凝土的抗折强度会有小幅度提高，而混凝土的抗压强度提高不明显甚至可能会降低。粗纤维对混凝土有明显的增强增韧效果。

Kotecha 和 Abolmaali[53]针对 1% 和 2% 体积分数的聚丙烯粗纤维，通过三点弯曲试验研究了其对钢筋混凝土深梁性能的影响。在试验过程中监测梁的作用荷载与挠度、破坏模式、开裂模式和钢筋应变。结果表明，在体积分数为 2% 的纤维含量下可以显著提高混凝土深梁的极限强度和裂后韧性。

Ramakrishnan[54]对美国生产的 Forta 粗纤维混凝土进行了系统研究，试验结果表明，Forta 粗纤维按体积分数 0.5%、1.0%、1.5% 和 2.0% 加入混凝土中，混凝土能得到良好的施工性能；与素混凝土相比，纤维混凝土的初裂强度、抗弯拉强度都有相当程度的提高[55]。纤维含量越高，这些力学指标增加值越高；当纤维体积掺量超过 0.5% 时，混凝土的抗压强度减小，但其平均剩余抗弯拉强度却大幅增加[56]。这表明，在混凝土结构出现裂缝的情况下，Forta 粗纤维发挥了较大作用，使得纤维混凝土承载能力达到峰值后能够继续承受荷载的能力大幅增加。随着纤维掺量的增加，平均剩余抗弯拉强度会有很大幅度的提高；当纤维掺量相同或接近时，Forta 粗纤维与钢纤维比较，其增强混凝土力学性能的效果较为接近甚至会更好；粗纤维的掺入使得混凝土试件在受压或受弯时的破坏模式发生改变，从混凝土材料的脆性破坏向纤维混凝土材料的延性破坏转变。掺入纤维的体积分数越高，混凝土延性提高幅度越大[57]。

Papworth[58]的研究结果表明，在混凝土试件的低挠度区，钢纤维比粗纤维整体效果好；在混凝土试件的高挠度区，粗纤维比钢纤维效果更佳也更经济。Malmgren[59]在对纤维混凝土试件进行圆板测试与柱状体测试时，发现钢纤维增强喷射混凝土与粗纤维增强喷射混凝土两者的能量吸收能力几乎是相同的。

王伯昕和黄承逵[51]、毕远志等[60]研究表明，与素混凝土相比，掺加粗纤维的混凝土试块抗折强度和立方体抗压强度均得到提高。粗纤维增强混凝土的抗折强度和立方体抗压强度随着纤维长径比的增大而减小，混凝土强度的增加与纤维在混凝土中的均匀分散有紧密关系。Nelhdi 和 Ladanchuk[61]研究表明，粗纤维与钢纤维在自密实混凝土中混杂使用，可减少粗纤维对混凝土性能的负面影响。综上所述，粗纤维的掺入对混凝土试件的抗压强度提高不明显，甚至可能会降低[62,63]，对混凝土试件的抗折强度会有小幅度提高。

邓宗才等[64]研究了改性聚丙烯、BarChip 等粗纤维掺入混凝土对混凝土试件基本力学性能的影响，并与异型钢纤维混凝土试件的力学性能进行了对比试验[65,66]，大量试验结果表明：①与钢纤维相比，粗纤维在混凝土中分散性能好，能比较均匀地分布在混凝土中。②与钢纤维相比，粗纤维对混凝土的抗弯冲击性能的改善作用较优。当粗纤维掺量为 6～13kg/m^3 时，纤维混凝土试块的冲击延性指标是素混凝土的 1.5～16 倍，其破坏冲击次数是素混凝土的 3～35 倍，其初裂荷载是素混凝土的 2～3 倍；当钢纤维掺量为 40～60kg/m^3 时，纤维混凝土试块的冲击延性指标是素混凝土的 1.4～1.6 倍，其破坏冲击次数是素混凝土的 5～7 倍，其初裂荷载是素混凝土的 4～4.5 倍。③与钢纤维相比，粗纤维混凝土的抗弯韧性性能优于钢纤维。当粗纤维掺量为 6～13kg/m³ 时，与素混凝土相比，抗弯韧性指标 I_5、I_{10}、I_{30} 分别提高了 3.5～4.5 倍、5～8.5 倍、12～23 倍。而钢纤维掺量为 40～60kg/m³ 时，与素混凝土相比，抗弯韧性指标 I_5、I_{10}、I_{30} 分别提高了 3～4 倍、4.5～6.5 倍、9～11 倍。④与钢纤维相比，粗纤维对混凝土抗弯强度的增强效果不如钢纤维。当粗纤维掺量为 6～13kg/m³ 时，与素混凝土相比，纤维混凝土的抗弯强度提高了 4%～26%；当钢纤维掺量为 40～60kg/m³ 时，与素混凝土相比，钢纤维混凝土抗弯强度提高了 8%～34%，优于粗合成纤维。邓宗才等[67]通过试验研究了异型粗合成纤维混凝土的抗疲劳特性，探讨了纤维混凝土的疲劳寿命与纤维体积分数及其应力水平的关系，结果表明，当纤维掺量为 9～13kg/m³ 时，与素混凝土相比，异型粗纤维混凝土相对剩余强度为 49%～66%，其疲劳寿命提高了 100%～389%。

赖建中等[68]对 3 种粗合成纤维增强混凝土的抗压强度、抗弯强度进行研究并绘制了荷载-挠度曲线，采用日本土木工程学会（Japan Society of Civil Engineering, JSCE）的方法计算纤维混凝土的抗弯韧性指标，研究发现，粗纤维对混凝土韧性有较大幅度的提高，效果非常理想。通过粗纤维的拔出试验研究粗纤维与混凝土基体的界面黏结性能，绘制拔出荷载-位移曲线，分析粗纤维对混凝土抗弯韧性的增强机理。分析得出，粗纤维与混凝土基体的界面黏结性能好，粗纤维对混凝土有明显的增强、增韧效果。

马保国等[69]通过快速冻融试验研究了聚合物粗纤维混凝土在冻融循环下的抗弯力学性能、质量损失和动弹性模量等。结果表明，在混凝土中掺入聚合物粗纤维能够明显提高其抗冻性能，聚合物粗纤维的最优掺量为 6kg/m³。

3. 聚丙烯粗纤维增强混凝土的工程应用

大量试验研究表明，聚丙烯粗纤维能有效提高混凝土的抗裂性与受弯韧性，在喷射混凝土中可减少回弹率。聚丙烯粗纤维在日本的隧道中已有广泛应用，如 Hakkoda Tohoku Shinkansen 铁路隧道、Mitoyo 隧道、Hokuriku Shinkansen Liyama 铁路隧道等，工程后期效果理想[70]。

挪威西部跨越 Hardangerfjorden 海峡的海底隧道，采用聚烯烃粗纤维喷射混凝土制作隧道衬砌。西班牙高速铁路网中的 El Regajal 隧道，全长 2437m，使用了约 10000m³ 粗纤维喷射混凝土作为初期衬砌，而且隧道的永久性衬砌采用了现浇的粗纤维增强混凝土，效果良好。西班牙西部某大直径灌溉隧道用粗纤维增强混凝土代替钢纤维混凝土，工程应用效果良好。美国芝加哥市西大街公共汽车站、停车场等在修建混凝土路面或沥青路面时大量使用合成纤维增强混凝土，工程造价降低，后期的维修成本也显著降低[2]。

英国伦敦凯宁镇至城市机场的轻轨铁路采用了粗合成纤维增强的混凝土轨道板。粗合成纤维混凝土因具有较好的韧性和耐久性，工程中将其作为永久性模板应用于电缆槽和桥面排水管道等位置。人们通过比较试验发现，与已使用多年的玻璃纤维增强水泥永久性模板相比，粗合成纤维增强水泥永久性模板的功能更强。粗纤维在工程中用来制造预制的阶梯构件以替代混凝土构件中的钢筋网[71]。

1.2.3 混杂聚丙烯纤维混凝土

混杂纤维混凝土是指为获取单掺一种纤维所达不到的混凝土力学性能效果，将两种或者两种以上不同的纤维混掺到混凝土基体中所形成的纤维混凝土。混杂纤维主要分为两类：一是不同性质的纤维混掺，如聚丙烯纤维和钢纤维混掺或碳纤维和钢纤维混杂等；二是同种品质不同几何形态的纤维混掺，如聚丙烯纤维，不同长度、不同粗细的聚丙烯纤维混杂[72]。

各种纤维的性能不同对混凝土性能的改善效果也不尽相同，那么能否通过不同纤维的合理搭配产生叠加效应，弱化各自的劣势而将各自的优势发挥出来呢？吴中伟[73]认为，水泥基材料高性能化的主要途径是材料的复合化，考虑纤维增强是关键，纤维对高强水泥基材料抗冲击性、韧性的改善等起核心作用，复合化的技术思路——良好的叠加效应对纤维增强混凝土力学效应的提高有重要意义。一般情况是高弹性模量的纤维增强增韧效果好，价格高；低弹性模量的纤维增强效果不理想，但增韧效果理想，价格相对低。因此，是否可以通过合理的材料设计，使多种纤维混合，取长补短，在混凝土构件的不同受力阶段发挥"正混杂效应"？从混凝土的复合材料观点及改善混凝土性能方面来讲是可行的，从经济上考虑都是较优的一种选择。但是，纤维种类多，不同混杂纤维复合材料的种类更多，问题相当复杂。如何组合、混掺纤维能在混凝土构件中出现协同效应，如何克服非协同效应，都有待进一步研究[74,75]。

1. 聚丙烯细纤维与钢纤维混杂

聚丙烯细纤维与钢纤维混掺组成二维乱向支撑网，对混凝土的抗渗、抗裂、增韧效果增加显著，混凝土基本力学性能和断裂性能都有较大改善。其中，相比聚丙烯细纤维，钢纤维对混杂纤维高强混凝土断裂性能的改善起关键作用。

钱红萍等[76]选用不同尺度的钢纤维、高弹性模量的维纶纤维、低弹性模量的聚丙烯纤维，用两种或两种以上的纤维混杂来增强水泥基复合材料，系统地研究了纤维混凝土的限缩与抗渗性能，并提出相应的力学机理。试验研究表明，纤维混杂在混凝土中能有效提高混凝土的抗裂性能和限缩能力，混掺纤维能明显改善混凝土的抗渗性能。不同尺度与不同性质的纤维混掺能在混凝土相应结构层次上逐级阻裂和性能互补，纤维的混杂作用与混凝土中的孔结构密切相关，以恰当的混掺比例进行纤维混杂对混凝土中的孔结构有较好的改善。华渊及孙伟等[77-80]对混掺纤维混凝土的混杂效应、混掺纤维对混凝土力学性能的影响以及混掺纤维对混凝土抗渗、抗缩防裂机理进行了试验研究。结果表明，混杂纤维对混凝土的抗渗、抗裂、增韧效果增加显著。

Soroushian等[81]对聚丙烯纤维和钢纤维混掺对混凝土力学性能的影响进行了研究，包括混掺纤维对混凝土断裂性能的影响。结果表明，聚丙烯纤维与钢纤维混掺对混凝土基本力学性能和断裂性能都有较大改善，值得在工程上推广使用。

焦楚杰等[82]和刘斯凤等[83]对混掺有聚丙烯纤维和钢纤维的高强混凝土试件进行弯曲性能试验研究。试验发现，聚丙烯纤维与钢纤维组成的二维乱向支撑网能弥补混凝土的一部分初始缺陷，增强混凝土基体的抗拉性能；聚丙烯纤维与钢纤维组成的支撑网，在承受弯曲拉伸荷载时产生纤维叠加连锁正效应，混掺纤维混凝土的抗弯强度得到较大提高；钢纤维与聚丙烯纤维在裂缝扩展过程中先发挥阻裂效应，细化裂缝，抑制裂缝的扩展，使混掺纤维混凝土基体韧性得到较大幅度的提高；从经济上考虑，在混凝土基体中掺入掺量较低的钢纤维的基础上又掺入低掺量的聚丙烯纤维，工程造价提高较少，却使混掺纤维混凝土的强度、阻裂能力、韧性等性能得到很大改善，所以这种混掺纤维混凝土特别适合抗震等级要求比较高的建筑项目。

王凯等[84]也通过试验研究了钢纤维与聚丙烯纤维混掺对高性能混凝土力学性能的影响。试验发现，低掺量的钢纤维与聚丙烯纤维的混杂纤维混凝土和素混凝土相比，抗压强度提高较少，但使混杂纤维混凝土的破坏性质发生了改变，由脆性破坏过渡到延性破坏；低掺量的钢纤维与聚丙烯纤维的混杂纤维混凝土和素混凝土相比，混凝土抗拉、抗折强度得到改善，都有小幅提高，混凝土韧性提高幅度较大；低掺量钢纤维与聚丙烯纤维的混杂对混凝土的抗冲击性能改善优于钢纤维混凝土及其他混凝土。

孙海燕等[85]选用三种尺寸的聚丙烯纤维与钢纤维，在确定拌和工艺、相同配合比及和易性条件下，进行了单掺及混掺混凝土的抗压、劈裂抗拉强度与开裂性能试验，并引入混杂系数对比分析了单掺和混掺纤维对混凝土力学性能的影响。研究结果表明，混杂纤维混凝土在总体上具有比素混凝土和单掺纤维混凝土优异的力学性能和抗裂性能。对比其他两种尺度的聚丙烯纤维，以纤维长度为 19mm 的 $1.8kg/m^3$ 聚丙烯纤维与 $40kg/m^3$ 钢纤维组合时表现出的强度和抗裂性能最佳。

林一宁和蔡巍[86]对 16 根混凝土梁进行抗裂试验研究和数值模拟，分析其开裂弯矩与纤维体积分数的关系，并将试验结果与有限元分析结果进行对比。结果表明，适量加入钢-聚丙烯混杂纤维，可提高混凝土梁正截面开裂弯矩，并且随着钢纤维体积分数的增加呈增长趋势。当聚丙烯纤维体积分数固定为 0.055%、0.11%、0.165%，钢纤维体积分数达到最高 1%时，其抗裂弯矩分别比普通高性能混凝土梁提高了 26%、42.9%、26%，同时，影响其抗裂度大小的主要因素为钢纤维的体积分数。

高丹盈等[87]通过对 30 个尺寸为 200mm×170mm×100mm 的混杂纤维高强混凝土试件进行楔劈拉伸试验，探讨了钢纤维与聚丙烯纤维混杂效应及其对高强混凝土断裂韧度、断裂能和临界裂缝张开位移的影响。试验研究发现，混杂纤维的掺入提高了高强混凝土的断裂性能。而相比聚丙烯细纤维，钢纤维对混杂纤维高强混凝土断裂性能的改善起着关键作用。

马保国等[69]将聚丙烯纤维和钢纤维进行混掺，研究了其冻融循环前后的力学性能。研究表明，在混凝土中掺入纤维能提高混凝土冻融后的抗压强度和劈裂抗拉强度，当纤维掺量过高时，冻融后劈裂抗拉强度反而会出现下降。混杂纤维混凝土冻融后的力学性能优于单掺纤维混凝土。

黄杰[88]通过混凝土抗渗性试验，研究混杂纤维对混凝土抗渗性能的影响。试验结果表明，掺入聚丙烯纤维对混凝土抗渗效果的提升明显高于掺入钢纤维；且混凝土抗渗性随聚丙烯纤维掺量的增加而提高，呈正相关性；而混杂纤维对混凝土抗渗性能提升最高。经过试验研究，掺入体积分数为 0.3%的聚丙烯和体积分数为 0.5%的钢纤维，混凝土的抗渗性能提升最多。

潘慧敏和贺丽娟[89]对混杂聚丙烯纤维和钢纤维混凝土的高温力学性能及抗爆裂性能进行了试验研究。试验表明，混杂纤维的掺入能有效改善混凝土的耐火性能，混杂纤维能有效提高混凝土火损试验后的抗压强度和劈裂抗拉强度。在高温条件下，混杂纤维对混凝土爆裂有阻止作用。

钢纤维与聚丙烯纤维混杂混凝土地铁管片作为一种新型的盾构管片，国外已有应用，如意大利的 Metrosud 工程、法国的 Metero 工程、德国的 Essle 工程等。在北京、上海地铁工程中也有少数试验段，试验结果表明，混掺纤维混凝土管片具有普通钢筋混凝土管片无法比拟的经济优势[90]。

2. 聚丙烯粗纤维与钢纤维混杂

粗合成纤维与钢纤维具有较好的混掺效应，混掺纤维混凝土的力学性能受纤维混杂比例的影响。不同种类的纤维混掺效果不同，其中，高性能钢纤维与聚丙烯粗纤维混杂使用效果较好。

焦红娟等[91]对有机仿钢丝粗纤维和钢纤维应用于喷射混凝土中的抗压强度、弯曲韧性、耐久性能及喷射厚度等进行了比较和研究。结果表明，有机仿钢丝与相同体积分数钢纤维在改善喷射混凝土力学性能方面作用相当，但比钢纤维具有更好的耐久性和增韧效果。

邓宗才等[92]选用低弹性模量的粗合成纤维、高弹性模量的钢纤维进行混杂纤维混凝土增强试验,详细研究了这种混掺纤维混凝土的断裂性能、抗弯冲击及弯曲韧性;对混掺纤维混凝土的抗弯冲击强度进行了数理统计分析。试验研究表明,粗纤维与钢纤维具有较好的混掺效应,出现了正效应;混杂纤维混凝土的力学性能受纤维混杂比例的影响,当高模量钢纤维与低模量粗纤维以体积分数分别为 0.5%、1.0%混掺时,混掺纤维混凝土的力学性能指标得到优化,纤维混凝土断裂韧度、冲击延性、相对剩余强度指标分别提高约 1.2%、7.4%、79.6%。

郑捷[93]分别研究了聚丙烯粗纤维喷射混凝土和钢纤维喷射混凝土的力学性能及耐久性能,特别对两种纤维混凝土的抗碳化及抗氯离子侵蚀耐久性进行了试验比较。试验研究表明,在适当的纤维掺量条件下,钢纤维喷射混凝土比聚丙烯粗纤维混凝土的力学性能要好,但从耐久性方面来看,钢纤维喷射混凝土在碳化和氯离子腐蚀环境中强度和作用效应会有损失,而聚丙烯粗纤维具有抗腐蚀性能,其喷射混凝土在恶劣环境中的力学性能可以满足工程需要。因此,当聚丙烯纤维混凝土的力学性能满足设计要求时,在腐蚀环境条件下,聚丙烯粗纤维可以替代钢纤维。

曹小霞和郑居焕[94]研究了钢纤维和聚丙烯粗纤维对掺偏高岭土活性粉末混凝土抗压强度和延性的影响。结果表明,掺入一定量的钢纤维,可以提高混凝土的抗压强度,改善混凝土的脆性;掺入一定量的聚丙烯粗纤维,混凝土强度不会提高,但具有改善混凝土脆性的作用。

赵鹏飞等[95]为了改善轻骨料混凝土的力学性能和耐久性能,在轻骨料混凝土中混合掺加了高模量的钢纤维和低模量的聚丙烯粗纤维。结果表明,两种纤维混杂后的轻骨料混凝土抗压强度明显降低,抗折强度略有降低。在适当掺量条件下,对抗渗性能及抗碳化性能有一定的加强作用。

Haddad 等[96]认为高性能钢纤维与聚丙烯粗纤维混杂使用时效果较好,使混凝土试件的裂缝减少,在高温条件下可避免爆裂,且纤维混凝土试件加热后的剩余强度也得到提高。

河北廊琢高速公路路面施工时,在混凝土中掺入了 54kg/m³ 的钢纤维和 4.5kg/m³ 的粗纤维,经工程检验,发现混掺纤维混凝土的拌和性能和施工性能较好,纤维混凝土各项指标均满足设计要求;而且提高了路面的动荷载承载能力,延长了纤维混凝土路面的使用年限。

3. 聚丙烯细纤维与聚丙烯粗纤维混杂

聚丙烯纤维对混凝土的增强作用是抑制和推迟微裂缝在混凝土中的出现和扩展,在外部和内部环境因素的作用下,混凝土局部产生较大裂缝时,聚丙烯细纤维可能已经从混凝土基体中拔出,对大裂缝的抑制作用消失。因此,须借助聚丙烯粗纤维,而聚丙烯粗纤维从混凝土基体中拔出需要消耗较多能量,裂缝的开展得到抑制，混凝土的破坏延后。因此聚丙烯粗纤维与聚丙烯细纤维合理搭配，可得到抗裂性能较好的复合材料。以往将钢纤维作为粗纤维，但钢纤维存在易锈蚀、质量大、易结团、易损伤搅拌机器、有磁性干扰、价格高等问题。而聚丙烯粗纤维是一种新型增强增韧材料，具有耐腐蚀性能好、质量轻、易分散、对搅拌机器损伤小、无磁性干扰、价格低等优点，在环境较为恶劣的工程中可代替钢纤维。

Sun 和 Chen[97]通过试验对三种不同尺度、同一性质的钢纤维混杂纤维混凝土进行研究，并与一种尺度的钢纤维混凝土进行了比较。试验表明，多尺度钢纤维混凝土在阻裂、减少收缩与提高抗渗性等方面均比单一钢纤维混凝土有显著提高。而不同尺度的聚丙烯粗、细纤维混杂，混凝土的性能是否能得到全面增进？这方面的研究较少。

孙家瑛[98]研究了两种不同直径的聚丙烯纤维混杂。试验结果表明，聚丙烯粗、细纤维混杂时对混凝土抗压强度影响不大，但可提高混凝土的劈裂抗拉强度，抗拉性能得到了改善。另外，单掺聚丙烯粗纤维和混掺聚丙烯粗、细纤维都能提高混凝土的抗冻性能，说明聚丙烯纤维混凝土适合在严寒地区使用。掺入纤维后，混凝土质量损失有所增加，但是动弹性模量和相对动弹性模量增加明显，根据混凝土冻融破坏准则，聚丙烯纤维提高了混凝土抗冻性能，纤维混凝土的使用寿命得到增加。而且聚丙烯混杂纤维混凝土的抗冻性能优于单掺聚丙烯纤维[99]。

用钢纤维混凝土浇筑的英国 Reverside 集装箱码头路面，因长期使用，路面受磨损程度较大，钢纤维外露，影响路面使用的安全性。2001 年改建此路面，使用混掺粗、细两种合成纤维的混凝土，路面使用效果优良，混掺合成纤维混凝土路面的耐久性能、抗压韧性和抗冲击性能经受了重载运输车辆的考验[100]。

为了解决大面积混凝土路面裂缝问题，提高基体混凝土的抗磨性能和舒适性，新疆某机场跑道，在基体混凝土中掺入了 $7kg/m^3$ 的粗纤维和 $0.9kg/m^3$ 的细纤维，综合使用后，发现效果良好，值得推广应用[92]。

综上所述，多尺度聚丙烯纤维混凝土的力学效应研究还处于理论阶段，目前工程应用还未普及。但混掺聚丙烯纤维混凝土在我国南水北调水利工程中已有应用，效果比较理想。由于其价格上的优势，多尺度聚丙烯纤维混凝土在工程界具有广阔的应用前景。因此，研究多尺度聚丙烯纤维混凝土的基本力学性能具有重要的现实意义。

1.3　纤维混凝土增强理论和界面力学模型

纤维掺入混凝土结构中，其对混凝土物理力学性能（如抗裂性、抗渗性、耐久性、抗拉强度、抗折强度、抗压强度等）的改善作用，总体上可归结为三种：阻裂、增强和增韧。

（1）阻裂作用。纤维对新拌混凝土早期和硬化后的收缩裂缝、由于承受荷载作用而产生的裂缝以及裂缝扩展起阻碍作用。

（2）增强作用。以主拉应力为破坏控制应力的增强作用，主要表现为抗拉强度的提高，同时抗弯拉强度、抗剪强度等也有不同程度的提高，此外，对抗压强度也有一定的改善，如高弹性模量的纤维（如钢纤维）含量较高时，混凝土抗压强度也有一定的提升。其他情况下尚未形成统一的认识。

（3）增韧作用。增韧作用指纤维对混凝土构件在荷载作用下进入塑性变形阶段甚至峰后应力阶段后仍然能够承受一定荷载的延性提高，衡量指标有弯曲韧性、断裂性能等。纤维混凝土最重要的应用特点之一就在于它能明显提高混凝土结构的韧性。

为了选择合适的分析方法，结合本书研究内容，下面从纤维混凝土复合材料理论、纤维间距理论和损伤理论等三个方面对目前的研究情况加以阐述。

1.3.1　复合材料理论

混合定律是目前应用广泛、形式较为简单的一种描述复合材料各项物理力学性能的理论，其理论模型如图 1.1 所示。基本观点是：将复合材料视为一种两相复合材料，纤维和混凝土基体各为一相，复合材料的性能为两者性能的加权和。

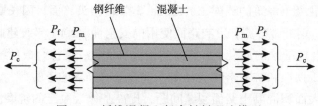

图 1.1　纤维混凝土复合材料理论模型

由力学平衡理论可得

$$E_c = E_f V_f + E_m V_m \qquad (1.1)$$

式中，E_c 为纤维混凝土的弹性模量，MPa；E_f 为纤维的弹性模量，MPa；E_m 为混凝土基体的弹性模量，MPa；V_f 为纤维的体积分数；V_m 为混凝土基体的体积分数，%。若纤维类型不止一种，则式（1.1）可改写为

$$\sigma_c = \sigma_m V_m + \sum_{i=1}^{n} \sigma_{fi} V_{fi} \qquad (1.2)$$

若复合材料中各组分材料同时达到破坏条件，则式（1.2）给出的是复合材料的最大强度值。实际上，纤维和基体并非同时破坏。若基体极限应变小于纤维极限应变，则达到基体极限应变时，基体首先破坏，但纤维不会断裂。复合材料所能承受的最大荷载为

$$\sigma_{\mathrm{c}} = \sigma_{\mathrm{m}}\left[1 + V_{\mathrm{f}}\left(\frac{E_{\mathrm{f}}}{E_{\mathrm{m}}} - 1\right)\right] \tag{1.3}$$

纤维在混凝土中的分布是乱向且不连续的。因此，在进行应力分析时应考虑纤维的长度、布置方向以及纤维与混凝土基体的界面黏结性状等因素。

纤维复合材料的弹性模量和抗拉强度可由式（1.4）来表述，即

$$\begin{aligned} E_{\mathrm{c}} &= \eta_{\mathrm{f}} E_{\mathrm{f}} V_{\mathrm{f}} + E_{\mathrm{m}} V_{\mathrm{m}} \\ \sigma_{\mathrm{c}} &= \eta_{\mathrm{f}} \sigma_{\mathrm{f}} V_{\mathrm{f}} + \sigma_{\mathrm{m}} V_{\mathrm{m}} \end{aligned} \tag{1.4}$$

式中，η_{f} 为纤维影响系数。

由式（1.4）可以看出，纤维体积含量越高，纤维混凝土的弹性模量和抗拉强度就越高。对于高弹性模量的钢纤维，复合材料理论基本成立。对于低弹性模量的聚丙烯纤维，纤维对混凝土基体弹性模量和抗拉强度的提高幅度不明显，因此复合材料理论对聚丙烯纤维混凝土的增强机理不好解释。

1.3.2　纤维间距理论

Romualdi 等[101,102]于 20 世纪 60 年代在线弹性断裂力学基础上提出了纤维间距理论。该理论认为混凝土内部存在一定数量大小不一的原生缺陷，如孔隙、微裂缝等，当混凝土结构承受外荷载时，孔隙、微裂缝等缺陷部位就会产生较大的应力集中，引起裂缝的进一步扩展，使得这些微缺陷变成宏观裂缝，造成混凝土的破坏。要想提高这些本身带有缺陷的材料的强度，就必须减小内部缺陷的尺寸或者降低缺陷的数量，降低裂缝尖端的应力集中，而纤维的掺入就能改善这些微小的缺陷，并能抑制裂缝的扩展，提高混凝土的强度和韧性。Romualdi 设计试验方案，让连续钢丝沿着拉力作用方向均匀分布于混凝土基体中，如图 1.2（a）所示。

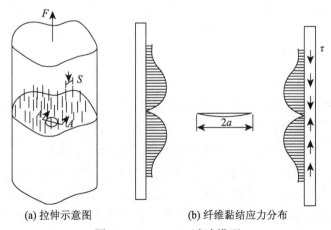

(a) 拉伸示意图　　　　　　(b) 纤维黏结应力分布

图 1.2　Romualdi 试验模型

　　纤维平均间距为 S ，裂缝宽度为 $2a$ ，位于纤维所围成的区域中心。在拉力作用下，裂缝周围的纤维将产生如图 1.2（b）所示的黏结应力 τ ，黏结应力 τ 产生一个与裂缝扩展方向相反的应力场，降低裂缝尖端的应力集中，从而起到约束裂缝扩展的作用。

　　Romualdi 等对分布方向唯一的钢纤维混凝土试件进行了抗折及劈拉试验，提出了钢纤维对混凝土的增强作用由纤维平均间距控制的观点。随后，Romualdi 和 Batson 将这一理论应用于纤维随机乱向分布的纤维混凝土的研究中[101]，并通过试验得到纤维平均间距的计算公式：

$$S = 13.8d\sqrt{\frac{1}{P}} \qquad (1.5)$$

式中，S 为纤维平均间距，mm；d 为纤维直径，mm；P 为纤维体积分数。

　　对于纤维间距理论，一些研究者提出了异议，认为纤维间距对复合材料的强度几乎没有影响。但 Romualdi 等率先将线性断裂力学理论引入纤维对混凝土增强机理的研究中，极大地促进了纤维增强机理的研究，并促进了纤维混凝土在实际工程中的应用。后续的研究者大多延续纤维间距理论的基本思路，结合固体力学与断裂损伤力学理论，互相借鉴、取长补短，进一步完善并发展纤维对混凝土的增强理论，为工程实际应用提供理论依据与指导。

1.3.3　界面力学模型

　　对于混凝土等脆性材料，结构破坏的原因本质在于基体的裂纹扩展。混凝土骨料的多相性，以及浇筑水化热扩散不及时，使得混凝土基体内存在大量微裂缝。在荷载作用下，这些微裂缝不断地张开和扩展。在纤维混凝土中，随机分散于基体内的纤维在裂缝处产生桥接作用会约束裂缝的扩展，而这一约束作用取决于纤维—基体界面的力学强度。因此，纤维与混凝土基体界面相互作用的力学模型的研究成为纤维混凝土增强和增韧机理研究的一个重要组成部分。

　　1. 轴向拉拔模型

　　如图 1.3 所示，纤维分布方向与拉拔荷载一致的单根纤维拉拔模型为轴向拉拔模型。单根纤维浇筑于柱型基体介质中心，P_f 为拔出荷载，R 、r_f 分别为基体半径、纤维半径，l 为纤维埋置长度，通常情况下为纤维长度 l_f 的 1/2。

　　对于图 1.3 所示的轴向拉拔模型，早期的研究者试图应用弹性力学给出界面完全结合条件下的弹性场分布解。但这类分析使用了过于复杂的数学及力学知识，难以应用于工程实际。因此，材料与力学工作者对相关条件进行了假设，以简化该问题。

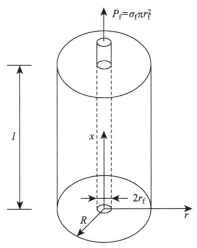

图 1.3　轴向拉拔模型

假设纤维与混凝土界面黏结应力 τ 沿纤维长度方向均匀分布，可得

$$\tau = \frac{P_{\max}}{2\pi r_{\mathrm{f}} l} \qquad (1.6)$$

式中，$P_{\max}$ 为最大拔出荷载。

由式（1.6）可知，最大拔出荷载 $P_{\max}$ 与纤维埋置长度 l 呈线性关系。但在实际的纤维混凝土中，界面比基体和纤维更为薄弱，也是最可能发生破坏的地方，而且当界面发生破坏时，基体与纤维大都还处于弹性阶段，采用单一塑性剪力假设会导致界面黏结应力预测值偏低[103]。

Lawrence[104]认为界面破坏是一个逐步发展的过程，首先在纤维拔出点附近发生破坏，随后顺着纤维埋深方向渐进发展。Lawrence 根据最大剪应力准则，假设 $\tau \geqslant \tau_{\mathrm{s}}$ 时，界面发生破坏，纤维与基体之间产生相对滑动，此时纤维与基体之间的滑动剪切力为 τ_{d}。由此可以计算得到初始脱黏荷载 P_{i}、最大拔出荷载 $P_{\max}$ 和完全脱黏后初始最大动态拔出荷载 P_{d}。由以上分析可知，短纤维的拉拔经过三个阶段：完全弹性约束、局部脱黏和完全脱黏，如图 1.4 所示。局部脱黏与完全脱黏阶段的荷载可分别按式（1.7）近似计算：

$$\begin{aligned} P_{\mathrm{f}} &= \tau_{\mathrm{d}} 2\pi r_{\mathrm{f}} l_{\mathrm{d}} + P_{\mathrm{e}} \\ P_{\mathrm{f}} &= \tau_{\mathrm{d}} 2\pi r_{\mathrm{f}} (l - \delta) \end{aligned} \qquad (1.7)$$

随后的众多研究者对这一问题进行了更深入的研究，例如，Hsueh[105]通过优化纤维埋置长度端部的力学平衡条件，重新计算了拉拔模型中的弹性场分布，并分别基于强度和能量两种破坏准则对拉拔破坏的全过程进行了研究；Yue 和 Quek[106]将局部径向应力的影响考虑在内，优化了纤维拔出端的边界条件，解释了拔出端基体破坏的现象；Wu 等[107]进一步将模型扩展到三维非均匀实体材料中。但是，这些模型都非常烦琐，如果将其运用于纤维混凝土的增强机理研究中将会使问题变得更加复杂而难以解决。

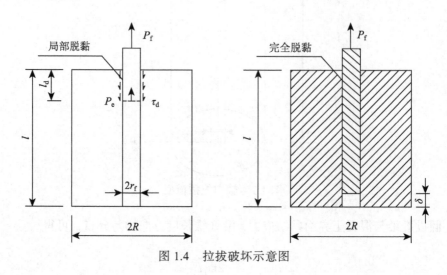

图 1.4　拉拔破坏示意图

2. 斜向拉拔模型

在实际工程中，连续纤维不利于分散，混凝土的浇筑工艺要求复杂，使用连续纤维会大大提高工程成本。而短纤维生产方便，混凝土浇筑过程中易于分散，所以实际的纤维增强混凝土中，基本应用的都是短纤维。短纤维随机乱向分布于混凝土基体中，基体开裂时，纤维分布方向与开裂面也呈随机交角。因此，单一的轴向拉拔模型不能全面地反映纤维在开裂面上的桥接作用机制。在纤维从混凝土基体中斜向拔出的过程中，除了发生脱黏和滑移等现象，还会发生纤维弯曲、屈服、拉断，以及拔出点基体的局部屈服、破裂、剥落等现象。由于破坏过程更加复杂，给这一问题的研究带来了更大的困难。

图 1.5 为刚性纤维的斜向拉拔示意图。纤维埋置在基体中，与裂缝面法向的夹角为 θ。裂缝扩展后，纤维在裂缝端产生桥接力，由于裂缝的扩展方向与纤维的分布方向呈 θ 角度，故纤维在裂缝端发生弯曲。从裂缝中心切开纤维，选取图 1.5 所示部分为研究对象，纤维对缝端的作用力为 P_{db}、P_b，而无弯矩作用。其中 P_{db} 与纤维沿轴向拔出时（$\theta = 0$）的荷载一致，P_b 为刚性纤维弯曲变形造成的剪力作用。当裂缝扩展时，裂缝宽度为 u，单侧纤维的拔出位移为 $\delta = u/2$，单根纤维的桥接力为

$$P_f = P_{db} \cos\theta + P_b \sin\theta \tag{1.8}$$

由式（1.8）可以看出，对于刚性纤维的斜向拉拔，纤维在裂缝端的桥接力不

仅与界面的黏结、埋置等有关，还与纤维的弯曲剪力等细观机制有关。

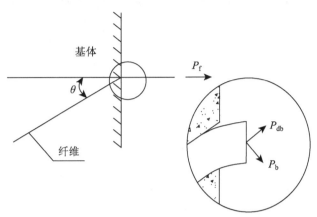

图 1.5　刚性纤维的斜向拉拔示意图

对于聚丙烯、聚乙烯等柔性合成纤维，其受力特性与刚性纤维不同，使得斜向分布的拉拔模型与刚性纤维产生较大差异。由图 1.5 刚性纤维弯曲处的放大图可以看出，刚性纤维的弯曲从拔出点开始到裂缝中心结束，弯曲现象分布于整个拔出端范围内，因此刚性纤维的弯曲剪力不可忽视。而对于柔性纤维，如图 1.6 所示，因为柔性纤维的抗弯刚度非常小，所以可以认为弯曲完全发生在拔出点，可将此处基体的作用简化为一个定滑轮，纤维可以看成绕过定滑轮的柔性绳索，作用有径向力 N，其改变了纤维的方向，N 的作用相当于增加了纤维在滑移过程中的阻滑作用，因此有

$$P_{db} + \Delta P(\delta) = P_f(\delta) \qquad (1.9)$$

式中，$\Delta P(\delta)$ 与滑动位移 δ 和径向力 N 有关，这是因为柔性纤维在滑移过程中，在拔出点由于方向的改变使得纤维表面磨损加大，纤维与混凝土基体的摩擦系数 μ 会发生变化，磨损越严重，摩擦系数会越大，这一点已经被相关试验及电镜扫描所验证[108]。

Li 等[109]在大量试验的基础上，提出了合成纤维拉拔试验的峰值荷载与角度的关系：

$$P_f(\delta)_\theta = \left(P_f(\delta)_{\theta=0}\right)e^{f\theta} \qquad (1.10)$$

式中，f 为角度摩擦系数。该公式一般适用于 $\theta \le 75°$ 的情况，当纤维的埋置角度大于 75°时，纤维在拉拔荷载作用下会造成混凝土基体的严重剥落，该荷载关系不再适用。

Leung 等[110]通过大量试验，研究了不同纤维的峰值拉拔荷载与埋置角度的变化关系，得到图 1.7 所示的结果。从图中可以看出，对于聚丙烯纤维等柔性纤维，峰

值拉拔荷载随埋置角度的增大逐渐增大，且埋置角度对荷载的影响较大，而对于钢纤维埋置角度的影响较小，对于碳纤维等脆性纤维，随着埋置角度的增大，峰值拉拔荷载逐渐降低。需要指出的是，目前还未形成统一的纤维斜向拉拔试验规范，这使得即使使用同一种纤维及基体材料，不同研究者采用不同的试验方法获得的试验结果也有较大差异。

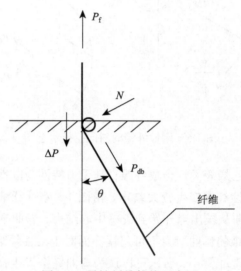

图 1.6　柔性纤维拉拔示意图

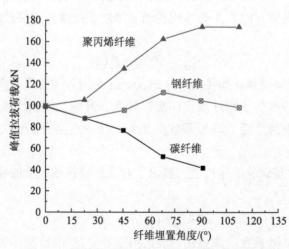

图 1.7　峰值拉拔荷载与纤维埋置角度的关系

　　复合材料理论、纤维间距理论及界面力学模型从不同角度研究了纤维增强混凝土的机理。

第2章 多尺度聚丙烯纤维混凝土抗裂性能试验

在水泥基复合材料中掺加纤维是改善其抗裂性能和韧性的有效方法之一[111]。此类纤维种类很多,包括钢纤维、合成纤维、碳纤维、矿物纤维、玻璃纤维、纤维素纤维等。性质各异的纤维,在水泥基复合材料中的混掺会产生与单一纤维在水泥基复合材料中不同的效应,可以在不同阶段发挥各种纤维的增强与增韧作用。已有许多学者对混杂纤维水泥基复合材料进行了探索性研究[111-117],他们采用高延性聚丙烯纤维、聚乙烯纤维与高弹性模量的钢纤维、玻璃纤维混掺,与掺单一纤维水泥基复合材料相比,混杂纤维水泥基复合材料获得了较为理想的力学性能。研究混杂纤维水泥基复合材料多数是采用不同弹性模量的纤维进行混杂[111],采用相同品种、不同几何尺寸的纤维混杂来增强水泥基复合材料的研究相对较少。本章选用四种尺寸的聚丙烯细纤维与两种尺寸的聚丙烯粗纤维,在相同拌和工艺、相同配合比条件下对单掺纤维及混掺多尺度纤维的混凝土试件进行抗裂性能试验,研究相同品种、不同几何尺寸的聚丙烯纤维及混掺聚丙烯纤维对混凝土抗裂性能的影响。

2.1 试 验 过 程

2.1.1 原材料选取

试验选用重庆小南海 42.5R 水泥;细骨料为重庆渠河特细砂,细度模数 0.7;粗骨料为粒径 5~20mm 碎石;聚丙烯纤维由北京融耐尔工程材料有限公司和宁波大成新材料股份有限公司生产,性能参数见表 2.1,纤维形貌如图 2.1 所示。

表 2.1 聚丙烯纤维的物理力学指标

纤维编号	直径/mm	长度/mm	抗拉强度/MPa	弹性模量/GPa	断裂伸长率/%	密度/(g/cm³)	推荐掺量/(kg/m³)	产地
FF1	0.026	12	641	4.5	40	0.91	0.9	北京
FF2	0.026	19	641	4.5	40	0.91	0.9	北京
FF3	0.046	19	500	4.2	30	0.91	0.9	北京
FF4	0.100	19	322	4.9	15	0.91	0.9	宁波
CF1	0.500	28	713	7.5	10	0.95	6.0	宁波
CF2	0.800	50	706	7.4	10	0.95	6.0	宁波

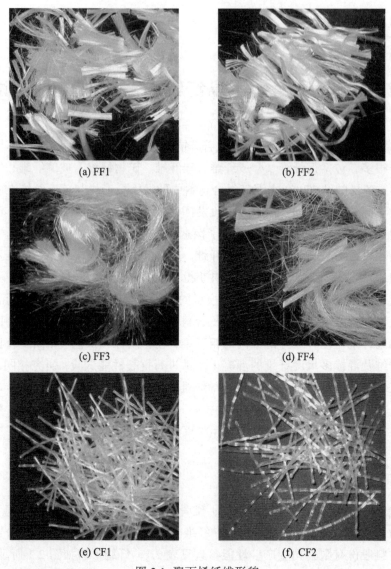

(a) FF1　　　　　　　　　　　(b) FF2

(c) FF3　　　　　　　　　　　(d) FF4

(e) CF1　　　　　　　　　　　(f) CF2

图 2.1　聚丙烯纤维形貌

2.1.2　配合比设计

聚丙烯纤维混凝土是由聚丙烯纤维、水泥、水、砂、石等经搅拌后形成的复合建筑材料。试验研究和工程实践表明,本章采用的聚丙烯纤维具有比较好的分散性,能在混凝土中均匀分布,且纤维自身具有较好的化学稳定性,对水泥基体没有特殊要求。

根据国内外的经验,在混凝土中掺入体积分数小于 0.1%的聚丙烯细纤维(纤维直径小于 0.1mm），一般不改变混凝土基体配合比。根据混凝土抗压强度、工作性、和易性等要求选用原材料，通过试验确定混凝土单位体积中各种材料组成的用量。本次试验选用混凝土强度等级为 C30，对应混凝土的配合比见表 2.2。为尽量避免原材料性能差异给混凝土性能带来的误差，同时为了增加试验结果的可比性，各组混凝土均采用相同的配合比，只有纤维掺入情况发生改变。

表 2.2　C30 混凝土配合比

试件编号	纤维种类	水泥/(kg/m³)	砂/(kg/m³)	石/(kg/m³)	水/(kg/m³)	纤维掺量/(kg/m³)	砂率/%
A0	无	406	548	1221	207	0	23
A1	FF1	406	548	1221	207	0.9	23
A2	FF2	406	548	1221	207	0.9	23
A3	FF3	406	548	1221	207	0.9	23
A4	FF4	406	548	1221	207	0.9	23
A5	CF1	406	548	1221	207	6.0	23
A6	CF2	406	548	1221	207	6.0	23
A7	(CF2+FF1)▲	406	548	1221	207	6.0	23
A8	(CF2+FF4)▲	406	548	1221	207	6.0	23
A9	(CF2+FF1+FF4)●	406	548	1221	207	6.0	23

▲指 CF2 纤维掺量为 5.1kg/m³，FF1 或 FF4 纤维掺量为 0.9kg/m³。

●指 CF2 纤维掺量为 5.1kg/m³，FF1 与 FF4 纤维掺量各为 0.45kg/m³。

2.1.3　拌和工艺

分散性是纤维在混凝土中应用的保障，是衡量纤维在混凝土中能否起抗裂作用的重要指标。分散性良好、不结团、不成束的纤维才能在混凝土工程中推广应用。为了保证聚丙烯纤维在混凝土中有更好的分散性，本试验采用的搅拌流程如下：①将称量好的砂、石子倒入表面湿润但无明水的搅拌筒内，开动搅拌机 1min 后，随着搅拌同时将聚丙烯纤维均匀撒入搅拌筒内，纤维撒完后搅拌约 2min；②将水泥缓慢倒入搅拌筒，开动搅拌机约 1min，此时可见细纤维在搅拌筒上方漂动；③将水缓慢均匀倒入，搅拌 2min 左右。经观察发现纤维在混凝土中的分布较均匀，和易性可满足施工要求。

2.1.4　试验方法

研究混凝土的抗裂性能，不仅要测试混凝土在自由状态下的抗裂性能，还应测试混凝土在约束状态下的抗裂性能，因为处于约束状态的混凝土更接近实际工程。目前，国内外评价混凝土在约束状态下抗裂性能的方法主要是圆环法和平板法。平板法的主要特点是易于操作，能迅速有效地研究混凝土的塑性干缩性能，但混凝土收缩时会产生部分不均匀的收缩变形。在使用圆环法研究砂浆的抗裂性能时，由于砂浆环的收缩能沿圆环比较均匀地分布，所以试验效果明显；而混凝土中由于粗骨料的存在，使混凝土外表面水分蒸发受到一定的阻碍，从而使混凝土外表面不能沿圆环均匀收缩，其缺点是：测试时间长，敏感性差。

　　本次试验采用平板法来测量混凝土的抗裂性能，平板试模尺寸为600mm×400mm×100mm，用弯起的波浪形铁板（应力约束条）提供约束（图2.2）。将拌和好的混凝土装入平板试模中，在振动台上振动 1min 左右，抹平表面，移入观测室（图 2.3）。观测室温度为 24～26℃，相对湿度为 60%～70%，将试模放好后用电风扇直接吹表面，风速为 8m/s，连续吹 24h。其间观测裂缝的数量、宽度和长度，用读数显微镜（分度值 0.01mm）测读裂缝宽度，沿裂缝长度测三个裂缝宽度，取最大值为名义最大裂缝宽度。

图 2.2　平板法试验装置

图 2.3　观测室

2.2　试验结果与分析

　　首先进行素混凝土和 4 种尺寸的聚丙烯细纤维混凝土早期抗裂性能试验，研究相同纤维直径、不同纤维长度对混凝土早期抗裂性能的影响和相同纤维长度、不同纤维直径对混凝土早期抗裂性能的影响。再进行两种尺寸的聚丙烯粗纤维混凝土早期抗裂试验，根据试验结果选择抗裂性能较优的聚丙烯粗、细纤维进行混杂，研究多尺度聚丙烯纤维混凝土抗裂性能。

　　本次试验选择的平板试模有 3 个应力约束条，中间的约束条称为主应力条，裂缝主要出现在主应力条附近。素混凝土 A0 成型后，出现多处骨料及固体颗粒下沉的凹槽，表面不平整；聚丙烯细纤维混凝土 A1、A2、A4 成型后，表面平整，没有发现骨料下沉的凹槽，聚丙烯细纤维混凝土 A3 成型后，表面有凹槽，可能是表面抹平时没有处理好带来的影响；聚丙烯粗纤维混凝土 A5、A6 成型后，表面有纤维若隐若现，有少量骨料下沉的凹槽。多尺度聚丙烯纤维混凝土试块 A7、A8、A9 成型后，表面比较平整，优于聚丙烯粗纤维混凝土试块，如图 2.4 所示。

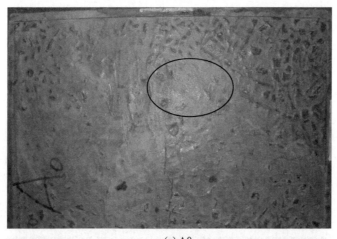

(a) A0

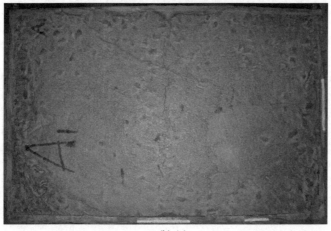

(b) A1

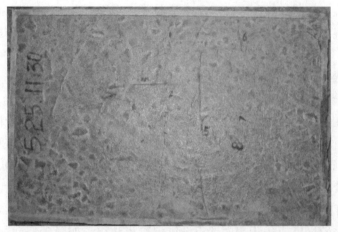

(c) A2

(d) A3

(e) A4

(f) A5

(g) A6

(h) A7

(i) A8

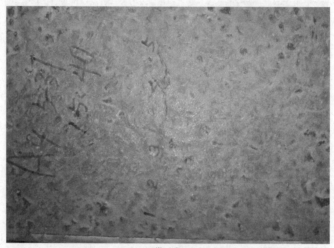

(j) A9

图 2.4　素混凝土及纤维混凝土成型后表观

根据混凝土早期裂缝观测试验结果，由表 2.3 可知：

（1）纤维混凝土初裂时间比素混凝土晚，说明纤维的掺入可延缓裂缝出现。

（2）从裂缝数量上看，素混凝土大于聚丙烯纤维混凝土。素混凝土裂缝分布比较紊乱，主要分布在主应力条附近，但在其他区域也能看到裂缝的存在，而聚丙烯纤维混凝土裂缝只出现在主应力条附近，其他区域未发现裂缝的存在。

（3）A1、A2 试件最大裂缝宽度比素混凝土 A0 试件减小 50%，裂缝趋于细化。A1 试件纤维长径比为 12/26，A2 试件纤维长径比为 19/26，两试件最大裂缝宽度相同，但 A1 的裂缝长度明显要小，A1 的抗裂性能优于 A2。相同直径不同长度者，长度越小，抗裂效果越好，即长径比越小抗裂性越好，符合纤维间距理论。

（4）A3 试件最大裂缝宽度没有改善，其长径比为 19/46，A4 试件最大裂缝宽度较素混凝土 A0 试件最大裂缝宽度减小 62.5%，其长径比为 19/100。相同长度不同直径者，直径越大，抗裂效果越好，不符合纤维间距理论。

（5）在浇筑过程中发现 A5 试件混凝土有离析现象，在振动台上补浆，振动时间较长，可能影响纤维在混凝土中的均匀性，导致最大裂缝宽度比素混凝土增大 25%，其长径比为 56；A6 试件聚丙烯粗纤维的掺入使混凝土最大裂缝宽度比素混凝土 A0 试件减小 25%，其长径比为 62.5。粗纤维的早期抗裂效果也不符合纤维间距理论。根据以上试验结果，进一步选定粗纤维 CF2 与细纤维 FF1、FF4 进行混杂试验。

（6）A7、A8、A9 试件是多尺度聚丙烯纤维的混杂，A7 试件最大裂缝宽度同素混凝土 A0 试件，A7 试件是粗纤维 CF2 与细纤维 FF1 的混杂，单掺比混掺的效果好。这两种纤维直径相差较大，从材料组成的级配上来说，相差甚大，细纤维是否会缠绕粗纤维，影响纤维的工作性能，还有待进一步研究；A8 试件是粗纤维 CF2 与细纤维 FF4 的混杂，从试验结果看效果不错，最大裂缝宽度较素混凝土 A0 试件的最大裂缝宽度减小了 50%，混掺后的最大裂缝宽度比单掺细纤维的大，比单掺粗纤维小；A9 试件是粗纤维 CF2 与细纤维 FF1、FF2 的混杂，最大裂缝宽度较素混凝土 A0 试件的最大裂缝宽度增大 37.5%，混掺效应较差。可能是粗细不同的纤维之间相互搭接、交叉甚至缠绕，缩小了与水泥浆体的接触面积，削弱了与基体的黏结作用。

（7）纤维的掺入使裂缝长度明显减小，粗纤维优于细纤维，A8 试件的裂缝长度最小。由此判断，粗纤维 CF2 与细纤维 FF4 的混杂可提高纤维与混凝土基体的黏结力，从而提高混凝土的塑性抗裂能力。

表 2.3　混凝土早期裂缝观测试验结果

试件编号	初裂时间/min	裂缝数目 N/条				最大裂缝宽度 W_i/mm				裂缝长度 L_i/mm			
		2h	6h	12h	24h	2h	6h	12h	24h	2h	6h	12h	24h
A0	14	6	8	12	12	0.20	0.30	0.40	0.40	270	340	420	450
A1	18	4	5	10	10	0.10	0.15	0.20	0.20	120	160	195	215
A2	20	5	7	8	8	0.10	0.15	0.15	0.20	200	300	360	380
A3	20	6	8	10	11	0.15	0.30	0.40	0.40	220	290	350	370
A4	21	3	7	6	6	0.15	0.15	0.15	0.15	180	220	300	320
A5	20	3	3	5	6	0.40	0.45	0.50	0.50	200	270	340	360
A6	22	5	6	6	6	0.15	0.20	0.30	0.30	220	280	360	380
A7	24	3	3	3	3	0.20	0.30	0.40	0.40	220	240	270	270
A8	24	4	4	4	4	0.15	0.20	0.20	0.20	180	180	185	210
A9	25	3	5	5	5	0.40	0.50	0.55	0.55	240	275	280	280

2.3 混凝土早期抗裂性能评价

混凝土早期抗裂性能评价的试验方法有多种，各学者采用不同的试验方法得到不同结果，目前还没有公认的标准试验方法，试验结果均是定性的，其对混凝土抗裂性能评价也不尽相同。现参考中国工程院土木水利与建筑学部《混凝土结构耐久性设计与施工指南》中的试验评价方法，综合评价聚丙烯纤维混凝土的早期抗裂性能。根据试验观测裂缝，计算裂缝平均开裂面积、单位面积开裂裂缝数目、单位面积上的总开裂面积 3 个参数，然后根据推荐的四个评价准则，将抗裂性能划分为 5 个等级来评价混凝土的抗裂性能，结果见表 2.4。

表 2.4 开裂试验数据结果评价(24h)

试件编号	裂缝长 $\sum\limits_{i=1}^{n} L_i$/mm	最大裂缝宽度 W_{max}/mm	裂缝总数 n/条	裂缝平均开裂面积 a/(mm²/条)	单位面积开裂裂缝数目 b/(条/m²)	单位面积上的总开裂面积 c/(mm²/m²)	抗裂等级
A0	450	0.40	12	7.50	50	375.00	Ⅳ
A1	215	0.20	10	2.15	42	90.30	Ⅱ
A2	380	0.20	8	4.75	33	156.75	Ⅲ
A3	370	0.40	11	6.73	46	309.58	Ⅲ
A4	320	0.15	8	3.00	33	99.00	Ⅱ
A5	360	0.50	6	15.00	25	375.00	Ⅳ
A6	380	0.30	6	9.50	25	237.50	Ⅲ
A7	270	0.40	3	18.00	13	234.00	Ⅲ
A8	210	0.20	4	5.25	17	89.25	Ⅰ
A9	280	0.55	5	15.40	21	323.40	Ⅲ
评价准则	—	≤0.2	—	≤10	≤25	≤100	

注：$a = \dfrac{1}{2n}\sum\limits_{i=1}^{n} W_i L_i$；$b = \dfrac{n}{A}$；$c = ab$。

表 2.4 中，A 为平板面积，A=0.24m²。四个评价准则都不满足为 Ⅴ 级抗裂等级，满足一个为 Ⅳ 级抗裂等级，满足两个为 Ⅲ 级抗裂等级，满足三个为 Ⅱ 级抗裂等级，满足四个为 Ⅰ 级抗裂等级。

评价结果分析如下：

（1）素混凝土 A0 试件在室温 24h 环境中抗裂等级属于 Ⅳ 级，单位面积开裂裂缝数目最多，单位面积上的总开裂面积最大，抗裂等级是最低的，表明素混凝土的早期抗裂效果很差。

（2）聚丙烯细纤维混凝土 A1、A2、A3、A4 试件中，A1、A4 试件抗裂等级属于Ⅱ级，A2、A3 试件抗裂等级属于Ⅲ级。A1 试件的裂缝平均开裂面积最小，单位面积上的总开裂面积最小；A4 试件的最大裂缝宽度最小，单位面积开裂裂缝数目最少；由此判断 A1、A4 试件的早期抗裂效果更好。

（3）聚丙烯粗纤维混凝土 A5、A6 试件中，A5 试件抗裂等级属于Ⅳ级，A6 试件抗裂等级属于Ⅲ级，早期抗裂效果弱于聚丙烯细纤维混凝土，略胜于素混凝土。

（4）多尺度聚丙烯纤维混凝土 A7、A8、A9 试件中，A8 试件的抗裂等级属于Ⅰ级，其单位面积上的总开裂面积在 10 组试件中是最小的，同时有 4 项指标均小于评价准则，说明 A8 试件中粗、细两种聚丙烯纤维在混凝土中相辅相成，产生协同工作的效应；而 A7、A9 抗裂等级属于Ⅲ级，效果不理想，尤其是 A9 试件最大裂缝宽度竟然大于素混凝土，可能是因为纤维之间发生了重叠缠绕，从而削弱了与基体间的黏结作用。

2.4　混凝土后期抗裂性能分析

研究纤维对混凝土抗裂性能的影响，不仅早期，后期的发展也不可忽视。本次试验在室内观测 24h 后，拆模，将试块放置在室外，经受日晒、风吹、雨淋 2 个月（6 月、7 月）后，再次对裂缝的发展情况进行评价。

评价结果如下：

（1）A0 表面有较明显的沉降裂缝，如图 2.5 所示。微细裂缝纵横交错，数量较多，基本上布满整个试件表面。主应力条处原有裂缝宽度增大，附近产生了不少细裂缝，试件表面不平整。

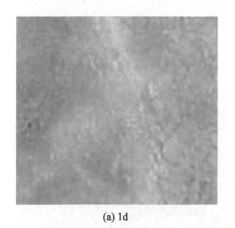 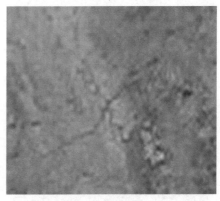

(a) 1d　　　　　　　　　　　　　　　　(b) 60d

图 2.5　A0 早期裂缝分布和后期裂缝分布

（2）如图 2.6～图 2.9 所示，A1 表面微细裂缝纵横交错，数量较多，微细裂缝分布均匀，试件表面比较平整；A2 表面裂缝较 A1 细小，裂缝均匀分布，表面非常平整；A3 表面裂缝较细，微细裂缝数量相对 A1、A2 减少，表面有少量沉降裂缝；A4 微细裂缝数量相对 A1、A2 减少，多于 A3，表面平整。由此可得，早期抗裂性能越好的细纤维，后期微裂缝控制稍差；早期抗裂性能稍差的细纤维，后期微裂缝控制能力有所提高。

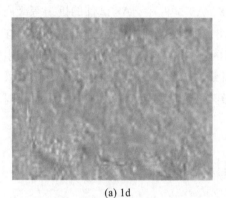 

(a) 1d　　　　　　　　　　　　　(b) 60d

图 2.6　A1 早期裂缝分布和后期裂缝分布

(a) 1d　　　　　　　　　　　　　(b) 60d

图 2.7　A2 早期裂缝分布和后期裂缝分布

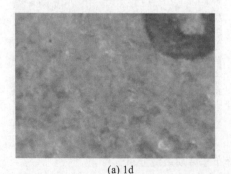 

(a) 1d　　　　　　　　　　　　　(b) 60d

图 2.8　A3 早期裂缝分布和后期裂缝分布

（3）如图 2.10、图 2.11 所示，A5 表面除了主应力处的原有裂缝，其他位置很少有微细裂缝出现，表面平整度一般；A6 表面有少量微裂缝出现，表面平整度一般。说明粗纤维后期抗裂性能优于细纤维。

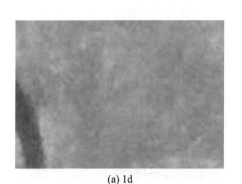
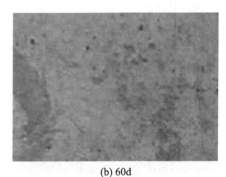

(a) 1d　　　　　　　　　　　　　　　　(b) 60d

图 2.9　A4 早期裂缝分布和后期裂缝分布

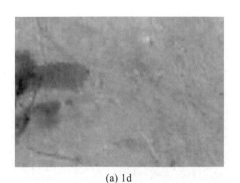
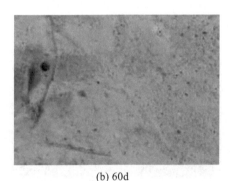

(a) 1d　　　　　　　　　　　　　　　　(b) 60d

图 2.10　A5 早期裂缝分布和后期裂缝分布

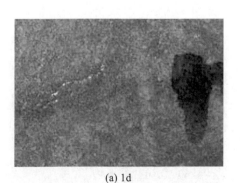
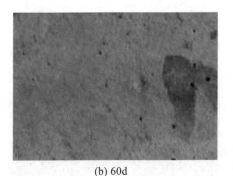

(a) 1d　　　　　　　　　　　　　　　　(b) 60d

图 2.11　A6 早期裂缝分布和后期裂缝分布

（4）如图 2.12～图 2.14 所示，A7 表面有少量微裂缝出现，表面平整；A8 表面有极少微细裂缝出现，表面平整度好；A9 表面微裂缝数量多于 A8，少于细纤维混凝土，表面平整度一般。粗、细纤维混杂效应在此得到充分体现，A8 早期塑性沉降裂缝和塑性收缩裂缝较小，后期干缩裂缝也得到有效控制。

(a) 1d　　　　　　　　　　　　(b) 60d

图 2.12　A7 早期裂缝分布和后期裂缝分布

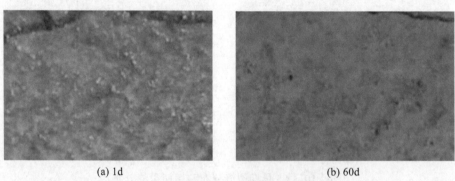

(a) 1d　　　　　　　　　　　　(b) 60d

图 2.13　A8 早期裂缝分布和后期裂缝分布

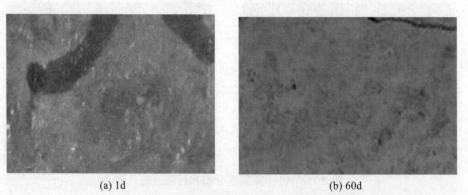

(a) 1d　　　　　　　　　　　　(b) 60d

图 2.14　A9 早期裂缝分布和后期裂缝分布

2.5　多尺度聚丙烯纤维混凝土阻裂机理分析

2.5.1　早期阻裂机理分析

目前，关于纤维的早期阻裂机理有两种，从不同角度解释纤维对混凝土的阻裂机理。一是美国 Romualdi 提出的纤维间距理论，根据断裂力学解释纤维对混凝土中裂缝的阻裂作用，认为要提高混凝土的抗拉性能，必须减少混凝土内部存在的原始缺陷、裂缝的数量和尺度，当纤维的间距小于某一值后，纤维可以使混凝土内部的微裂缝发展受阻，混凝土的抗拉强度会提高；二是英国 Swamy 提出的复合材料理论，认为所构成的材料是一个多相系统，由多种单一材料混合而成，其性能也认为是各个单一材料性能的复合。

多尺度聚丙烯纤维混凝土早期抗裂减缩的作用机理有两方面：一方面，从抗裂的角度看，混凝土浇筑后，内部有水分的流动而形成众多毛细孔。混凝土表层外露，表层水分的散发速度大于内部，水将通过毛细孔由内向外渗透，使毛细孔顶端液面呈凹形，凹形液面表面张力对孔壁会产生拉应力，此拉应力在混凝土初凝阶段会引起混凝土微裂缝的产生。在混凝土浇筑早期，低弹性模量的聚丙烯纤维相对塑性浆体成了高弹性模量的材料，相当于提高了混凝土的塑性抗拉强度，混凝土失水收缩产生的拉应力小于此时其塑性抗拉强度，混凝土表层裂缝数量减少，裂缝宽度减小。另外，数以千万计的聚丙烯纤维三维乱向分布在混凝土中，混凝土内部微裂缝的开展就需克服聚丙烯纤维的销栓作用，消耗能量。另一方面，混凝土的早期收缩主要包括塑性收缩、干燥收缩、自收缩等。在混凝土中掺入聚丙烯纤维后，纤维在混凝土内部杂乱排列，不但抑制混凝土的粗骨料下沉，提高混凝土的均匀性，减少缺陷，还能阻碍水溢出的通道，减少水分的散失。聚丙烯纤维对混凝土早期起的作用是可以改善混凝土的微观结构，加入纤维后混凝土的孔隙结构发生明显变化，相当于多了一组直径较大的孔，累计水分损失减少。

2.5.2　后期阻裂机理分析

硬化后的纤维混凝土，组织结构基本稳定。初凝后拌和物逐步失去塑性而形成水泥石骨架，化学收缩并不直接引起宏观体积的变化，而是以形成内部孔隙结构的形式表现出来。随着纤维混凝土逐渐硬化失水，水分向外部环境逸散，混凝土中毛细管孔隙内产生毛细管张力，由于负压而使混凝土产生收缩，在收缩过程中若有约束存在，就会引起开裂。纤维掺量越多，较大毛细孔的数量越多，而较大毛细孔数量的增多，使得混凝土内部水分的逸散速度加快，较大毛细管张力产生的负压使混凝土产生更大收缩。所以，在相同约束条件下，纤维数量越多的混凝土，后期产生的干燥收缩开裂比纤维数量较少的混凝土要明显。

混凝土硬化后期，混凝土内部湿度较小，毛细孔失水较多，固-液接触角减小，毛细孔压力增大。聚丙烯细纤维由于直径微小，对混凝土收缩的约束作用相对较弱，聚丙烯粗纤维由于直径大、长度大，对混凝土收缩的约束控制作用较强。

2.6　本章小结

（1）聚丙烯细纤维在混凝土中掺量相同。纤维直径相同长度不同者，长度越小，抗裂效果越好，即长径比越小抗裂性能越好，符合纤维间距理论；长度相同直径不同者，直径越大，抗裂效果越好，不符合纤维间距理论。聚丙烯粗纤维在混凝土中掺量相同，长径比不同，抗裂效果也不符合纤维间距理论。

（2）聚丙烯细纤维在塑性态混凝土中的阻裂效应优于聚丙烯粗纤维，多尺度聚丙烯纤维在塑性态混凝土中的阻裂效应有正有负，其中一组多尺度聚丙烯纤维混凝土 A8 试件的早期阻裂能力超过了聚丙烯细纤维混凝土。

（3）聚丙烯粗纤维在混凝土硬化阶段的抗裂效果优于聚丙烯细纤维，与多尺度聚丙烯纤维大致相当。A8 试件在后期仅有少量微细裂缝出现，且试件平整度较好，是整个试验组中综合抗裂性能最好的一组。多尺度聚丙烯纤维混杂存在正、负两种效应，正效应是细纤维在塑性态混凝土中能减少或抑制沉降裂缝、收缩裂缝，粗纤维有助于减少或抑制硬化混凝土中的干缩裂缝，从而产生协同作用的结果。负效应是两种或多种纤维在基体中，相互搭接、交叉、缠绕、重叠，从而与水泥浆体的接触面积减小，与基体黏结削弱，减弱了纤维对混凝土裂缝的阻止作用。因此，研究粗、细纤维的合理搭配，让多尺度聚丙烯纤维在混凝土凝结硬化的不同时期产生协同作用，使其能有效控制混凝土裂缝，达到阶段抗裂、层次抗裂的目的[118]。

第 3 章　多尺度聚丙烯纤维混凝土抗拉压性能试验

多尺度聚丙烯纤维混凝土良好的延性、韧性和较好的能量吸收能力以及较好的裂缝控制效果，使其在各工程领域中的应用越来越多。其主要应用于码头、路面、桥梁等构筑物增强韧性，在混凝土中掺加聚丙烯纤维是否能增强混凝土的抗拉压性能，各学者的试验结果未能统一。根据第 2 章抗裂性试验结果及轴向拉伸试验实现的困难程度，本章选用两种尺寸的聚丙烯细纤维与一种尺寸的聚丙烯粗纤维，在相同拌和工艺、相同配合比条件下对单掺纤维及混掺不同尺度纤维的混凝土试件进行轴向拉伸试验研究。

混凝土强度等级长期以来被工程设计和施工单位作为控制混凝土质量的关键指标。强度等级一般是指混凝土的立方体抗压强度等级，混凝土强度等级越高，抗压性能越好，但其脆性就越明显。普通混凝土的脆性随着抗压强度的增加而增大，给工程带来隐患。以素混凝土为基体，聚丙烯纤维为增强体所组成的复合材料将降低混凝土的脆性，提高混凝土增韧抗裂性能，同时聚丙烯纤维的掺入会影响混凝土的抗压性能。本章选用四种尺寸的聚丙烯细纤维与两种尺寸的聚丙烯粗纤维，在相同拌和工艺、相同配合比条件下对单掺纤维及混掺纤维的混凝土试件进行立方体抗压强度试验研究。

3.1　轴向拉伸试验方法

在单向轴拉试验中，试验结果受混凝土试件的截面形状及受拉方法的影响较大。单向轴拉试验的成功首先要确保混凝土试件全截面受拉，外荷载垂直作用在截面上才会产生均匀拉应力，试件的破坏属于轴向拉断破坏；其次还应该确保试验操作的简便性，试件形状容易浇筑，试件夹具拆卸方便。

混凝土单轴拉伸试验常用的受拉方法有外夹式、粘贴式和内埋式三种。外夹式是在试块的两端固定夹持钢板，通过试块表面与夹持钢板之间的摩擦力向试块施加轴向拉力（图 3.1（a））。粘贴式试验是在棱柱体试块上下两端部粘贴钢板，与试验机相连（图 3.1（b）），保证受拉过程中粘贴式试件可以自动调整成轴心受拉，因此相对而言，这种受拉方法能保证试件中的应力分布均匀，试验精确度相对较高；其缺点是试件的制作过程比较复杂，在混凝土试块端部粘贴钢板时，要去除试件表面的粗骨料，确保粘贴面光滑。文献[106]对粘贴式试验方法进行了改善，采用球铰和双钢板，提高了试验精度。内埋式就是在试块两端埋置钢筋棒，用试验机夹紧两端伸出的钢筋棒，通过钢筋棒与混凝土之间的黏结将钢筋棒所受的力传递给混凝土试件，使其均匀受拉，如图 3.1（c）所示。

　　孙启林和王利民[119]采用内埋式试验方法测定混凝土的单轴抗拉强度。试件形状尺寸如图 3.2 所示，截面为变截面，是为了人为控制断裂形式及断裂面位置，试验所得结果可靠度较高。

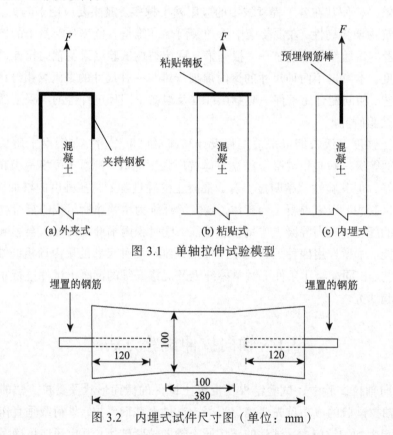

图 3.1　　单轴拉伸试验模型

图 3.2　　内埋式试件尺寸图（单位：mm）

　　彭勃和郑伟[112]采用了双钢板的夹持设计，如图 3.3 所示。试验数据及研究结果表明，采用双钢板的夹持拉伸试验装置，混凝土试件断裂位置比较理想，其受力简单，基本上能确保试件中拉应力均匀分布。

　　邓宗才[111]采用粘贴钢板法，对纤维混凝土棱柱体试件进行了轴向拉伸试验，轴向拉伸试验装置如图 3.4 所示，采用清华大学高坝大型结构国家专业实验室 INSTR085002 材料试验机，其最大荷载为 3000kN。加载按照恒位移控制，4 个变形引伸仪分别安装在试件的四周，加载速度为 2με/min，试验结果比较理想。

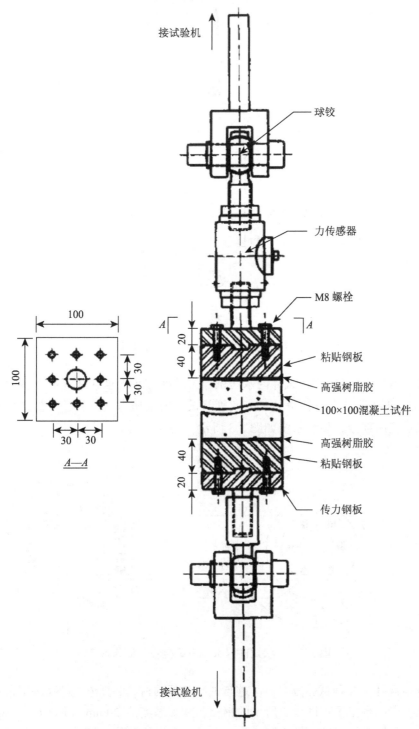

图 3.3　混凝土双钢板夹持拉伸试验装置（单位：mm）

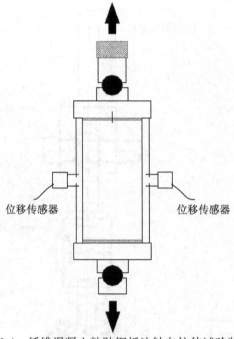

图 3.4　纤维混凝土粘贴钢板法轴向拉伸试验装置

田稳苓等[120]采用管状试件内水压试验方法研究钢纤维膨胀混凝土轴向拉伸应力-应变全曲线特性，自行设计了一套管状试件内水压力试验装置，包括加载系统和测试系统两部分，加载系统如图 3.5 所示。

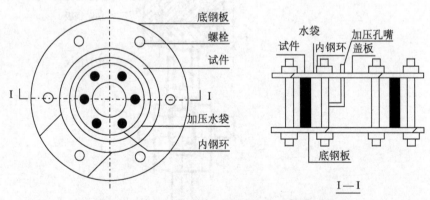

图 3.5　管状试件内水压力试验装置加载系统

本节设计了几种试验方案，通过与试验老师的讨论、交流，最终决定采用粘贴钢板法。专门预定了如图 3.6 所示的钢板，钢板厚度达 20mm，平面尺寸 100mm×100mm，与轴向拉伸试件断面尺寸完全一致，中心拉杆与钢板一次成型，通过机械方法保证拉杆严格对中。不管是双钢板法还是单块钢板粘贴，在试件粘贴过程中都不同程度地存在误差。结构胶涂抹的是否恰到好处，是否均匀，粘贴过程中钢板是否随胶的泌出而出现微移等一系列问题，都影响试件在拉伸过程中的对中。虽然直接拉伸法的试验过程存在许多有待进一步改善的问题，但它仍是单轴抗拉试验的首选，最能反映构件实际受力情况。因试验过程较为复杂，难度大，要求高，目前有关全曲线直接拉伸试验的研究并不多，本节采用无切口的等截面棱柱体进行轴向拉伸试验。

目前，单轴拉伸试验多采用闭环伺服试验机，此闭环伺服试验机传感器的信号反馈速度、伺服阀及油泵的动作速度、试验机架的变形响应速度等相对于聚丙烯纤维混凝土的裂缝扩展速度来说都必须足够快，否则测量结果会出现误差[113]。本试验选用的是英国 INSTRON 1342 型电液伺服材料试验机，如图 3.7 所示。系统用电液伺服闭环控制方式，通过荷载、位移、应变三个相互独立并可转换的控制模式分别对试样施加预定的荷载。在加载过程中，传感器将力学量转换为电信号，与控制指令信号比较，调节伺服阀，使指令信号等于反馈信号，以此精确控制试样形变及加载速度。

图 3.6　钢板　　　　　图 3.7　INSTRON 1342 型电液伺服材料试验机

3.2　轴向拉伸试验

3.2.1　试验材料与试件制作

试验选用第 2 章测试过的混凝土配合比，根据多尺度聚丙烯纤维混凝土抗裂性能试验得到的结果，筛选出抗裂性较优的两种尺寸的聚丙烯细纤维 FF1、FF4 以及一种尺寸的聚丙烯粗纤维 CF2，与素混凝土对照，在相同拌和工艺、相同配合比条件下进行单掺及混掺混凝土的单轴抗拉试验。试验测试 28d 龄期的轴向受拉性能，试验模具的内部尺寸为 100mm×100mm×300mm，其为棱柱体，参照 CECS 13：2009《钢纤维混凝土试验方法》的规定，每种混凝土类型的试件为一组，每组 3 个试件，共浇筑 21 个试件。

3.2.2　试验准备及加载程序

所有轴拉试件成型后在室内放置 24h，拆模编号，在标准养护室养护 7d，取出放在室内干燥，然后使用游标卡尺配合画线，用岩石切割机切割试件的两个端部，如图 3.8 所示。试件两个端部各切掉 25mm，缓慢切割，保证端部截面的平整度。试件切割后在标准养护室养护 21d。试验前 24h 将试件从养护室取出，待试件表面干燥后，用棉花蘸酒精或丙酮擦去试件和钢板表面浮灰及可能存在的油污，再用配合比为 3:10 的结构胶将试件的两端粘贴在厚 20mm 的试验钢板上，如图 3.9 所示。从粘贴完毕到进行轴拉试验相隔 24h，试验时间在 6 月和 7 月，温度较高，结构胶粘贴时间缩短。通过试验发现，经过 24h 后，结构胶的黏结力完全满足试验要求。

图 3.8　岩石切割机切割试件

本试验选用英国 INSTRON 1342 电液伺服材料试验机，最大荷载为 2500kN，加载按恒位移控制，加载速度为 0.02mm/min，2 个变形引伸计分别安装在试件的两侧，引伸计量程 100mm，如图 3.10 所示。试件四个侧面分别粘贴有长 100mm 的混凝土应变片，数据采集及加载控制均采用计算机进行。

图 3.9 试件粘贴钢板

图 3.10 轴向拉伸试验装置

3.3 轴向拉伸开裂与破坏过程

各试件断口形态如图 3.11 所示，素混凝土试件 A0 断面稍有不平，小部分粗骨料被拉断，大部分粗骨料脱离黏结；聚丙烯细纤维混凝土试件 A1、A4 及聚丙烯粗纤维混凝土试件 A6 断面高低起伏，不平整，绝大多数纤维被拉断，少数纤维被拔出，表明纤维与混凝土间黏结性能良好，粗骨料被拉断和沿界面脱离黏结几乎各占一半；多尺度聚丙烯纤维混凝土试件 A7、A8 和 A9 的断面较平整，大部分纤维被拉断，小部分纤维被拔出，断面可看到粗纤维被拔出后留有的孔洞，试件 A9 尤为突出。这说明纤维的掺入改变了混凝土内部粗骨料与砂浆之间的界面黏结力，纤维与砂浆或混凝土之间的黏结力随不同直径纤维的单掺或混掺也发生了变化。

混凝土试件在制作过程中应尽量多搅拌，以便使各种材料分布均匀。聚丙烯纤维、粗骨料、原始裂纹及孔隙等在混凝土中的分布具有随机性，因此聚丙烯纤维混凝土单向轴拉试件的每一正截面的实际承载能力和应力分布不可能是均匀的。纤维混凝土试件裂缝首先出现在最薄弱截面的最薄弱位置。当发现试件的表面有裂缝时，裂缝截面处混凝土退出工作，变形增加，混凝土试件几何形心与作用力不在一条线上，出现了偏心受拉，另一侧混凝土瞬间可能会产生压应力。随着变形的发展，试件一个主裂缝的两端不断向前发展，试件又表现为全截面受拉，直至丧失承载能力。

(a) 试件A0

(b) 试件A1

(c) 试件A4

(d) 试件A6

(e) 试件A7

(f) 试件A8

(g) 试件A9

图 3.11　素混凝土及聚丙烯纤维混凝土试件断口形态

　　试件的破坏位置如下：①沿轴线方向，绝大部分破坏截面在离端部 1/3～1/2 范围内，如图 3.12 所示，在随机的最薄弱截面首先发生起裂破坏。极个别薄弱面发生在钢板与混凝土粘贴处，如图 3.13 所示。分析发现，导致该情况的原因是结构胶比例没有调好，使结构胶在凝结时间内没有达到它应有的黏结强度，该组试验数据作废。②沿横截面的方向，所有试件沿一个周边起裂，裂缝再向其他三个周边扩展。

图 3.12　试件断口位置

图 3.13　试件脱胶位置

3.4　轴向拉伸试验结果与分析

3.4.1　轴向拉伸基本力学性能

表 3.1 给出了不同尺度聚丙烯纤维混凝土轴心受拉测试结果，其中，f_t 为抗拉强度；ε_p 为峰值应变；E_t 为混凝土受拉变形模量[114]，E_t 取应力为 50%抗拉强度时的割线模量；W_f 为裂缝最大宽度；F_τ 为裂缝最大宽度时的残余承载力。试验结果表明：①聚丙烯纤维的掺入不同程度地提高了混凝土的抗拉强度和峰值应变，相同纤维掺量时纤维混凝土的抗拉强度和峰值应变随纤维直径的增大而增大。②单掺聚丙烯细纤维混凝土试件 A1、A4 相对素混凝土试件 A0 抗拉强度分别提高 10%和18%，峰值应变分别提高 1%和 4%。单掺聚丙烯粗纤维混凝土试件 A6 相对素混凝土试件 A0 抗拉强度提高 24%，峰值应变提高 49%。这说明聚丙烯粗纤维的掺入不仅提高了基体混凝土的抗拉强度，也改善了混凝土的变形性能。③多尺度聚丙烯纤维混凝土试件 A7、A8 抗拉强度的提高并不优于单掺聚丙烯粗纤维混凝土试件 A6，峰值应变低于单掺聚丙烯粗纤维混凝土试件 A6，高于单掺聚丙烯细纤维混凝土试件 A1、A4。多尺度聚丙烯纤维混凝土试件 A9，其抗拉强度及峰值应变分别比素混凝土试件 A0 提高 27%和 22%，是本次试验抗拉强度最好的一种组合。④单掺聚丙烯粗、细纤维对混凝土变形模量影响不大，混掺聚丙烯粗、细纤维对混凝土变形模量略有提高。由此说明，多尺度聚丙烯纤维的混杂能改善混凝土内部微结构，但变形模量的大小主要取决于混凝土粗、细骨料的性质[115]。⑤停止加载时，当素混凝土试件 A0 裂缝宽度达到 0.363mm 时，残余承载力为 0；聚丙烯细纤维混凝土试件 A1、A4 裂缝宽度为 0.475mm、0.957mm 时，残余承载力分别为 342N、416N，说明细纤维的掺入改善了混凝土的脆性性质，纤维掺量相同时，残余承载力随纤维直径的增大而增大；聚丙烯粗纤维混凝土试件 A6 裂缝宽度为 4.486mm 时，残余承载力为 3090N，说明粗纤维对混凝土的增韧效果明显，塑性性能增强；多尺度聚丙烯纤维混凝土试件 A7、A8、A9 残余承载力为 5587N、5527N、5579N 时，裂缝宽度分别为 4.570mm、6.580mm、4.870mm，说明粗、细纤维混掺较单掺纤维更能改善混凝土的塑性性能，纤维对混凝土的增韧效果较为理想。

当最大裂缝宽度达到 0.363mm 时，断裂面混凝土已退出工作，残余承载力取决于纤维直径、纤维分布及纤维与基体的黏结强度。在本次试验中，随着纤维直径的增大，裂缝最大宽度显著增大，残余承载力显著增大；粗、细纤维混掺后，效果更为明显，试件 A8 尤为突出。结合图 3.11（e）、（f）、（g）断裂面可以看出，混凝土中的粗纤维部分被拔出、拉断，需要消耗大量的能量才能使混凝土破坏面完全断开。这也是试件 A7、A8、A9 在试验过程中残余承载力居高不下的原因，从另一方面也说明了聚丙烯纤维与混凝土的良好黏结性能。

表 3.1　不同尺度聚丙烯纤维混凝土轴心受拉测试结果

试件	f_t/MPa	f_t 比值	ε_p/$\mu\varepsilon$	ε_p 比值	E_t/GPa	E_t 比值	W_f/mm	F_t/N
A0	1.362	1.00	119.63	1.00	18.30	1.00	0.363	0
A1	1.498	1.10	120.41	1.01	17.25	0.94	0.475	342
A4	1.602	1.18	124.64	1.04	18.40	1.00	0.957	416
A6	1.690	1.24	178.51	1.49	18.45	1.01	4.486	3090
A7	1.530	1.12	133.68	1.12	18.24	1.00	4.570	5587
A8	1.485	1.09	141.37	1.18	19.80	1.08	6.580	5527
A9	1.728	1.27	145.62	1.22	18.89	1.03	4.870	5579

聚丙烯纤维混凝土的抗拉弹性模量与纤维掺入的相关性较差。多尺度聚丙烯纤维混凝土的抗拉弹性模量与素混凝土的抗拉弹性模量基本相同。根据复合材料理论，低弹性模量聚丙烯纤维的掺入会导致纤维混凝土复合材料弹性模量降低。本节试验中聚丙烯纤维属于低掺量，纤维体积相对于混凝土基体来说很小，所以基本没有影响；另外，由于聚丙烯细纤维掺入混凝土能有效减少混凝土的早龄期收缩裂缝，聚丙烯粗纤维掺入混凝土能有效抑制混凝土后期裂缝的产生，使基体初始缺陷减少，理论上将多尺度聚丙烯纤维混掺在混凝土中可以改善混凝土基体的抗拉弹性模量。

赵国藩等[116]提出，纤维对混凝土的作用并不只是裂缝出现后。本节试验研究得出，在聚丙烯纤维混凝土试件初裂之前，聚丙烯纤维已经发挥作用，纤维通过控制混凝土基体收缩减小了微裂缝的数量和大小；当聚丙烯纤维混凝土试件开裂后，聚丙烯纤维混凝土拉伸应变比普通混凝土基体极限应变有较大幅度的提高。因此，聚丙烯纤维的掺入提高了混凝土的极限应变值和初裂强度。

3.4.2　轴向拉伸应力-应变曲线

试验测定各组轴向拉伸应力-应变曲线如图 3.14 所示。可以看出，聚丙烯细纤维混凝土试件 A1、A4 在开裂后，表现出类似于素混凝土试件 A0 的应变软化现象，但随着应变的增加，聚丙烯细纤维混凝土的持荷能力略有增加。这说明聚丙烯细纤维的掺入，改善了混凝土的脆性性质，其应力-应变曲线下降段所包围面积比素混凝土大，且随纤维直径的增大而略有增大；聚丙烯粗纤维混凝土试件 A6 在开裂后，也出现了类似素混凝土 A0 的应变软化现象，但当应力下降至 0.34MPa 时，试件表现出明显的应变硬化现象；多尺度聚丙烯纤维混凝土试件 A7、A8 开裂后也同样出现了应变软化现象，当应力分别下降至 0.27MPa、0.50MPa 时，试件表现出较明显的应变硬化现象；试件 A7 应力-应变曲线下降段所包围面积小于试件 A6，说明此组粗、细纤维的混杂效应不理想，与第 2 章抗裂试验结果相符；而 A8 试件当应变值增加到 3%时，应力随应变的增加又回升到 0.72MPa 左右，然后又随应变增加逐渐减小，试件 A8 所表现出的抗拉韧性是可喜的；多尺度聚丙烯纤维混凝土试件 A9 开裂后，应力下降至 0.50MPa 后，随应变增加应力在逐渐增大，当应变增至 1.5% 时，应力回升到 0.77MPa 左右，然后又随应变增加逐渐减小，试件 A9 所表现出的抗拉韧性在所有试件中是最优的。

通过对试件 A6~A9 试验过程的仔细观察，发现纤维混凝土开裂后，试件承载力瞬间有较大幅度的降低，但随着外荷载的持续，试件承载力会有回升，当听到试件内纤维"嘭"的沉闷断裂声时，就可看到承载力的下降，然后有所上升，纤维断裂，承载力先降低然后上升，如此反复，直至试件内大部分粗纤维被拉断或拔出，试件逐渐丧失承载力。整个破坏过程粗纤维的桥接作用非常明显。

将试件 A6~A9 出现应变硬化现象的应力-应变原始曲线局部放大可以发现并不是光滑的曲线，在应变增加的过程中，应力不断上下波动，并缓慢增加。通过大量试验观测和分析发现，荷载的降低对应于试件上裂缝的不断扩展，荷载上升说明在克服纤维的桥接力，一旦纤维被拉断或被拔出，荷载降低，裂缝继续扩展，当裂缝扩展遇到纤维阻力时，荷载上升，克服纤维桥接力，荷载又降低。因此，纤维混凝土拉伸应力-应变曲线在一定程度上也反映了试件上裂缝的扩展情况。

由图 3.14 可知，多尺度聚丙烯纤维混凝土试件 A8 和 A9，开裂后应力-应变曲线下包面积比单掺粗纤维混凝土试件 A6 大，尤其是试件 A9，其下包面积几乎是单掺粗纤维混凝土试件 A6 的 2 倍。由此可知，多尺度聚丙烯纤维混凝土能充分发挥粗、细纤维各自在不同受力阶段的作用，提高混凝土的抗裂能力，增强混凝土的抗拉韧性。

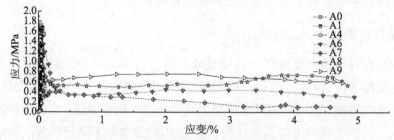

图 3.14　不同尺度聚丙烯纤维混凝土轴向拉伸应力-应变曲线

将图 3.14 中试件 A9 轴向拉伸应力-应变曲线横坐标放大，如图 3.15 所示，多尺度聚丙烯纤维混凝土轴向拉伸应力-应变曲线可大致分为以下四个阶段：①上升段 *OA*（裂缝出现前），应力与应变几乎呈比例发展，峰值荷载即裂缝出现时，对应的应力为抗拉强度，对应的应变为峰值应变；②下降段 *AB*（裂缝出现到贯穿基体表面），粗纤维还来不及发挥其桥接作用，试件承载力大幅下降；③应力缓慢上升段 *BC* 到应变硬化阶段 *CD*，粗纤维桥接作用发挥到极致，试件承载力随粗纤维的断裂而起伏，在较大变形范围内，应力无减小现象；④应变软化阶段 *DE*，此时粗纤维不是被拔出就是被拉断，纤维桥接作用失效，试件承载力基本丧失。

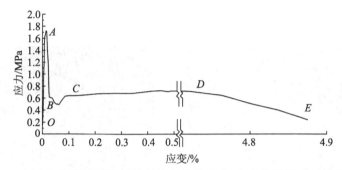

图 3.15　多尺度聚丙烯纤维混凝土轴向拉伸应力-应变曲线模型（试件 A9）

3.4.3　抗拉性能机理分析

　　当均匀受拉的混凝土试件内部存在微裂缝、孔隙等先天缺陷时，薄弱区域就会产生应力集中现象。当应力集中达到材料此阶段抗拉强度时，裂缝进一步发展，应力集中现象更为明显，裂缝的缓慢扩展将转变为裂缝的迅速失稳扩展。因此，混凝土的拉伸破坏通常是断裂破坏。聚丙烯纤维在混凝土中的分布如同蜘蛛网，束缚了裂缝，相当于给混凝土裂缝尖端施加了一个抵消开裂的应力场，提高了混凝土的抗拉强度。

　　在加载过程中，基体内部出现初始微裂缝，截面内纵横交错的纤维产生桥接作用，分散应力集中，抑制微裂缝的发展，应力重分布后产生新的微裂缝。随外荷载的增大，基体某薄弱截面微裂缝贯穿、开裂，在断裂面处起桥接作用的纤维承受荷载并将荷载传递给未开裂的部分。此时，基体的抗拉能力取决于纤维自身的抗拉能力及其与基体界面的黏结强度。随着裂缝不断张开，桥接纤维不断被拔出或拉断，阻碍纤维被拔出主要靠纤维与基体界面的黏结力及纤维表面异形造成的机械咬合力。图 3.16 是聚丙烯粗纤维使用前后表面对照图，粗纤维在基体完全断裂时，表面波纹已被拉直，纤维所经受的拉力较大，所以在轴拉破坏第三阶段时，出现了低应力应变硬化现象。由表 2.1 可知,聚丙烯粗纤维 CF2 抗拉强度优于聚丙烯细纤维 FF1、FF4,且粗纤维表面还有波纹,粗纤维与混凝土之间的黏结性要优于细纤维与混凝土之间的黏结性。所以,聚丙烯粗纤维混凝土抗拉强度高于聚丙烯细纤维混凝土。聚丙烯粗、细纤维混掺后,细纤维能有效阻止微裂缝的发展,粗纤维在宏观裂缝出现后能有效阻止裂缝扩展。从理论分析其抗拉强度应有提高。但两种粗、细纤维混掺后的抗拉强度较单掺粗纤维并没增大,反而有所降低,其原因值得进一步研究。三种不同尺度的粗、细聚丙烯纤维混掺后其抗拉强度有所增大,符合理论分析结果[121]。

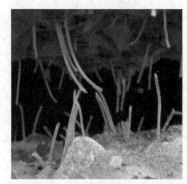

(a) 使用前　　　　　　　　　　　　(b) 使用后

图 3.16　聚丙烯粗纤维[110]

3.5　立方体抗压试验

试验选用第 2 章测试过的混凝土配合比,原材料的选择、聚丙烯纤维混凝土的搅拌同第 2 章所述,试验测试 28d 龄期的混凝土立方体抗压性能。试验模具内部是尺寸为 100mm×100mm×100mm 的立方体,参照 CECS 13:2009《纤维混凝土试验方法标准》的规定,每种混凝土类型的试件为一组,每组 3 个试件,共浇筑 30 个试件。所有试块成型后在室温放置 24h,然后拆模编号,在标准养护室养护 28d 后进行立方体抗压试验。

聚丙烯纤维混凝土立方体抗压试验在 INSTRON 1346 型电液伺服材料试验机上进行,加载速度为 5MPa/min,当应力达到 12MPa 时,加载速度调至 0.5mm/min,直至试件破坏。单向受压试验装置如图 3.17 所示。

图 3.17　单向受压试验装置

3.6　抗压试验结果分析

3.6.1　抗压全曲线

目前，国内外关于多尺度聚丙烯纤维混凝土单轴受压状态下的应力-应变全曲线的研究还不普及，而应力-应变全曲线能较为全面地反映各个受力阶段的变形特点和每一瞬间试件的受力情况，全曲线中包含重要的力学性能指标，是揭示多尺度聚丙烯纤维混凝土增强、增韧机理的重要途径。本节对纤维混凝土立方体试件进行单轴抗压试验，研究多尺度聚丙烯纤维混凝土的抗压全曲线，试验得到的立方体单轴抗压应力-应变曲线如图 3.18 所示。可以看出，尽管多尺度聚丙烯纤维混凝土的全曲线形状和素混凝土的立方体抗压全曲线类似，但是它的塑性变形能力和峰值后延性明显优于素混凝土。峰值后纤维混凝土有较为可观的残余强度。表明聚丙烯纤维在改善混凝土压缩韧性方面起正面作用。

图 3.18 所示为不同尺度聚丙烯纤维及其混杂纤维混凝土在各自相同纤维掺量下的应力-应变曲线，可以看出，聚丙烯细纤维混凝土应力-应变曲线形状与素混凝土相似；聚丙烯粗纤维混凝土及混杂纤维混凝土下降段较为平缓，多尺度聚丙烯纤维混凝土应力-应变曲线所包围面积更大，试件 A8 最大。峰值应力除试件 A2、A6

外，均有提高，峰值应变相差不大。由此分析：①当应力小于峰值时，试块内部有较小微裂缝，弹性模量小的聚丙烯纤维与混凝土的变形量相同，对混凝土的应力-应变增长影响不大，所以不同尺度聚丙烯纤维混凝土应力-应变曲线上升段与普通混凝土应力-应变曲线上升段非常相似。②当应力达到峰值后，裂缝数量增加，宽度加大，聚丙烯粗纤维开始发挥较大作用，混杂纤维混凝土的曲线下降段平缓。③曲线下降段的平缓程度，取决于纤维的桥接作用。多尺度聚丙烯纤维混凝土试块开裂后，细纤维与粗纤维协同抗裂，细纤维抑制微裂缝的产生和发展，粗纤维抑制大裂缝的扩展，因此其承载力下降速度较慢[117]。

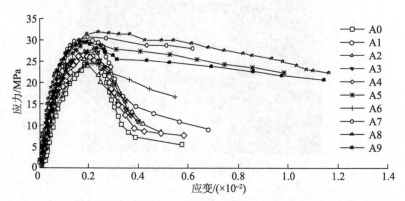

图 3.18　不同尺度聚丙烯纤维混凝土立方体抗压应力-应变曲线[115]

3.6.2　抗压性能参数

多尺度聚丙烯纤维混凝土的立方体抗压强度测试结果见表 3.2。由表可知：①聚丙烯纤维的掺入对混凝土抗压强度的提高不是很理想，有的抗压强度有所降低，如图 3.19 所示。②聚丙烯细纤维混凝土（A1～A4）的强度比为 0.968～1.105，试件 A1 混凝土强度比达到 1.105，是效果较好的一组。掺量相同，纤维根数越多，间距越小，增强效果越好，符合纤维间距理论。③聚丙烯粗纤维混凝土（A5、A6）的强度比为 1.078 和 0.843，试件 A5 抗压强度增强率达到 7.8%，试件 A6 抗压强度却削弱了 15.7%。试件 A6 是混凝土内聚丙烯纤维直径最大、长度最长的一组。初步判断粗纤维可能影响了混凝土的密实性，减弱了骨料与浆体之间的黏结力，导致其抗压强度降低。④多尺度纤维混凝土（A7～A9）的强度比为 1.062～1.137，聚丙烯纤维的混杂使混凝土立方体抗压强度均得到提高，试件 A7、A9 抗压强度分别提高了 7.2%、6.2%，试件 A8 抗压强度提高了 13.7%，效果最佳。由此判断，试件 A8 中两种聚丙烯粗、细纤维的混杂达到了优势互补的效果，值得在工程中推广应用[122]。

表 3.2 多尺度聚丙烯纤维混凝土的立方体抗压强度测试结果

试件编号	抗压荷载/kN	立方体抗压 强度/MPa	强度比	长径比
A0	278.44	26.382	1.000	—
A1	306.85	29.146	1.105	461.54
A2	268.73	25.527	0.968	730.77
A3	279.25	26.524	1.005	413.04
A4	279.08	26.515	1.005	190.00
A5	294.30	28.434	1.078	56.00
A6	234.18	22.249	0.843	62.50
A7	297.70	28.282	1.072	—
A8	315.79	30.001	1.137	—
A9	294.80	28.006	1.062	—

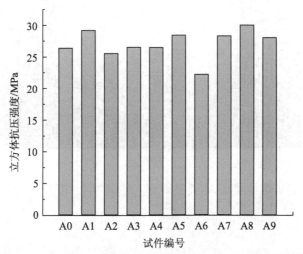

图 3.19 不同尺度聚丙烯纤维混凝土的立方体抗压强度[117]

3.6.3 抗压破坏形态

如图 3.20（a）所示，素混凝土试块开裂后，有碎片陆续掉落，也有较大块掉落，有崩解和破碎现象，最后形成两个对顶的角锥形破坏面。

图 3.20（b）～（d）所示的聚丙烯纤维混凝土试块，开裂后裂缝增大、增多，偶有小碎片掉落，试块横断面增大，呈外鼓状，裂而不碎，破坏过程长，而且破坏后试样虽有裂缝，但没有崩解和破碎现象，破坏后的试样仍较完整。

(a) A0

(b) A1

(c) A3

(d) A8

图 3.20　聚丙烯纤维混凝土立方体抗压破坏形态

3.6.4　拉压强度比

　　拉压强度比（简称拉压比）是衡量混凝土力学性能的一个重要指标。国内外已有研究资料表明，普通混凝土的拉压比为 0.058～0.125，且强度越高，拉压比越小，高强混凝土的拉压比仅为 0.042～0.050。拉压比是反映混凝土脆性的指标之一。

　　表 3.3 反映了 28d 龄期聚丙烯纤维混凝土立方体抗压强度与轴心抗拉强度及拉压比随纤维长径比变化的发展趋势。在适当的纤维掺量内，单掺聚丙烯纤维混凝土拉压比随纤维长径比的减小而呈现增长的趋势，这说明聚丙烯粗纤维对混凝土脆性的改善作用优于聚丙烯细纤维，脆性随纤维直径的增长而逐步降低；多尺度聚丙烯纤维混凝土的拉压比与纤维长径比相关性不大，主要原因是混掺聚丙烯粗、细纤维

表 3.3　28d 龄期聚丙烯纤维混凝土立方体抗压强度和轴心抗拉强度及拉压比

试件编号	立方体抗压强度/MPa	轴心抗拉强度/MPa	拉压比	长径比
A0	26.382	1.362	0.052	—
A1	29.146	1.498	0.051	461.5
A4	26.515	1.602	0.060	190.0
A6	22.249	1.690	0.076	62.5
A7	28.282	1.530	0.054	64.4*
A8	30.001	1.485	0.049	63.6*
A9	28.006	1.728	0.062	63.9*

*表示两种或三种纤维长径比的加权值。

不仅使混凝土的抗拉强度有所提高，同时也提高了混凝土的抗压强度。聚丙烯粗、细纤维的合理搭配取得了较为理想的力学增强效应，值得在工程中推广应用。

多尺度聚丙烯纤维混凝土立方体抗压强度与轴心抗拉强度的关系如图 3.21 所示。素混凝土试件 A0 轴心抗拉强度最小，抗压强度也较小。在混凝土中掺入聚丙烯纤维后，混凝土轴心抗拉强度有明显提高，抗压强度也有所提高。有研究认为，聚丙烯纤维在受压过程中，由于含量少，强度低，不能发挥其增强作用。但此试验的结果是，聚丙烯纤维的掺入增强了素混凝土的轴心抗拉强度和抗压强度，仅有试件 A6 抗压强度有所降低。由此可知，聚丙烯纤维在掺量、素混凝土级配、施工流程与养护措施均合理的情况下，可以提高混凝土的轴心抗拉强度和抗压强度等力学指标，增强混凝土的韧性。

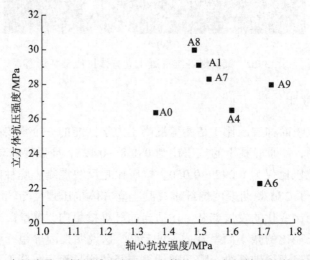

图 3.21　　多尺度聚丙烯纤维混凝土立方体抗压强度与轴心抗拉强度的关系

3.7　抗压性能机理分析

加入聚丙烯纤维后，混凝土试块的受压破坏形态由脆性过渡到延性。混凝土纵向受压，由于泊松效应，横向混凝土体积膨胀，相当于混凝土内部有拉应力存在。当试块的应力达到峰值强度后，在试验过程中可以听到"噼啪"声，聚丙烯纤维从混凝土中被拔出或拔断，试件承载力下降，但可继续承受荷载。随着聚丙烯纤维的脱黏拔出，试块逐渐破坏，但破坏后保持了比较好的完整性，没有混凝土碎块掉落。聚丙烯粗纤维掺入混凝土后，试件峰值后的承载力下降较缓。在整个试验过程中，可以观察到聚丙烯粗纤维混凝土的韧性比素混凝土有较大幅度的提高。聚丙烯粗纤维表面凹凸不平，纤维从混凝土中拔出首先要克服纤维混凝土基体之间的机械咬合力、摩擦阻力和化学胶合力，裂缝在纤维混凝土中的发展需要消耗的能量比素混凝土大很多。

有研究认为，混凝土强度受骨料、水泥石或界面黏结等强度的影响很大，也就是说，混凝土微观特性将极大地影响混凝土的宏观性能。因此，通过扫描电镜试验，分析聚丙烯纤维对混凝土抗压性能的影响机理更为直观。

混凝土基体中植入单根聚丙烯纤维，如图 3.22 所示。当混凝土内部原始初裂纹随着荷载增加逐渐发展成微裂缝时，聚丙烯纤维可以承受微裂缝端部的部分应力集中，吸收能量，抑制微裂缝的进一步开裂。当聚丙烯纤维跨越裂缝时，在裂开的两部分混凝土中间起插销作用，微裂缝的发展需要克服销栓作用。混凝土中纵横交错的聚丙烯纤维从整体上推迟了裂缝的出现和发展，使纤维混凝土试件持荷变形过程变长，破坏性质由脆性破坏变为塑性破坏[123]。

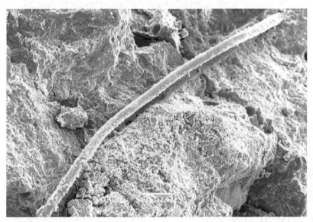

图 3.22 混凝土基体中的单根聚丙烯纤维[124]

单根聚丙烯纤维与混凝土基体紧密嵌合，如图 3.23 所示。聚丙烯纤维材料与混凝土之间像钢筋与混凝土之间一样也存在界面黏结力，聚丙烯纤维在混凝土中的受力机理也与钢筋在混凝土基体中的受力机理类同。随着拉应力的增加，混凝土基体内部出现微裂缝，聚丙烯纤维在受荷初期起到缓冲作用，吸收部分能量阻止较大裂缝的出现。荷载增大，裂缝不可避免也要发展，此时聚丙烯纤维发挥桥接作用。裂缝的发展必然要克服聚丙烯纤维与混凝土基体界面的机械咬合力、摩擦阻力和化学胶合力。因此，聚丙烯纤维的掺入可以在一定程度上提高混凝土的抗压强度。

本试验中，试件 A6 和试件 A2 相对素混凝土试件 A0 抗压强度有所降低。徐松林等[125]研究发现，聚丙烯纤维在混凝土中相对含量少，强度低，根据复合材料理论，混凝土抗压强度不会增强。由于聚丙烯纤维是低弹性模量材料，刚度小，当混凝土试件受压时，聚丙烯纤维基本不能作为受压的有效支撑，且纤维模量小，变形大，占有混凝土空间，反而使得聚丙烯纤维混凝土抗压强度有所降低。

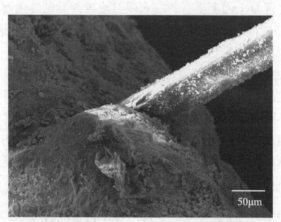

图 3.23　单根聚丙烯纤维与混凝土基体嵌合[126]

邵晓蓉[127]研究了掺量为 0.9kg/m³ 的聚丙烯纤维混凝土的抗压强度与素混凝土强度等级的关系。结果表明，强度等级低的混凝土掺入聚丙烯纤维后，纤维混凝土比素混凝土的抗压强度有所降低，强度等级高的混凝土掺入聚丙烯纤维后，聚丙烯纤维混凝土的抗压强度比素混凝土稍有提高。

结合国内外众多试验可以看出，聚丙烯纤维对混凝土抗压强度的影响因素较为复杂，其中聚丙烯纤维对混凝土密实性的影响不可忽视。纤维分散性好，与混凝土基体的黏结性能好，能填补部分混凝土内部原始孔隙，减少孔隙大小和数量，增加混凝土基体的密实性。在合理纤维掺量下，聚丙烯纤维混凝土抗压强度能得到提高。

3.8　本章小结

（1）聚丙烯纤维的掺入提高了混凝土的抗拉强度，强度比为 1.09～1.27。多尺度聚丙烯纤维混凝土试件 A9 抗拉强度增强 27%，优于掺量相同的单一纤维混凝土。

（2）单掺聚丙烯纤维对混凝土抗压强度的提高不理想，强度比为 0.843～1.105，但多尺度聚丙烯纤维的混杂使混凝土抗压强度均得到提高，强度比为 1.062～1.137，试件 A8 效果最佳，抗压强度提高 13.7%。

（3）得到不同尺度聚丙烯纤维混凝土的轴向拉伸应力-应变曲线，聚丙烯粗纤维混凝土在破坏第三阶段出现了低应力应变硬化现象，对抗拉韧性的改善幅度远大于聚丙烯细纤维混凝土。在试验所测试的纤维中，对混凝土抗拉韧性的提高幅度排序：多尺度聚丙烯纤维>聚丙烯粗纤维>聚丙烯细纤维，A9 抗拉韧性最好。

（4）多尺度聚丙烯纤维混凝土的立方体抗压应力-应变曲线上升段和素混凝土的曲线类似，但它的塑性变形能力和峰值后延性明显优于素混凝土，而且随着应变的增加，峰值后的应力降低缓慢，当应变较大时仍有一定的残余强度。充分体现了纤维在改善压缩韧性方面的作用。其中多尺度聚丙烯纤维混凝土试件 A8 应力-应变曲线下包面积最大，其抗压韧性性能得到较好改善。

（5）多尺度聚丙烯纤维混凝土轴心抗拉强度与立方体抗压强度比为 0.049～0.076，纤维对混凝土的脆性改善作用：多尺度聚丙烯纤维优于聚丙烯粗纤维更优于聚丙烯细纤维。

（6）聚丙烯纤维的掺入对混凝土受拉变形模量的影响不大，这进一步说明混凝土模量主要取决于混凝土的粗、细骨料，与添加的低模量聚丙烯纤维关系不大。

第 4 章　多尺度聚丙烯纤维混凝土弯曲性能试验

混凝土在工程中的地位毋庸置疑，但其抗拉、抗弯、抗冲击性能较差。如何提高混凝土的弯曲韧性、抗冲击和抗疲劳等性能的研究是工程界比较关注的课题，在混凝土中加入钢纤维、聚丙烯纤维等是常用的方法。尤其对于我国这样地形复杂又处于多个地震带的地震多发国家，探索如何提高混凝土的韧性、抗冲击、抗疲劳性能，意义重大。为确保混凝土工程具有足够的安全性、经济性和耐久性，对如何改进混凝土材料的韧性耗能也提出新的更高的要求[128]。

在混凝土构件中掺加聚丙烯纤维在工程界已经取得了较好效果，证实聚丙烯纤维是改善水泥基复合材料抗裂性和韧性的有效材料之一，但聚丙烯粗、细纤维的掺入对改善混凝土性能结果不一样。加入聚丙烯细纤维对硬化混凝土韧性和抗裂性能的改善很小，但对阻止混凝土的早期塑性开裂十分有效。虽然聚丙烯细纤维混凝土在工程实践中已得到应用，但研究深度还不够，很多技术仍处于摸索阶段，尤其是聚丙烯粗纤维及聚丙烯粗、细纤维的混杂研究较少，对应混凝土材料的设计缺少相应的试验依据，限制了其应用。与第 2 章相同，本章选用四种尺寸的聚丙烯细纤维与两种尺寸的聚丙烯粗纤维，在相同拌和工艺、相同配合比条件下对单掺纤维及混掺纤维的混凝土试件进行抗弯韧性试验，对比研究了相同类型、不同尺度聚丙烯纤维及其混杂纤维对混凝土抗弯性能的影响，为聚丙烯纤维增强混凝土的材料设计提供理论依据。

对纤维混凝土韧性的测定，目前常使用的试验方法是四点弯曲试验，它操作简单，可以很好地模拟很多工程实际构件的受力情况[129]。衡量纤维混凝土耗能能力的重要指标就是弯曲韧性，纤维混凝土韧性标准试验方法有美国的 ASTM C1550-20 方法[130]和 ASTM C1399-98 方法[131]、日本的 JSCE-SF4b[132]方法、挪威的 NBP NO7 方法以及中国 CECS 13：2009《纤维混凝土试验方法标准》[133]等。

4.1　四点弯曲试验

试验选用第 2 章测试过的混凝土配合比，原材料的选择、聚丙烯纤维混凝土的搅拌同第 2 章所述，试验测试 28d 龄期的混凝土弯曲抗拉性能。试验模具内部是尺寸为 100mm×100mm×400mm 的棱柱体，根据 CECS 13：2009《纤维混凝土试验方法标准》的规定，每种混凝土类型的试件为一组，每组 3 个试件，共浇筑 30 个试件。所有试件成型后在室温放置 24h，然后拆模编号，在标准养护室养护 28d 后进行四点弯曲试验。

试验装置采用重庆大学改进型英国 INSTRON 1346 型电液伺服材料试验机系统，如图 4.1 所示。测试软件采用 INSTRON Merlin 软件包中的抗弯软件，位移-荷载传感器精度为 0.05%，梁挠度的测定采用日本 YOKE 方法，将夹式引伸仪置于试件的中性轴测定梁的挠度，该装置还能消除梁扭转变形引起的附加变形。采用连续稳定的加载方式，初始加载速度为 0.2mm/min，当挠度达到 1.0mm 时，加载速度调至 2.0mm/min。计算机自动采集数据，得到荷载-挠度全曲线。

图 4.1　聚丙烯纤维混凝土抗弯韧性试验设备

4.2　试验结果分析

4.2.1　荷载-挠度曲线

试验得到的不同尺度聚丙烯纤维混凝土荷载-挠度曲线如图 4.2 所示。由图 4.2（a）～（e）可知，素混凝土试件 A0 与聚丙烯细纤维混凝土试件 A1、A2、A3、A4 达峰值后，荷载瞬间下降较快，表现为明显的脆性。聚丙烯细纤维的掺入使荷载-挠度曲线下降段所包围面积比素混凝土略大，说明聚丙烯细纤维对混凝土抗裂韧性有所改善。由图 4.2（f）～（j）可知，聚丙烯粗纤维混凝土试件 A5、A6 及多尺度聚丙烯纤维混凝土试件 A7、A8、A9 达到峰值后，试件承载力瞬间降至 5～8kN，此时随着外荷载的持续，试件承载力会有回升。当听到试件内纤维"嘭"的沉闷断裂声时，就可看到承载力下降，然后有所上升，纤维断裂，承载力降低而后上升，如此反复，

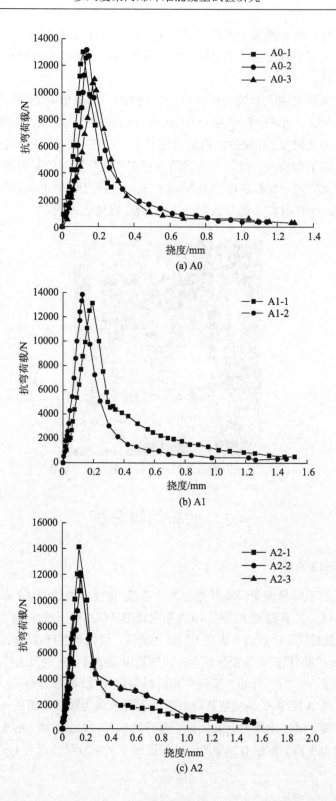

(a) A0

(b) A1

(c) A2

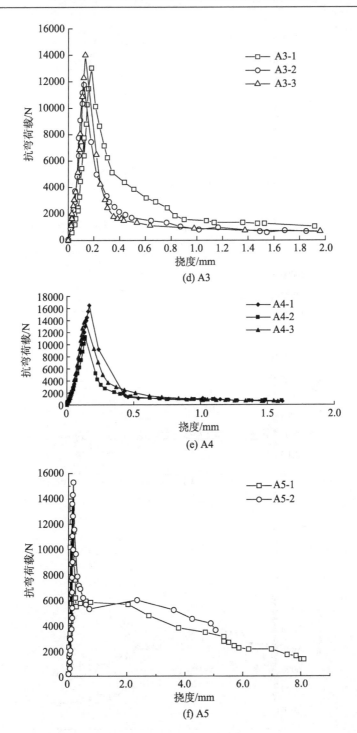

(d) A3

(e) A4

(f) A5

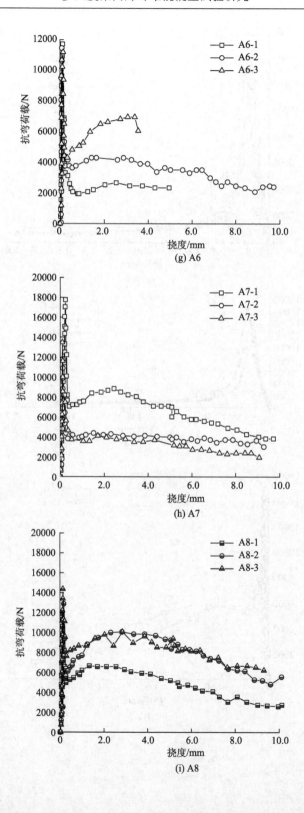

(g) A6

(h) A7

(i) A8

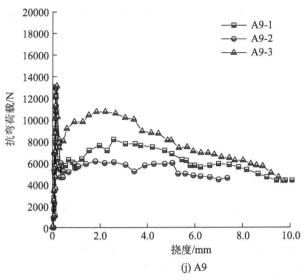

(j) A9

图 4.2　不同尺度聚丙烯纤维混凝土荷载-挠度曲线

持续时间较长，直至试件断裂面处大部分粗纤维被拉断或拔出，试件逐渐丧失承载力。在整个破坏过程中聚丙烯粗纤维的桥接作用非常明显，试件下降段出现较长的平缓过程，与轴拉试件相似，出现了低应力应变硬化现象。聚丙烯粗纤维的掺入在提高基体混凝土抗弯强度的同时极大地改善了混凝土的抗弯韧性。多尺度聚丙烯纤维混凝土试件，峰值后荷载-挠度曲线下包面积比单掺聚丙烯粗纤维要大，尤其是试件 A8、A9，其下包面积几乎是单掺聚丙烯粗纤维混凝土试件 A5、A6 的 2 倍[134]。

　　图 4.3 是部分聚丙烯纤维混凝土试件受弯的破坏模式，单掺聚丙烯细纤维混凝土试件 A1、A4 破坏时弯曲变形与素混凝土试件 A0 无明显差别，单掺聚丙烯粗纤维混凝土试件 A6 的弯曲变形明显大于试件 A0，多尺度聚丙烯纤维混凝土试件 A7 的弯曲变形更为显著，比试件 A6 大。可见，在混凝土试件中混掺多尺度聚丙烯纤

图 4.3　部分聚丙烯纤维混凝土试件受弯的破坏图

维不仅推迟了微裂缝的产生，也推迟了宏观裂缝的形成，其抗弯破坏时吸收能量的能力显著增强，优于聚丙烯粗纤维，更胜于聚丙烯细纤维。

4.2.2 破坏过程及形态

试验结果表明，在混凝土试件中掺入聚丙烯纤维后，其破坏模式由脆性破坏变为延性破坏。聚丙烯粗纤维混凝土延性得到较大改善，优于聚丙烯细纤维混凝土，而多尺度聚丙烯纤维混凝土的韧性最优。

素混凝土梁在抗弯试验过程中，梁底部首先出现垂直裂缝，一下延伸至截面高度约 2/3 处，之后发展成一条贯穿整个截面的主裂缝，梁的破坏面平整，如图 4.4（a）所示。裂缝发展速度与荷载加载速度有关，本次试验加载速度较慢，又是闭环伺服系统，所以在测试过程中，裂缝瞬间出现，而裂缝发展需要一个过程。

对于聚丙烯细纤维混凝土梁，首先在梁的底部出现微裂缝，一下延伸至截面高度约 1/2 处，之后逐渐发展为一条贯穿整个底部的主裂缝，主裂缝斜向曲折上升到梁的截面高度大约 2/3 时，主裂缝附近又产生新的微裂缝，如图 4.4（d）所示。随着荷载的增加，主裂缝贯穿整个横截面，梁的破坏面有凹凸不平感，纤维大部分被拔出或拉断。

对于聚丙烯粗纤维混凝土梁，首先在梁底部出现微裂缝，随着荷载的增加微裂缝逐渐发展成主裂缝，由于纤维的作用主裂缝发展方向为斜向，在主裂缝上升到截面高度大约 1/3 时，由于粗纤维的销栓作用，在主裂缝端部又滋生出 2~3 条次裂缝向上延伸，梁挠度增大，荷载增加，主裂缝贯穿整个横截面，梁中聚丙烯粗纤维的桥接作用得到较好体现，梁挠度较大，破坏截面凹凸不平，大部分纤维被拔出或拉断。如图 4.4（g）所示。

(a) A0

(b) A1

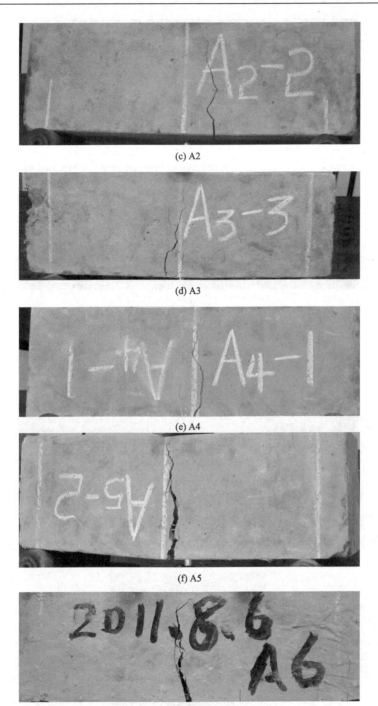

(c) A2

(d) A3

(e) A4

(f) A5

(g) A6

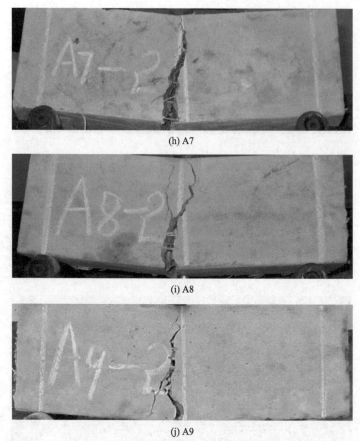

(h) A7

(i) A8

(j) A9

图 4.4　聚丙烯纤维混凝土梁的破坏形态

多尺度聚丙烯纤维混凝土梁微裂缝的出现与发展类似于聚丙烯粗纤维混凝土梁，主裂缝贯穿整个截面，梁中多尺度聚丙烯纤维桥接作用非常显著，如图 4.5 所示，整个梁还具有一定的承载力，且持荷时间较长，表现出良好的韧性。

图 4.5　多尺度聚丙烯纤维的桥接作用[125]

4.2.3　抗弯性能指标分析

不同尺度聚丙烯纤维混凝土梁的抗弯韧性试验结果见表 4.1，初裂荷载 F_{cr} 按我国 CECS 13：2009《纤维混凝土试验方法标准》确定。由表 4.1 可知，聚丙烯纤维对混凝土的初裂荷载与峰值荷载影响较小，如图 4.6、图 4.7 所示，对峰值荷载挠度影响也不大。试验中，聚丙烯粗纤维混凝土试件 A5 的峰值荷载相对试件 A0 提高幅度较为明显，峰值荷载挠度也有提高，但聚丙烯粗纤维混凝土试件 A6 的峰值荷载及峰值荷载挠度相对试件 A0 却有减小。多尺度聚丙烯纤维混凝土试件 A7 峰值荷载也有一定增幅，峰值荷载挠度却有减小。表 4.1 的数据不足以反映纤维对混凝土韧性的改善。

表 4.1　不同尺度聚丙烯纤维混凝土梁的抗弯峰值荷载及相应挠度

试件编号	初裂荷载 F_{cr} /kN	峰值荷载 F_{max}/kN	峰值荷载挠度 δ_f /(×10^2mm)
A0	10.61	12.33	0.15
A1	11.68	13.43	0.16
A2	11.44	13.23	0.15
A3	11.23	12.83	0.15
A4	12.28	13.95	0.14
A5	12.67	14.40	0.17
A6	10.06	11.18	0.10
A7	12.56	14.28	0.13
A8	11.27	12.82	0.16
A9	10.98	12.21	0.13

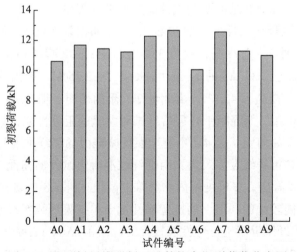

图 4.6　聚丙烯纤维混凝土试件抗弯初裂荷载分布图

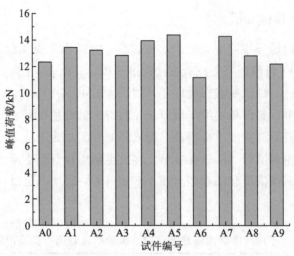

图 4.7   聚丙烯纤维混凝土试件抗弯峰值荷载分布图

1. 按照中国 CECS 13: 2009 评价

按照中国 CECS 13:2009《纤维混凝土试验方法标准》的方法求得的聚丙烯纤维混凝土梁 28d 龄期韧性指数试验结果见表 4.2。f_{cr} 为弯曲初裂强度，Ω_δ 为初裂韧性，Ω_k 为跨中挠度为 $L/150$ 时的韧性，I_5、I_{10}、I_{20} 为弯曲韧性指数，f_e 为等效弯曲强度，R_e 为弯曲韧性比。

由表 4.2 可知，用中国 CECS 13:2009《纤维混凝土试验方法标准》能测得聚丙烯粗纤维及多尺度聚丙烯纤维混凝土的弯曲韧性指标、等效弯曲强度 f_e 和弯曲韧性比 R_e，不能测得聚丙烯细纤维混凝土的等效弯曲强度 f_e 和弯曲韧性比 R_e，说明该方法不适合聚丙烯细纤维混凝土试件的抗弯韧性评价。

聚丙烯纤维混凝土试件的弯曲初裂强度 f_{cr} 和初裂韧性 Ω_δ 相比素混凝土试件均有提高（A6 除外），f_{cr} 提高幅度为 3%～18.75%，Ω_δ 提高幅度为 4.2%～42.3%。聚丙烯粗纤维混凝土试件 A5 的 f_{cr} 最优，提高了 18.75%。聚丙烯细纤维混凝土试件 A1 的 Ω_δ 最优，提高了 42.3%。由此可知，聚丙烯粗、细纤维在改善混凝土裂前韧性方面都起了作用，但混凝土开裂后纤维对裂缝的阻裂性能，即开裂后纤维对混凝土韧性的改善又如何呢？表 4.2 不能全面反映聚丙烯细纤维混凝土试件的韧性，但可以反映聚丙烯粗纤维及多尺度聚丙烯纤维混凝土试件的韧性。从弯曲韧性指数 I_5、I_{10}、I_{20} 可以看出，多尺度聚丙烯纤维混凝土试件 A8（A8 是多尺度聚丙烯纤维混凝土抗弯性能较优的一组）的抗弯韧性优于单掺聚丙烯粗纤维混凝土试件 A5（A5 是聚丙烯粗纤维混凝土抗弯性能较优的一组），A8 的 I_5 是 A5 的 1.07 倍，A8 的 I_{10} 是 A5 的 1.21 倍，A8 的 I_{20} 是 A5 的 1.34 倍。A8 的等效弯曲强度 f_e 和弯曲韧

性比 R_e 分别是 A5 的 1.23 倍和 1.40 倍，A8 的 Ω_k 是 A5 的 1.23 倍。由此可知，试件 A8 的裂后增韧能力大于试件 A5。聚丙烯粗、细纤维适当混掺比单掺聚丙烯粗纤维能更好地改善混凝土开裂后的韧性。

表 4.2　聚丙烯纤维混凝土梁抗弯韧性试验结果(CECS 13: 2009)

试件编号	f_{cr} /MPa	Ω_δ /J	Ω_k /J	弯曲韧性指数			f_e /MPa	R_e
				I_5	I_{10}	I_{20}		
A0	3.2	0.71	—	3.00	3.51	0	—	—
A1	3.5	1.01	—	2.68	3.27	0	—	—
A2	3.4	0.82	—	3.06	4.08	4.93	—	—
A3	3.4	0.79	—	3.06	3.93	4.93	—	—
A4	3.7	0.89	—	2.94	3.61	0	—	—
A5	3.8	0.90	12.29	3.84	6.48	12.26	1.84	0.48
A6	3.0	0.61	8.63	3.01	4.81	9.04	1.29	0.43
A7	3.8	0.85	11.39	3.40	5.75	10.59	1.71	0.45
A8	3.4	0.74	15.12	4.10	7.82	16.44	2.27	0.67
A9	3.3	0.78	14.63	3.58	6.38	12.55	2.19	0.66

2. 按照美国标准 ASTM C1399-98 评价

参照美国 ASTM C1399-98 方法求得聚丙烯纤维混凝土梁 28d 抗弯韧性试验结果见表 4.3。$f_{fc,m}$ 为抗弯强度，G_{cr} 为初裂韧度，G_u 为断裂能，I_5、I_{10}、I_{20}、I_{30} 为弯曲韧性指数。剩余强度表达式 $S_R = (P_{0.5} + P_{0.75} + P_{1.0} + P_{1.25})l / (4bh^2)$，式中，$P_{0.5}$、$P_{0.75}$、$P_{1.0}$、$P_{1.25}$ 分别为梁跨中挠度为 0.50mm、0.75mm、1.00mm、1.25mm 时对应的荷载值，l 为梁跨度，b 为梁宽，h 为梁高。相对剩余强度表达式为 $R_{SI} = \left(S_R / f_{fc,m}\right) \times 100\%$ [135]。

由表 4.3 可知：①聚丙烯纤维混凝土的抗弯强度均大于素混凝土（A6 除外）。抗弯强度提高效果较明显的是聚丙烯粗纤维混凝土试件 A5，提高幅度达 17%。②初裂韧度提高幅度最大的是 A1 试件，达到 42.3%，其余试件的初裂韧度相对素混凝土提高幅度为 4.2%～26.8%。这说明相同掺量，直径越小，长度越短（根数越多）的聚丙烯细纤维对混凝土初裂韧度改善越大。③聚丙烯纤维混凝土的断裂能 G_u 相对素混凝土有较大提高，聚丙烯细纤维混凝土的断裂能 G_u 提高了 56%～93%；聚丙烯粗纤维混凝土的断裂能 G_u 提高了 8.36～10.33 倍；多尺度聚丙烯纤维混凝土提高了 10.53～16.77 倍。由此可知，多尺度聚丙烯纤维对混凝土的增强、增韧作用优于聚丙烯粗纤维，聚丙烯粗纤维对混凝土的增强、增韧作用优于聚丙烯细纤维。④聚丙烯细纤维混凝土的 I_5、I_{10} 相对素混凝土提高幅度不大，有的甚至略有下降。例如，A1 的 G_{cr} 值在聚丙烯细纤维混凝土中是最大的，说明此纤维改善了混凝土裂前的抗弯韧性，但根据美国 ASTM C1399-98 方法求得的弯曲韧性指数却低于素混凝土。这并不能说明 A1 试件中的聚丙烯细纤维没有改善素混凝土的抗弯韧性，只能说此韧性指数不适合聚丙烯细纤维混凝土[136]。结合 $f_{fc,m}$、G_{cr}、I_5、I_{10} 等指标初步判断聚丙烯细纤维的加入能小幅度提高混凝土的抗弯韧性。⑤聚丙烯粗纤维混凝土的 I_5 相对素混凝土提高 0.3%～28%；I_{10} 相对素混凝土提高幅度达 37%～84.6%，相对抗弯韧性较优的聚丙烯细纤维混凝土 A2 提高幅度达 17.9%～58.8%；聚丙烯粗纤维混凝土 I_{20} 相对聚丙烯细纤维混凝土提高幅度达 83.4%～148.7%。说明聚丙烯粗纤维混凝土抗弯韧性优于聚丙烯细纤维混凝土。⑥多尺度聚丙烯纤维混凝土的 I_5、I_{10} 相对素混凝土提高幅度达 13.3%～36.7%、63.8%～122.8%；相对抗弯韧性较优的聚丙烯细纤维混凝土 A2 提高幅度达 11.1%～34%、41%～92%；相对聚丙烯粗纤维混凝土 A6 提高幅度达 13.0%～36.2%、19.5%～62.6%。多尺度聚丙烯纤维混凝土的 I_{20}、I_{30} 相对聚丙烯粗纤维混凝土 A6 提高幅度达 17.1%～81.9%、10.7%～82.5%。由此可知，多尺度聚丙烯纤维混凝土的抗弯韧性比单掺粗、细聚丙烯纤维好。细纤维能改善混凝土裂前抗弯韧性，粗纤维能改善混凝土裂后抗弯韧性，两种不同尺度聚丙烯纤维的混掺，在不同阶段分别发挥作用，从而有效提高混凝土的抗弯韧性。⑦聚丙烯细纤维混凝土的 S_R 相对于素混凝土提高了 52.9%～152.9%；聚丙烯粗纤维混凝土的 S_R 相对于素混凝土提高了 458.8%～788.2%；多尺度聚丙烯纤维混凝土的 S_R 相对素混凝土提高了 676.5%～982.4%。⑧聚丙烯细纤维混凝土的

表 4.3　聚丙烯纤维混凝土梁抗弯韧性试验结果(ASTM C1399-98)

名称	$f_{fc,m}$ /MPa	G_{cr} /J	G_u /J	弯曲韧性指数				S_R /MPa	R_{SI} /%
				I_5	I_{10}	I_{20}	I_{30}		
A0	3.70	0.71	2.35	3.00	3.51	0	0	0.17	4.59
A1	4.03	1.01	3.66	2.68	3.27	0	0	0.30	7.44
A2	3.97	0.82	4.10	3.06	4.08	4.93	0	0.41	10.33
A3	3.85	0.79	4.53	3.06	3.93	4.93	0	0.43	11.17
A4	4.19	0.89	3.91	2.94	3.61	0	0	0.26	6.21
A5	4.32	0.90	26.63	3.84	6.48	12.26	17.66	1.51	34.95
A6	3.36	0.61	22.00	3.01	4.81	9.04	14.01	0.95	28.27
A7	4.28	0.85	27.10	3.40	5.75	10.59	15.51	1.32	30.84
A8	3.85	0.74	41.75	4.10	7.82	16.44	25.57	1.84	47.79
A9	3.72	0.78	38.05	3.58	6.38	12.55	19.13	1.77	47.58

R_{SI} 相对于素混凝土提高了 62.1%~143.4%；聚丙烯粗纤维混凝土的 R_{SI} 相对于素混凝土提高了 515.9%~661.4%；多尺度聚丙烯纤维混凝土的 R_{SI} 相对素混凝土提高了 571.9%~941.2%。由此进一步说明多尺度聚丙烯纤维改善混凝土韧性性能优于聚丙烯粗纤维，更远胜于聚丙烯细纤维，为工程的实际应用提供了依据。

4.3 弯拉对应关系分析

多尺度聚丙烯纤维对普通水泥基复合材料的拉伸力学性能有较为明显的改善。因此，单轴拉伸试验成为评价多尺度聚丙烯纤维混凝土力学性能的有效试验方法。从理论上讲，单轴拉伸试验具有重要的实际意义，但轴向拉伸试验对试验设备刚度要求较高，又因为混凝土材料内部砂石等骨料分布不均匀，很难找到真正意义上的轴心位置，试验操作较为复杂，不方便使用。相对而言，四点弯曲试验操作技术成熟，对试验设备要求相对低，不存在对中问题，混凝土材料的延性和韧性性能可以通过试验得到的荷载-变形曲线反映。因此，用四点弯曲试验代替单轴拉伸试验来评价多尺度聚丙烯纤维混凝土特殊力学性能比较理想。多尺度聚丙烯纤维混凝土在拉伸荷载和弯曲荷载作用下，表现出不同的力学行为，但是两者的力学机理是相通的。所以，探寻多尺度聚丙烯纤维混凝土的弯拉对应关系，建立采用弯曲试验取代拉伸试验评价多尺度聚丙烯纤维混凝土独特力学性能的理论和试验基础，具有重要意义。

4.3.1 强度指标对比分析

英国的研究结果显示[137]，抗碱玻璃纤维增强水泥 28d 龄期内，抗弯强度与轴拉强度的比值为 2.3~3.0。本节研究结果见表 4.4，多尺度聚丙烯纤维混凝土的抗弯强度与轴拉强度的比值为 1.99~2.80。

表 4.4 聚丙烯纤维混凝土梁抗弯强度与轴拉强度比

试件编号	抗弯强度 $f_{fc,m}$ /MPa	轴拉强度 f_t /MPa	弯拉比
A0	3.70	1.362	2.72
A1	4.03	1.498	2.69
A4	4.19	1.602	2.62
A6	3.36	1.690	1.99
A7	4.28	1.530	2.80
A8	3.85	1.485	2.59
A9	3.72	1.728	2.15

4.3.2　韧性指标对比分析

为了对比多尺度聚丙烯纤维混凝土的弯曲韧性与拉伸韧性，参照美国 ASTM C1399-98 方法规定，对多尺度聚丙烯纤维混凝土的拉伸韧性定义如下：以开裂应变 ε_c 对应应力-应变曲线下的面积 A_0 为基准，分别取 $3.0\varepsilon_c$、$5.5\varepsilon_c$、$10.5\varepsilon_c$、$15.5\varepsilon_c$ 对应应力-应变曲线下的面积与 A_0 的比值为多尺度聚丙烯纤维混凝土的拉伸韧性指数，并依次记为 I_5、I_{10}、I_{20}、I_{30}。表 4.5 为聚丙烯纤维混凝土梁弯曲韧性指数和拉伸韧性指数的对比，整体上看，试件的拉伸韧性指数比其弯曲韧性指数要小，但数据的整体变化趋势是相似的。由表 4.5 可知，聚丙烯粗纤维混凝土试件的韧性指数优于聚丙烯细纤维混凝土试件，多尺度聚丙烯纤维混凝土试件的韧性指数基本都优于聚丙烯粗纤维混凝土试件，其中试件 A8 的拉伸韧性指数最佳，同时其弯曲韧性指数也最优。由此说明，用常规的四点弯曲试验可以代替不易操作的单轴拉伸试验来反映多尺度聚丙烯纤维混凝土的韧性。

表 4.5　聚丙烯纤维混凝土梁弯曲韧性指数和拉伸韧性指数

试件编号	弯曲韧性指数				拉伸韧性指数			
	I_5	I_{10}	I_{20}	I_{30}	I_5	I_{10}	I_{20}	I_{30}
A0	3.00	3.51	—	—	2.24	3.35	—	—
A1	2.68	3.27			2.64	3.21	6.24	8.73
A4	2.94	3.61	—	—	2.54	3.46	4.77	5.82
A6	3.01	4.81	9.04	14.01	2.86	4.30	7.64	10.54
A7	3.40	5.75	10.59	15.51	2.66	4.90	6.89	9.61
A8	4.10	7.82	16.44	25.57	2.88	4.66	7.95	12.13
A9	3.58	6.38	12.55	19.13	2.54	4.80	7.42	10.06

在使用刚性试验机的条件下，四点弯曲试验能够测得混凝土的拉伸应力-应变曲线，可以测得曲线在过峰值后应变软化的下降段，过峰值后，应变增加很快，和单轴直接拉伸的应力相比较，弯曲应力下降较慢。这是因为在单轴拉伸时，横截面上所有的缺陷都受相等的拉应力作用，而弯曲时其横截面上的应力分布不均匀，外层应力最大，中性层上应力为 0。这样除表层以外的多数缺陷所受的应力较小，因此梁内缺陷萌生裂纹的概率比单轴拉伸要小得多。此外，由于弯曲应力可以重分布，这样单轴拉伸与弯曲相比，应力下降要快一些，单轴拉伸曲线下降段的下包面积要小些，因此试件拉伸韧性指数均低于其弯曲韧性指数。

4.4　切口梁三点弯曲试验

通过纤维的掺入能有效改善混凝土的力学特性，不同的纤维对混凝土力学特性的改善作用效果差异较大。聚丙烯细纤维直径较小，长径比大，掺入混凝土基体中，能抑制混凝土浇筑及养护过程中温度变化和干缩形成的原始裂缝，改善混凝土的原生缺陷。聚丙烯粗纤维直径较大，纤维表面经过处理，与混凝土基体的黏结能力强，单根纤维的承载能力较大，在混凝土受力产生宏观裂缝时纤维的桥接作用能抑制裂缝的扩展，提高混凝土的韧性。聚丙烯纤维的掺入使得混凝土的断裂特性与普通混凝土产生显著差异。本节根据粗、细纤维对混凝土的不同增强作用，通过控制纤维的种类、掺量及混掺比例，设计浇筑了 11 组聚丙烯纤维混凝土切口梁试件和一组素混凝土切口梁试件，利用三点弯曲试验，测定了试件的荷载-位移曲线（P-δ）及荷载-裂缝开口张开位移曲线（P-CMOD）。

目前，关于混凝土 I 型断裂特性试验研究，常用的试验方法有：切口梁三点弯曲试验法、紧凑拉伸法和楔入劈拉法。切口梁三点弯曲法由于其试件制备简单、试验仪器要求不高、测量参数容易获得等优点，在国内外得到广泛使用。20 世纪 80年代，国际材料与结构研究实验联合会（International Union of Laboratories and Experts in Construction Materials, Systems and Structures，RILEM）推荐使用切口梁三点弯曲试验法测定混凝土断裂韧度、断裂能、临界裂缝长度等断裂参数[138-140]。

4.4.1　试验原材料及配合比

本节选用的原材料与第 2 章相同，减水剂采用黄褐色、液体状的聚羧酸高效减水剂；但聚丙烯纤维尺寸只选取 FF2、FF4 与 CF2，配合比设计过程如下。

1）确定试配强度

参考 DL/T 5330—2005《水工混凝土配合比设计规程》以及 JGJ 55—2011《普通混凝土配合比设计规程》等规范中的相关规定。本试验混凝土的强度等级为 C30，配制纤维混凝土试配强度的方法与普通混凝土相同，按式（4.1）计算：

$$f_{cu,0} = f_{cu,k} + 1.645\sigma = 30 + 1.645 \times 5 = 38.2(\text{MPa}) \quad （4.1）$$

式中，$f_{cu,0}$ 为混凝土试配强度，MPa；$f_{cu,k}$ 为混凝土设计强度标准值，MPa；σ 为混凝土强度标准差，MPa，当强度等级为 C30 时取值为 5。

2）确定水灰比(W/B)

$$\frac{W}{B} = \frac{a_a f_{ce}}{f_{cu,0} + a_a a_b f_{ce}} = \frac{0.53 \times 46.8}{38.2 + 0.53 \times 0.2 \times 46.8} = 0.57 \quad （4.2）$$

依据 JGJ 55—2011《普通混凝土配合比设计规程》等技术标准及设计文件的要求，水灰比初步选取 0.46。

3）选定单位用水量 m_{w0}

（1）根据外加剂性能，并考虑混凝土耐久性要求，减水剂掺量取 1.0%。

（2）根据 JGJ 55—2011《普通混凝土配合比设计规程》，选取 $m_{w0'} = 247\text{kg/m}^3$。

（3）掺入聚羧酸高效减水剂混凝土用水量计算。

经对比试验，聚羧酸高效减水剂的减水率为 $\beta = 29.0\%$。

$$m_{w0} = m_{w0'}(1-\beta) = 247 \times (1-0.29) = 175.37(\text{kg/m}^3) \qquad (4.3)$$

4）计算单位胶凝材料用量（m_{c0}）

$$m_{c0} \approx \frac{m_{w0}}{W/B} = \frac{175}{0.46} \approx 380(\text{kg/m}^3) \qquad (4.4)$$

单位胶凝材料用量 $m_{c0} = 380\text{kg/m}^3$，即 $m_{减水剂} = 3.80\text{kg/m}^3$。

5）选定砂率（B_s）

砂率对混凝土的和易性、耐久性和强度等性能影响较大[122]。当混凝土砂率越大时，拌和物的黏聚性能越好，但消耗的材料较多，且耐久性差；砂率越小，拌和物的抗冻性能越好，但在拌和过程中容易发生离析等情况，所以必须慎重选取，通过综合考虑本节试验选取砂率为 38%。

6）计算砂石材料用量

假定混凝土毛体积密度为 2400kg/m³，有

$$m_{s0} = (2400 - m_{c0} - m_{w0})B_s = (2400 - 380 - 175) \times 0.38 \approx 701(\text{kg/m}^3) \qquad (4.5)$$

$$m_{G0} = 2400 - 380 - 175 - 701 = 1144(\text{kg/m}^3) \qquad (4.6)$$

根据以上计算，初步配合比为

水泥:水:砂:石:减水剂= 380:175:701:1144:3.80

根据国内外经验，当混凝土中细纤维的体积分数小于 0.1%时，一般不需要改变混凝土基体配合比。

本次试验采用的混凝土强度等级为 C30，配合比见表 4.6。为增加试验结果的可比性，并尽量避免原材料性能差异给混凝土性能带来的误差，各组混凝土均采用相同的配合比，只有纤维的掺量发生改变。

表 4.6　试件配合比设计

试件编号	纤维种类	水泥/(kg/m³)	砂/(kg/m³)	石/(kg/m³)	水/(kg/m³)	纤维掺量/(kg/m³)	砂率/%	减水剂/%
A0	无	380	701	1144	175	0	38	1
A1	FF2	380	701	1144	175	0.9	38	1
A2	FF4	380	701	1144	175	0.9	38	1
A3	CF2	380	701	1144	175	6.0	38	1
A4	FF2+CF2	380	701	1144	175	0.6+5.4	38	1
A5	FF2+CF2	380	701	1144	175	0.9+5.1	38	1
A6	FF2+CF2	380	701	1144	175	1.2+4.8	38	1
A7	FF4+CF2	380	701	1144	175	0.6+5.4	38	1
A8	FF4+CF2	380	701	1144	175	0.9+5.1	38	1
A9	FF4+CF2	380	701	1144	175	1.2+4.8	38	1
A10	FF2+FF4+CF2	380	701	1144	175	0.45+0.45+5.1	38	1
A11	FF2+FF4+CF2	380	701	1144	175	0.6+0.6+4.8	38	1

注：砂中特细砂与机制砂质量比为 2:8；石中 5～10mm 与 10～25mm 石子比例为 4:6。

4.4.2　试验装置

多尺度聚丙烯纤维混凝土切口梁三点弯曲试验，在微机控制电子万能试验机进行，试验机型号为 CMT5504，如图 4.8 所示。该试验机最大加载荷载为 50kN，可以进行等速加载、等速变形、等速位移的自动控制试验，并有低周荷载循环、变形循环、位移循环等功能。试验机与计算机相连，有两条数据采集系统，位移及荷载数据通过试验机自带位移传感器及荷载传感器测量得到，位移传感器精度为 0.001mm，荷载传感器最大量程为 50kN，精度为 1N，裂缝开口张开位移由夹式引

图 4.8　试验装置

伸计测量得到，夹式引伸计最大量程为 5mm，测量精度为 0.001mm，数据采集与试验加载同步完成，并由计算机直接生成相应的原始数据文件。

4.4.3 加载过程

试验前精确测量试件的跨长 s、截面高 h、宽度 t 及初始缝高 a_0，如图 4.9 所示，以预制裂缝中心为中点，左右各取 200mm 为试件支撑点位置，并用记号笔做好标记，以便试件在试验机支座上对中。

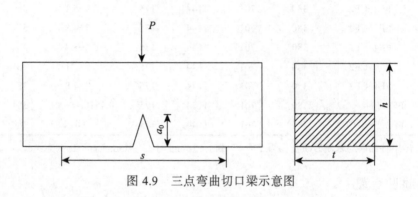

图 4.9 三点弯曲切口梁示意图

试件加载前，调整好试验机试件支座之间的距离，试件跨度 400mm，在直接支撑试件的圆轴及试件上方加载点的圆轴表面涂上一层机油，减少支座与试件的摩擦给试验数据带来的误差。

将试件平整放置在基座上，并校核裂缝中心点及加载点位置，使裂缝中心点及加载点位于试件的中点。用事先准备好的弹簧固定好夹式引伸计，并将夹式引伸计调零。

荷载的加载采用位移控制，加载速度为 0.1mm/min，数据采集系统与荷载加载系统同步，与试验机相连的计算机可同步显示荷载-加载点位移（P-δ）曲线及荷载-裂缝开口张开位移（P-CMOD）曲线。

4.4.4 试验现象

（1）从试验加载过程中可以观察到，素混凝土试件 A0 破坏迅速，呈现显著的脆性，当试件完全丧失承载能力时裂缝扩展很不明显，试件从加载到完全破坏十分迅速，耗时较短，试件破坏时裂缝扩展形态如图 4.10（a）所示。

（2）单掺细纤维的试件 A1、A2 加载过程中体现了一定的延性，加载达到峰值荷载后，荷载经过一定时间的下降，试件才破坏，破坏时裂缝有一定程度的扩展，且在裂缝处可以看到纤维的拔出，与素混凝土相比加载耗时显著增加，试件 A1 破坏时裂缝扩展形态如图 4.10（b）所示。

（3）掺入了粗纤维的 A3～A11 试件，加载过程中体现了显著的延性，荷载达到峰值后，经过一段时间的小幅度变动才开始下降，且下降速度显著减缓，随后荷载呈现很长时间的平缓变动，试件在裂缝扩展到很宽时还具有承载力，裂缝处可以明显看到纤维的桥接，且在加载过程中，可以听到清脆的纤维拔出"嘭"的声音，整个加载过程耗时大幅度增加，试件 A3 破坏时裂缝扩展形态如图 4.10（c）所示。

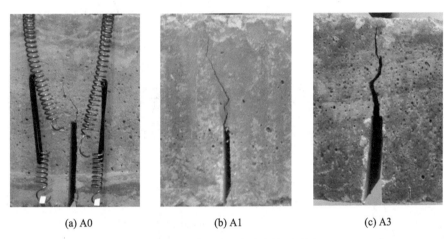

(a) A0　　　　　　　　(b) A1　　　　　　　　(c) A3

图 4.10　试件破坏时裂缝扩展形态

4.5　试　验　结　果

切口梁三点弯曲试验获得的主要数据包括荷载-加载点位移（P-δ）曲线和荷载-裂缝开口张开位移（P-CMOD）曲线，通过这两组数据及试验现象可对聚丙烯纤维混凝土的断裂特性进行定性和定量分析。在加载过程中通过荷载传感器测量荷载，加载点位移通过加载点位移传感器测量，裂缝开口张开位移通过夹式引伸计测量，计算机系统通过处理这三项数据获得了 P-δ 曲线及 P-CMOD 曲线。

掺入粗纤维的试件峰后持荷能力得到大幅度提高，在加载过程中很难获得荷载零点，且受到夹式引伸计量程限制，为保证试验过程中夹式引伸计不因混凝土梁突然断裂而造成仪器的损伤，试验前将夹式引伸计的测量范围设定为 0～2.5mm，达到测量范围就将夹式引伸计取下，故试验获得的 CMOD 有效数据最大为 2.5mm。相关研究结果表明[141]，当裂缝宽度达到 2.5mm 时计算出的断裂参数能较好地反映纤维混凝土的断裂性能。

4.5.1　荷载-加载点位移曲线

图 4.11～图 4.22 为不同试件的荷载-加载点位移（P-δ）曲线。

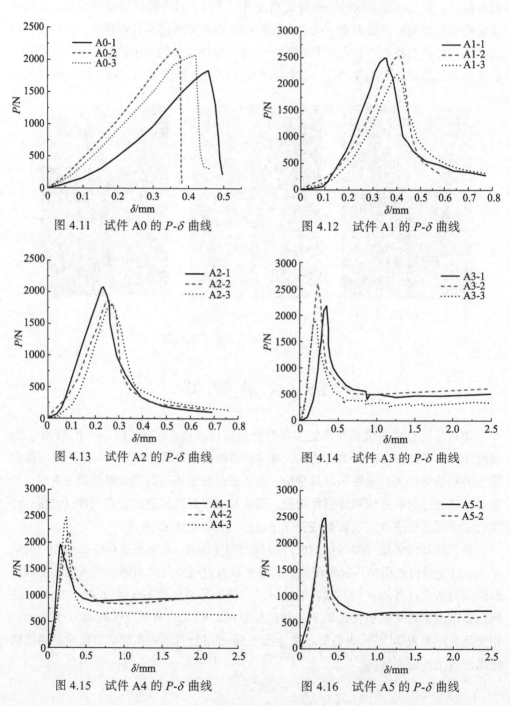

图 4.11　试件 A0 的 P-δ 曲线　　　　图 4.12　试件 A1 的 P-δ 曲线

图 4.13　试件 A2 的 P-δ 曲线　　　　图 4.14　试件 A3 的 P-δ 曲线

图 4.15　试件 A4 的 P-δ 曲线　　　　图 4.16　试件 A5 的 P-δ 曲线

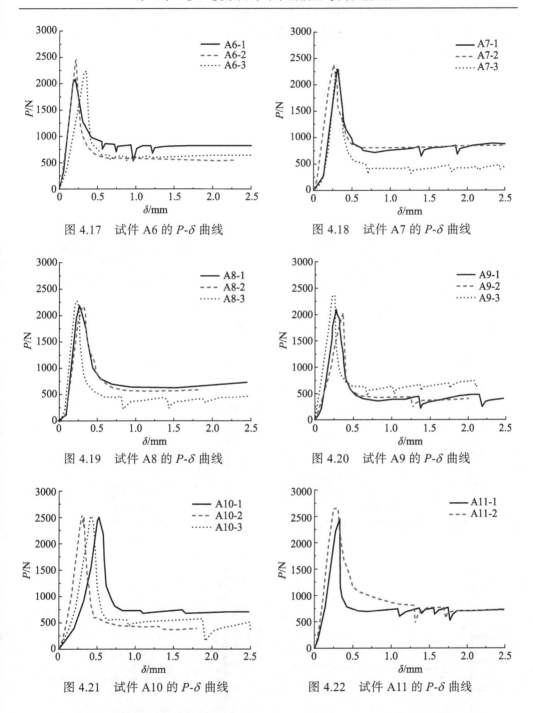

图 4.17　试件 A6 的 P-δ 曲线　　　　　图 4.18　试件 A7 的 P-δ 曲线

图 4.19　试件 A8 的 P-δ 曲线　　　　　图 4.20　试件 A9 的 P-δ 曲线

图 4.21　试件 A10 的 P-δ 曲线　　　　　图 4.22　试件 A11 的 P-δ 曲线

4.5.2　荷载-裂缝开口张开位移曲线

图 4.23～图 4.34 为不同试件的荷载-裂缝开口张开位移（P-CMOD）曲线。试

验中，试件 A5、A11 因受试验系统故障影响，只获得试件 A5-1、A5-2 及 A11-1、A11-2 的完整数据。

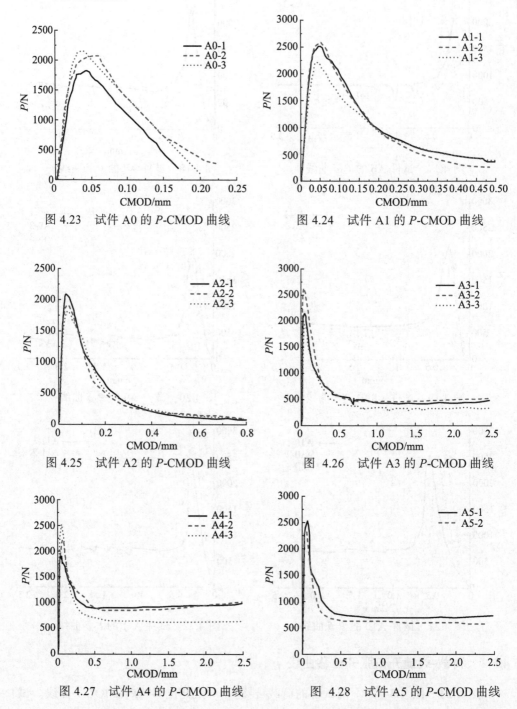

图 4.23　试件 A0 的 P-CMOD 曲线　　图 4.24　试件 A1 的 P-CMOD 曲线

图 4.25　试件 A2 的 P-CMOD 曲线　　图 4.26　试件 A3 的 P-CMOD 曲线

图 4.27　试件 A4 的 P-CMOD 曲线　　图 4.28　试件 A5 的 P-CMOD 曲线

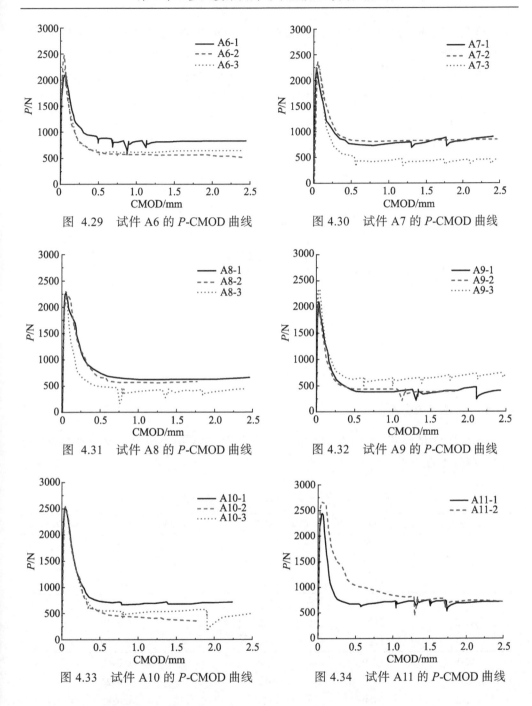

图 4.29　试件 A6 的 P-CMOD 曲线　　　　图 4.30　试件 A7 的 P-CMOD 曲线

图 4.31　试件 A8 的 P-CMOD 曲线　　　　图 4.32　试件 A9 的 P-CMOD 曲线

图 4.33　试件 A10 的 P-CMOD 曲线　　　　图 4.34　试件 A11 的 P-CMOD 曲线

4.5.3　起裂荷载 P_{ini} 的确定

混凝土为脆性材料，在荷载作用下，混凝土裂缝的发展分为起裂、稳定扩展及失稳三个阶段。混凝土产生裂缝之前，P-CMOD 曲线呈线性关系，曲线斜率与混凝土的弹性模量有关，当混凝土产生裂缝后，P-CMOD 曲线不再呈线性关系，曲线斜率显著下降。图 4.35 为试件 A0-3 的 P-CMOD 曲线的放大图，从图中可以明显看出，P-CMOD 曲线有明显的拐点，拐点前部分近似为直线，拐点后曲线斜率明显减小，呈非线性，由于本试验采用匀速加载的方式，不同试件采用相同的加载速度 0.1mm/min，即位移控制，拐点所对应的荷载即为试件的起裂荷载。

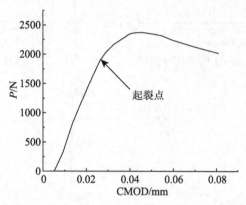

图 4.35　试件 A0-3 P-CMOD 曲线放大图

4.5.4　试验结果分析

表 4.7 为试验获得的不同试件的起裂荷载 P_{ini}、断裂荷载 P_{max} 及临界裂缝开口张开位移 $CMOD_c$。

表 4.7　切口梁三点弯曲试验结果

试件编号	起裂荷载 P_{ini} /N	断裂荷载 P_{max} /N	临界裂缝开口张开位移 $CMOD_c$ /mm
A0-1	1520	1833	0.0413
A0-2	1750	2073	0.0391
A0-3	1725	2145	0.0394
A1-1	2010	2592	0.0466
A1-2	2100	2522	0.0518
A1-3	1720	2210	0.0460
A2-1	1510	2050	0.0470
A2-2	1550	1912	0.0421
A2-3	1450	1825	0.0385

续表

试件编号	起裂荷载 P_{ini} /N	断裂荷载 P_{max} /N	临界裂缝开口张开位移 $CMOD_c$ /mm
A3-1	2110	2660	0.0532
A3-2	1620	1951	0.0484
A3-3	1690	2183	0.0516
A4-1	2070	2548	0.0489
A4-2	1510	2220	0.0652
A4-3	1600	1960	0.0394
A5-1	1800	2543	0.0612
A5-2	1900	2370	0.0564
A5-3	—	—	—
A6-1	1600	2110	0.0614
A6-2	1975	2476	0.0436
A6-3	1680	2243	0.0591
A7-1	1820	2330	0.0433
A7-2	1870	2416	0.0610
A7-3	1700	2308	0.0601
A8-1	1650	2282	0.0525
A8-2	1800	2210	0.0671
A8-3	1815	2360	0.0500
A9-1	1590	2130	0.0532
A9-2	1450	2050	0.0393
A9-3	1840	2350	0.0492
A10-1	2030	2550	0.0463
A10-2	1950	2575	0.0458
A10-3	1970	2530	0.0425
A11-1	1910	2470	0.0600
A11-2	1950	2690	0.0545
A11-3	—	—	—

从图 4.11～图 4.22 不同试件的 P-δ 曲线可以看出，素混凝土试件 A0 的 P-δ 曲线上升段和下降段都比较平直，荷载峰值过后，在加载点位移基本没有增长的情况下，荷载迅速下降，呈现出快速破坏的显著脆性。

单掺聚丙烯细纤维混凝土试件 A1、A2 的 P-δ 曲线呈现出与 A0 试件不同的特点，上升段的起始阶段有一定的渐变段，该渐变段斜率较小，并呈现逐渐增长的趋势，过了该渐变段，上升段的斜率维持稳定。如果将曲线的横坐标放大，如图 4.35 所示，上升段会出现显著拐点，该点过后，曲线斜率下降，该点即为混凝土试件的起裂点。荷载峰值过后，下降迅速，但荷载下降过程中，加载点位移逐渐增加，荷载下降到一定程度,下降段曲线出现拐点,加载点位移大幅度增加而荷载下降缓慢,这说明聚丙烯细纤维的掺入改善了混凝土的脆性。

掺入聚丙烯粗纤维的试件 A3～A11 的 P-δ 曲线,上升段与试件 A1、A2 一致,加载的起始阶段有一定渐变段,在该阶段,曲线斜率逐渐增加,达到一定程度后,斜率保持不变。在曲线的下降段则出现了明显的拐点,该点过后,荷载随着加载点位移的增加不再下降,反而呈现一定程度的上升,这说明粗纤维在混凝土开裂后具有较强的桥接作用,该作用使得混凝土在开裂后还具有较强的承载力。因此,聚丙烯纤维混凝土试件的峰后承载力与纤维的掺入情况有关,且在拐点过后的曲线呈现明显的锯齿状。结合现场试验现象可知,产生锯齿状的原因为加载中单根粗纤维的拔出,使得混凝土切口梁的瞬间承载力迅速下降,然后其他粗纤维分担了这部分荷载,承载力又迅速上升,使得该阶段曲线出现锯齿状。另外,相较于试件 A0 的 P-δ 曲线,试件 A1～A11 的 P-δ 曲线的下包面积均有不同程度的增加,且掺入粗纤维的试件增加程度更大。P-δ 曲线的下包面积反映了切口梁的断裂能大小,该现象的定量分析将会在第 5 章中详细论述。

图 4.23～图 4.34 为不同试件的 P-CMOD 曲线,该组曲线整体对比情况与 P-δ 曲线的对比情况相似,CMOD 值能更为直观地反映出切口梁的裂缝扩展情况,随着裂缝的扩展,素混凝土承载力迅速下降直至破坏,而掺入聚丙烯纤维的混凝土,特别是掺入粗纤维的试件,裂缝扩展到一定程度,纤维的桥接作用使得混凝土还具有一定的承载力,大幅度提高了混凝土的韧性。

4.6 本 章 小 结

通过四点弯曲试验展现了多尺度聚丙烯纤维混凝土梁良好的抗弯性能,根据上述研究结果,可以得到以下结论:

(1)聚丙烯纤维的掺入能小幅度提高混凝土的抗弯拉强度。聚丙烯细纤维对混凝土初裂韧度的提高优于聚丙烯粗纤维及多尺度聚丙烯纤维,而聚丙烯粗纤维混凝土和多尺度聚丙烯纤维混凝土峰值荷载后抗弯韧性的改善幅度远大于聚丙烯细纤维混凝土。

(2)从弯曲韧性指标分析可知,细纤维能改善混凝土裂前抗弯韧性,粗纤维能改善混凝土裂后抗弯韧性,多尺度聚丙烯纤维对混凝土抗弯韧性的改善效果比单掺粗、细聚丙烯纤维好。聚丙烯纤维混凝土的断裂能相对素混凝土有较大提高,聚丙烯细纤维混凝土的断裂能提高 56%～93%,聚丙烯粗纤维混凝土的断裂能提高 8.36～10.33 倍,多尺度聚丙烯纤维混凝土提高 10.53～16.77 倍。故聚丙烯纤维混凝土抗弯韧性增强效果总排序:多尺度聚丙烯纤维混凝土 > 单掺聚丙烯粗纤维混凝

土 > 单掺聚丙烯细纤维混凝土 > 素混凝土。

（3）多尺度聚丙烯纤维混凝土抗弯拉强度与轴拉强度的比值为 1.99～2.80，弯曲韧性指数大于拉伸韧性指数，但数据整体变化趋势相同。

（4）聚丙烯纤维的掺入使得混凝土的断裂特性发生改变，掺入聚丙烯纤维后，P-δ 曲线与 P-CMOD 曲线变得更加饱满，下降段更为平缓，并出现明显的拐点。对于掺入粗纤维的试件，拐点过后，承载力随着裂缝的扩展变化缓慢，体现了较强的韧性，对比素混凝土试件达到峰值荷载后迅速破坏，说明聚丙烯纤维的掺入改善了混凝土的脆性。

第5章 多尺度聚丙烯纤维混凝土断裂性能研究

混凝土是建筑工程领域应用最为广泛的材料。混凝土由砂、石及胶凝体组成，是一种多相复合材料。混凝土结构在浇筑成型过程中，由于浇筑振捣的不均匀以及温度应力会产生原生裂缝，在结构受力过程中又会产生新的裂缝。这些裂缝从分布规律上可以分为两种基本类型：一种是随机分布的微裂缝，这种裂缝影响结构的拉压强度；另一种是某一方向的宏观裂缝，该裂缝影响结构的稳定性。在混凝土结构的某一区域内微观裂缝的扩展汇聚逐渐形成宏观裂缝，宏观裂缝的进一步扩展造成混凝土结构的断裂破坏。混凝土材料的多相复合性，使得其断裂破坏机理非常复杂。断裂力学的研究及发展引起了结构工程专家的注意，并将断裂力学的基本理论引入混凝土结构的裂缝扩展及断裂破坏机理的研究，建立了混凝土的断裂破坏准则，形成了混凝土断裂力学。

20世纪60年代，Kaplan[142]最先利用线性断裂力学研究了混凝土的断裂破坏，并进行了混凝土的断裂韧度试验，开创了混凝土断裂力学研究的先河。20世纪70年代，Hillerborg等[143]针对混凝土材料非线性断裂变形的特点提出了虚拟裂缝模型(fictitious crack model，FCM)，该模型在传统结构强度的分析方法与断裂力学理论之间架起了桥梁，使得基于连续介质力学模型分析损伤开裂行为成为可能，极大地促进了混凝土断裂力学的发展。在虚拟裂缝模型研究的基础上，许多反映裂缝扩展及断裂过程区的非线性模型相继提出，主要包括双参数断裂模型（two parameter fracture model，TPFM）、有效裂缝模型（effective crack model，ECM）、尺寸效应模型（size effect model，SEM）等。这些模型大都以裂缝尖端应力强度因子的临界值即断裂韧度 K_{Ic} 作为混凝土结构临界失稳状态的判据。混凝土断裂韧度 K_{Ic} 与传统材料力学中的抗拉强度 f_t 等参数一致，只与混凝土配合比及强度等因素有关，表征混凝土抵抗裂缝扩展的能力，是混凝土断裂力学中一个重要的断裂参数指标。徐世烺[144]在国内外发表研究成果及大量试验的基础上提出著名的双 K 断裂模型，该模型对混凝土 I 型断裂用起裂断裂韧度 K_{Ic}^{ini} 和失稳断裂韧度 K_{Ic}^{un} 来判定裂缝的起裂和失稳。双 K 断裂模型物理意义明确、计算过程简单，对混凝土裂缝扩展的断裂过程描述合理，非常适合实际工程中的应用。

聚丙烯纤维混凝土是在混凝土中掺入均匀分布的聚丙烯纤维形成的新型复合材料。聚丙烯纤维能起到增强、增韧、阻裂的效果，显著地改善了混凝土的脆性。

纤维均匀分布于混凝土基体中，能在一定程度上改善混凝土的原始缺陷，减轻微裂缝尖端的应力集中，限制裂缝的产生及发展，在混凝土产生宏观裂缝后，纤维的桥接作用能提高混凝土的整体性，并进一步约束裂缝的扩展。掺入纤维后的混凝土断裂机理并未根本改变，裂缝扩展仍然是从水泥硬化基体与骨料的界面开始，当裂缝扩展遇到纤维时，纤维能吸收部分能量，一定程度上阻止裂缝扩展，使得断裂区域影响范围更广，从而使得纤维混凝土的断裂特性呈现出与普通混凝土不同的特点。现如今，混凝土和纤维混凝土断裂特性的研究正在成为混凝土结构设计与高性能材料研发的核心[145]。聚丙烯纤维的种类、掺量及混掺方式等因素都影响纤维混凝土的断裂特性。本章将基于双 K 断裂模型，在 4.2 节试验数据的基础上，研究多尺度聚丙烯纤维混凝土的断裂特性。

5.1　混凝土双 K 断裂准则

大量研究结果表明，造成混凝土结构破坏的本质原因就是裂缝的产生、扩张与失稳。混凝土为多相复合材料，因此混凝土内部存在众多的结合面，这些结合面存在众多的微裂缝，无论施工管理的好坏，还是温度及荷载引起的变形，混凝土结构本身就是带有"先天"裂缝和缺陷的材料[146]。微裂缝的存在必然导致混凝土产生不可恢复的变形，但因其数值小，可认为该阶段混凝土处于弹性阶段。随着荷载的增加，原先存在的微裂缝不断扩展，新的微裂缝不断产生，结合缝的长度也不断增大，砂浆与骨料之间产生相对滑移，当加载停止时，裂缝扩展也终止，该阶段为裂缝稳定扩展阶段。当荷载继续增加时，不可恢复的变形持续增大，应力-应变关系曲线变弯，裂缝进入不稳定扩展阶段。

早期的混凝土断裂力学研究中，人们直接将线弹性断裂力学用来研究混凝土的断裂韧度。这与混凝土破坏的本质机理不符合，所以当时得到的断裂韧度与试件尺寸存在显著的相关性，表现出尺寸越大所测得的断裂韧度就越大[147]。随着试验条件的不断进步，研究者逐渐发现，混凝土的裂缝扩展要经历一个较长的稳定亚临界扩展阶段，该阶段裂缝的稳定扩展区通常称为断裂过程区，这是混凝土固有的断裂属性。针对混凝土非线性断裂的特点，20 世纪 70 年代，研究者陆续提出了适用于混凝土类准脆性材料的非线性断裂模型。例如，需要借助有限元技术求解裂缝扩展问题的虚拟裂缝模型和裂缝带模型（crack band model，CBM）；引入弹性等效概念，将裂缝上面分布着黏聚力的虚拟裂缝等效为黏聚力为 0 的自由裂缝，然后按照弹性准则研究裂缝发展过程的双参数断裂模型和有效裂缝模型。

在实际工程应用中，用来预测混凝土结构裂缝扩展及评价开裂混凝土结构稳定性的断裂模型需要满足两个基本要求：①模型能准确地反映混凝土的裂缝扩展机理；②模型引入的断裂参数具有一定的物理意义，除此之外，其测试手段和确定方法也应相对简单，能满足工程实践的需要。虚拟裂缝模型和裂缝带模型需要借助有限元来计算裂缝的扩展，计算复杂，不适于工程实践。双参数断裂模型和有效裂缝模型虽然引入了双参数来描述混凝土的非线性断裂过程，但这两个变量都以混凝土裂缝失稳时刻为关注点，不能确定混凝土从线弹性到非线性稳定扩展的控制点，并不能完全描述混凝土裂缝扩展的三个过程。研究混凝土断裂力学的一个重要目的就是跟踪混凝土结构中裂缝的发展，预测裂缝发展对结构造成的危害程度，从而采取适当的措施加强或修补结构，延长其使用寿命。

基于以上原因，Xu 和 Reinhardt[148]提出了双 K 断裂模型，该模型认为混凝土结构荷载-位移曲线的非线性是由虚拟裂缝的发展引起的。根据线性叠加假设，将起裂后任意时刻裂缝的扩展长度等效为一弹性应力自由裂缝和弹性虚拟裂缝，在弹性虚拟裂缝上，应力分布不为 0，而是按照软化关系曲线分布着黏聚力，然后按照线弹性断裂力学的理论建立裂缝分析模型。双 K 断裂模型是描述混凝土结构两个不同断裂瞬态的模型。该模型以应力强度因子为控制参数，引入描述混凝土裂缝是否开始扩展（即混凝土结构线弹性与非线性临界点）的起裂断裂韧度 $K_{\mathrm{Ic}}^{\mathrm{ini}}$，以及描述混凝土裂缝稳定扩展与失稳扩展临界点的失稳断裂韧度 $K_{\mathrm{Ic}}^{\mathrm{un}}$，用这两个瞬态参数能较好地描述混凝土裂缝扩展的三个阶段，即起裂、稳定扩展和失稳扩展：

$K < K_{\mathrm{Ic}}^{\mathrm{ini}}$，混凝土结构处于弹性阶段，裂缝不扩展。

$K = K_{\mathrm{Ic}}^{\mathrm{ini}}$，混凝土结构开始进入非弹性阶段，裂缝开始稳定扩展。

$K_{\mathrm{Ic}}^{\mathrm{ini}} < K < K_{\mathrm{Ic}}^{\mathrm{un}}$，裂缝处于稳定扩展阶段。

$K = K_{\mathrm{Ic}}^{\mathrm{un}}$，裂缝开始失稳扩展。

$K > K_{\mathrm{Ic}}^{\mathrm{un}}$，裂缝处于失稳扩展阶段。

在实际工程应用中，$K = K_{\mathrm{Ic}}^{\mathrm{ini}}$ 可作为重要结构裂缝扩展的判断准则，$K_{\mathrm{Ic}}^{\mathrm{ini}} < K < K_{\mathrm{Ic}}^{\mathrm{un}}$ 可作为重要结构失稳扩展前的安全储备，$K = K_{\mathrm{Ic}}^{\mathrm{un}}$ 可作为一般结构裂缝扩展的判断准则。

Saouma 曾评价双 K 断裂模型是对虚拟裂缝模型的挑战。在 Hillerbrog 提出的虚拟裂缝模型中，对裂缝扩展的判断仍然依据裂缝尖端的强度，其隐含的前提条件就是裂缝尖端的奇异性不存在。而双 K 断裂模型认为混凝土裂缝处骨料之间的黏聚力不足以抵消外荷载在裂缝尖端的奇异性，裂缝扩展的判据不以强度为准则，而以叠加的线弹性力学为基础。双 K 断裂模型通过简化计算，能获得起裂断裂韧度 $K_{\mathrm{Ic}}^{\mathrm{ini}}$ 及失稳断裂韧度 $K_{\mathrm{Ic}}^{\mathrm{un}}$ 的解析解，既有严格的物理意义，又能方便工程技术实际应用，得到了国内外许多学者的高度评价。该模型曾在 2001 年被美国 ACI446 委员会提名为美国混凝土断裂参数标准测试方法候选草案，并于 2005 年确立为我国电力行业标准

DL/T 5332—2005《水工混凝土断裂试验规程》[149]的理论依据。

5.2　聚丙烯纤维混凝土双 K 断裂参数的确定

多尺度聚丙烯纤维混凝土是由不同尺度的聚丙烯纤维与混凝土基体共同组成的复合材料,其力学行为不仅与混凝土基体的强度相关,还与纤维的尺度、掺量及分散特性有关。根据纤维生产厂家提供的数据及相关试验测试,对于聚丙烯细纤维,每立方米混凝土的掺量通常为0.9kg,而对于聚丙烯粗纤维,每立方米的掺量通常为6.0kg。在这样的掺量水平下,聚丙烯纤维不可能从本质上改变混凝土的特性。许多试验研究也表明,掺入聚丙烯纤维能改善混凝土的韧性,但其基本力学特性更大程度上取决于基体混凝土的性质。

与未掺入聚丙烯纤维的素混凝土相比,聚丙烯纤维混凝土也具有软化特性,符合虚拟裂缝模型的假设;而且聚丙烯纤维混凝土在受到荷载开裂时,微裂缝会逐渐贯穿,形成具有一定方向性的宏观裂缝。以上两个重要特征是混凝土区别于金属等延性材料或玻璃等完全脆性材料的重要特征。也正因为聚丙烯纤维混凝土具有这些和素混凝土相同的特点,所以可以采用已有的混凝土断裂模型来计算聚丙烯纤维混凝土的断裂参数,只需根据聚丙烯纤维混凝土实际断裂情况将有关参数进行一定程度的修正即可。

5.2.1　起裂断裂韧度 $K_{\mathrm{Ic}}^{\mathrm{ini}}$ 的确定

4.5 节详细介绍过如何通过曲线法获得起裂荷载 P_{ini} , P-δ 曲线或者 P-CMOD 曲线线性段与非线性段的转折点对应的荷载为起裂荷载 P_{ini} 。获得起裂荷载 P_{ini} 后,将其与裂缝初始长度 a_0 代入线弹性断裂力学公式就可以计算得到起裂断裂韧度 $K_{\mathrm{Ic}}^{\mathrm{ini}}$ 。本节断裂试验为切口梁三点弯曲试验,对于三点弯曲试验,该式为

$$K_{\mathrm{Ic}}^{\mathrm{ini}} = \frac{3P_{\mathrm{ini}}S}{2h^2t}\sqrt{a_0}F_1(v_1) \tag{5.1}$$

$$F_1(v_1) = \frac{1.99 - v_1(1-v_1)(2.15 - 3.93v_1 + 2.7v_1^2)}{(1+2v_1)(1-v_1)^{3/2}}$$

$$v_1 = a_0/h$$

式中, S 为试件跨度; t 为试件厚度; h 为试件高度; a_0 为裂缝初始长度; v_1 为初始缝高比。

5.2.2　试件弹性模量 E 的确定

常规试验通过标准试件的拉压获得混凝土的弹性模量,但这种方法只能确定同

一批次试件弹性模量的平均值，不能获得具体每一个试件的弹性模量。对于跨高比 $S/h = 4$ 的标准三点弯曲切口梁，Tada 等[150]《应力强度因子手册》给出了 P-CMOD 关系为

$$\text{CMOD} = \frac{24Pa}{thE} F_2(v_2)$$

$$E = \frac{24Pa}{th\text{CMOD}} F_2(v_2) \qquad (5.2)$$

$$F_2(v_2) = 0.76 - 2.28v_2 + 3.87v_2^2 - 2.04v_2^3 + \frac{0.66}{(1-v_2)^2}$$

$$v_2 = a/h$$

式中，E 为试件弹性模量；a 为裂缝长度；CMOD 为裂缝开口张开位移；v_2 为缝高比。

4.5 节详细介绍了通过试验获得的每一组试件的 P-CMOD 曲线，在曲线上升段的线性段取三个点：(P_1, CMOD_1)、(P_2, CMOD_2)、(P_3, CMOD_3)，以及已知试件尺寸参数 t、h 及初始裂缝长度 a_0，代入式（5.2），可求得弹性模量的三个值 E_1、E_2、E_3，然后再求平均值，即可获得试件的弹性模量 E。

5.2.3　临界等效裂缝长度 a_c 的确定

在素混凝土裂缝扩展时，骨料及硬化胶凝体之间的咬合黏聚作用限制了裂缝的进一步扩展，所以在裂缝前端会形成断裂过程区，这也导致混凝土断裂破坏的准脆性特征。对于聚丙烯纤维混凝土，裂缝扩展时除了受到骨料及胶凝体黏聚力的限制，裂缝扩展遇到纤维时还会受到纤维的阻挡而改变扩展方向。纤维在混凝土基体内的三维乱向分布能延长裂缝开裂路径，同时在裂缝处提供的桥接应力能一定程度地限制裂缝的扩展，这些特点都能加长混凝土的断裂过程区。为了科学地描述混凝土的断裂特征，必须要考虑断裂过程区的影响，如图 5.1 所示。

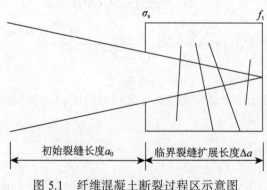

图 5.1　纤维混凝土断裂过程区示意图

线弹性断裂力学是断裂力学中最为成熟而简单的理论，许多研究者采用弹性等效方法把非线性的断裂过程区等效为弹性的裂缝，从而可以利用简单的弹性断裂力学来计算混凝土的断裂韧度。双 K 断裂模型在前人研究的基础上，提出了线性叠加的假设，该假设有两个前提条件：①P-CMOD 曲线上升段的非线性部分由裂缝扩展前端的虚拟裂缝引起；②有效裂缝由等效弹性自由裂缝和等效弹性虚拟裂缝组成。

图 5.2（a）为某一切口梁三点弯曲试件的 P-CMOD 曲线，试件的初始裂缝长度为 a_0，A 点为其线弹性与非线性段的转折点，B 点为非线性段上任意一点，C 点为峰值荷载点。A 点之前认为初始裂缝未扩展，裂缝初始长度为 a_0，将 A 点对应荷载 P_{ini} 及裂缝初始长度 a_0 代入式（5.1）就可求得起裂断裂韧度 $K_{\text{lc}}^{\text{ini}}$。对于处于非线性阶段的 B 点，由于裂缝的扩展，有效裂缝长度增长为 a_b，增长部分 $\Delta a_b = a_b - a_0$，包括虚拟裂缝段的长度。若试件加载到 B 点然后卸载，图 5.2（a）为实际的卸载轨迹，当卸载完成时，试件会产生由非线性变形带来的剩余变形 CMOD_b^p；如果不考虑非线性部

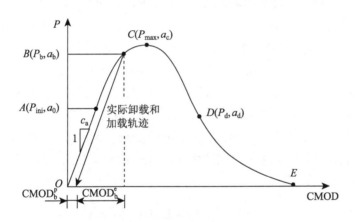

(a) 实际加载卸载示意图

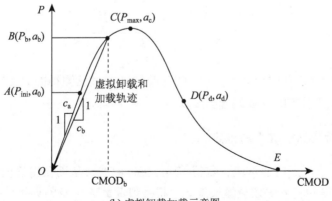

(b) 虚拟卸载加载示意图

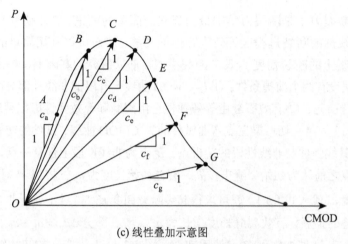

(c) 线性叠加示意图

图 5.2 线性渐进叠加假定示意图

分的剩余变形 $CMOD_b^p$，那么卸载轨迹就会归于原点，如图 5.2（b）所示。这样就可以用 B 点对应的裂缝长度 a_b 及荷载，根据线弹性断裂力学公式计算断裂韧度。依照此种假定，就可以把 P-CMOD 曲线的非线性部分看成一组材料性质和尺寸相同、初始裂缝长度（包含虚拟裂缝区）不同的试件的弹性点组成的外包络线，如图 5.2（c）所示。

在该假定的基础上，把实测获得的切口梁三点弯曲试验的峰值荷载 P_{max} 以及对应的临界裂缝开口张开位移 $CMOD_c$ 代入式（5.2）就能得到临界等效裂缝长度 a_c。

但通过式（5.2）计算 a_c，计算过程过于复杂。Xu 和 Reinhardt 等[148]参照 Murakami[151]提出的计算裂缝开口张开位移 CMOD 的经验公式，提出了更为简单的计算方法，如式（5.3）所示：

$$CMOD = \frac{P}{tE}\left[3.7 + 32.6\tan^2\left(\frac{\pi}{2}\alpha\right)\right] \quad (5.3)$$

$$\alpha = a/h$$

根据式（5.3）就可以得到弹性等效裂缝长度的计算公式：

$$a = \frac{2}{\pi}h\arctan\sqrt{\frac{tEC}{32.6} - 0.1135} \quad (5.4)$$

式中，C 为 P-CMOD 曲线柔度，$C = CMOD/P$。通过已测得的 P-CMOD 曲线，就能算出任意时刻对应的等效裂缝长度 a。

5.2.4 失稳断裂韧度 K_{Ic}^{un} 的确定

通过切口梁三点弯曲试验，获得 P-CMOD 曲线，从而获得峰值荷载，并通过式（5.4）计算得到临界等效裂缝长度 a_c。将峰值荷载 P_{max} 及临界等效裂缝长度 a_c 替换式（5.1）就能计算得到失稳断裂韧度 K_{Ic}^{un}。

$$K_{\mathrm{Ic}}^{\mathrm{un}} = \frac{3P_{\max}S}{2h^2t}\sqrt{a_{\mathrm{c}}}F_1(v_{\mathrm{c}}) \tag{5.5}$$

$$F_1(v_{\mathrm{c}}) = \frac{1.99 - v_{\mathrm{c}}(1-v_{\mathrm{c}})(2.15 - 3.93v_{\mathrm{c}} + 2.7v_{\mathrm{c}}^2)}{(1+2v_{\mathrm{c}})(1-v_{\mathrm{c}})^{3/2}}$$

$$v_{\mathrm{c}} = a_{\mathrm{c}}/h$$

5.2.5　黏聚断裂韧度 $K_{\mathrm{Ic}}^{\mathrm{c}}$ 的确定

　　混凝土切口梁在外荷载作用下，主裂缝发生扩展。在裂缝稳定扩展阶段，根据虚拟裂缝模型，当裂缝的张开位移小于临界张开位移时，裂缝处存在黏聚应力。黏聚应力 σ_{s} 的大小与混凝土骨料性质、强度及纤维掺入情况等因素有关，它与裂缝张开位移的关系由混凝土的软化本构关系描述。因此，梁除了受外荷载 P 作用，还受断裂过程区阻止裂缝进一步扩展的黏聚应力 σ_{s} 作用。根据叠加原理，可将三点弯曲梁的受力示意图 5.3（a）分解为图 5.3（b）和图 5.3（c）。故其裂缝尖端处的应力强度因子为

$$K = K^P + K^{\mathrm{c}} \tag{5.6}$$

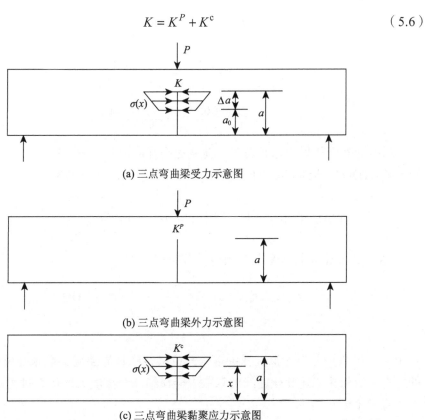

(a) 三点弯曲梁受力示意图

(b) 三点弯曲梁外力示意图

(c) 三点弯曲梁黏聚应力示意图

图 5.3　三点弯曲梁受力示意图[152]

式中，K^P 为外荷载 P 在裂缝尖端产生的应力强度因子，直接由线弹性断裂力学公式（5.1）计算即可；K^c 为虚拟裂缝处黏聚应力在裂缝处产生的应力强度因子，黏聚应力的作用结果为限制裂缝扩展，因此 K^c 应该为负值。

黏聚力产生的应力强度因子 K_{Ic}^c，根据《应力强度因子手册》[151] 由式（5.7）计算：

$$K_{Ic}^c = \int_{a_0}^{a} 2\sigma(x)F(u,v)/\sqrt{\pi a}\,\mathrm{d}x \qquad (5.7)$$

$$F(u,v) = \frac{3.52(1-u)}{(1-v)^{3/2}} - \frac{4.35-5.28u}{(1-v)^{1/2}} + \left[\frac{1.3-0.3u^{3/2}}{(1-u^2)^{1/2}} + 0.83 - 1.76u\right][1-(1-u)v]$$

$$u = x/a , \qquad v = a/h$$

式中，x 为裂缝长度变量；$\sigma(x)$ 为黏聚应力函数，通过混凝土的软化本构关系来描述，采用不同的软化本构关系就会得到不同的黏聚应力。

由于式（5.7）计算过于复杂，徐世烺等[153] 将式（5.7）进行了如下简化：

$$F(u,v) = Au + B + \frac{1}{\sqrt{1-u^2}} \qquad (5.8)$$

$$A = -\frac{2.23v^2 + 1.16v + 0.17}{(1-v)^{3/2}}$$

$$B = \frac{1.65v^2 + 1.67v + 0.24}{(1-v)^{3/2}}$$

当裂缝处于临界失稳状态时，荷载达到峰值荷载，$P = P_{\max}$，虚拟裂缝尖端张开位移 CTOD 也达到其临界值 $\mathrm{CTOD_c}$，$\mathrm{CTOD_c}$ 的计算公式为

$$\mathrm{CTOD_c} = \mathrm{CMOD_c}\left\{\left(1-\frac{a_0}{a_c}\right)^2 + \left(1.081 - 1.149\frac{a_c}{h}\right)\left[\frac{a_0}{a_c} - \left(\frac{a_0}{a_c}\right)^2\right]\right\}^{1/2} \qquad (5.9)$$

将断裂过程区上黏聚应力 $\sigma(x)$ 的分布表示为

$$\sigma(x) = \sigma_s(\mathrm{CTOD_c}) + \frac{x-a_0}{a_c-a_0}[f_t - \sigma_s(\mathrm{CTOD_c})] \qquad (5.10)$$

$$a_0 \leqslant x \leqslant a_c$$

式中，$\sigma_s(\mathrm{CTOD_c})$ 为虚拟裂缝尖端张开位移达到临界裂缝尖端张开位移 $\mathrm{CTOD_c}$ 时的应力，后面在阐述软化曲线的章节中会详细介绍该应力的计算过程。

将式（5.10）简化为

$$\sigma(x) = Dx + E \qquad (5.11)$$

$$D = \frac{f_t - \sigma_s}{v - v_0} v, \quad E = \frac{v\sigma_s - v_0 f_t}{v - v_0}, \quad v_0 = \frac{a_0}{h}$$

通过如上简化，式（5.7）可简化为

$$K_{Ic}^c = 2\sqrt{\frac{a_c}{\pi}} \left[\frac{AD}{3}u^3 + \frac{AE + BD}{2}u^2 + BEu - D\sqrt{1 - u^2} + E \arcsin u \right]_{v_0/v}^1 \quad （5.12）$$

5.2.6　双 K 断裂参数的计算

聚丙烯纤维混凝土作为半脆性材料，裂缝的发展经历了三个阶段：开裂、稳定扩展、失稳破坏。双 K 断裂模型用起裂断裂韧度 K_{Ic}^{ini} 和失稳断裂韧度 K_{Ic}^{un} 来界定这三种不同的状态。起裂断裂韧度 K_{Ic}^{ini} 是裂缝刚扩展时预制裂缝试件抵抗外力的能力，此时裂缝还没有扩展，结构仅遭受外荷载作用。当外荷载继续增大时，裂缝稳定扩展，裂缝长度由初始裂缝长度 a_0 逐渐增加，外荷载达到峰值荷载时，裂缝长度也达到临界值 a_c，失稳断裂韧度 K_{Ic}^{un} 即此时结构抵抗外荷载的能力。在双 K 断裂模型中，a_c 由应力自由的弹性初始裂缝长度 a_0 和弹性等效的虚拟裂缝长度 Δa_c 组成。由此可见，K_{Ic}^{ini} 与 K_{Ic}^{un} 不是两个互相独立的参数，这两者之间相互联系，它们之间的差值就是虚拟裂缝长度 Δa_c 上黏聚应力作用产生的黏聚韧度。由此可见，起裂断裂韧度、失稳断裂韧度和黏聚断裂韧度三者存在如下关系：

$$K_{Ic}^{un} = K_{Ic}^{ini} + K_{Ic}^c \quad （5.13）$$

式中，K_{Ic}^c 取正值。

4.2 节详细介绍了多尺度聚丙烯纤维混凝土切口梁三点弯曲试验的步骤、试验现象及试验结果。试验数据需要通过与理论模型相结合，才能反映出聚丙烯纤维混凝土的本质断裂特征。故按照如下步骤计算各试件的双 K 断裂参数：

（1）首先根据试验获得的 P-CMOD 曲线，按照式（5.2）计算得到各个试件的弹性模量 E。

（2）通过 P-CMOD 曲线获得各试件的 P_{max}、CMOD$_c$ 等参数及前面计算得到的弹性模量 E，代入式（5.4）计算得到临界等效裂缝长度 a_c。

（3）将 P_{ini}、a_0 等参数代入式（5.1）求得起裂断裂韧度 K_{Ic}^{ini}。

（4）将 P_{max}、a_c 等参数代入式（5.5）求得失稳断裂韧度 K_{Ic}^{un}。

（5）通过式（5.9）计算得到各试件的 CTOD$_c$ 值。

（6）依据国际材料与结构研究实验联合会[139]推荐的计算方法，利用试验获得的 P-δ 曲线，计算得到各试件的断裂能。

（7）通过起裂断裂韧度 K_{Ic}^{ini}、失稳断裂韧度 K_{Ic}^{un} 及黏聚断裂韧度 K_{Ic}^c 三者之间的关系，求得黏聚断裂韧度的实测值 $K_{Ic}^{c,t}$，选择不同的软化本构模型，将前面求出的 CTOD$_c$

代入，计算得到虚拟裂缝尖端的黏聚应力 σ_s，通过式（5.12）得到黏聚断裂韧度的计算值 $K_{Ic}^{c,e}$，通过 $K_{Ic}^{c,t}$ 与 $K_{Ic}^{c,e}$ 的比较，获得适于多尺度聚丙烯纤维混凝土的软化本构模型。

5.3　聚丙烯纤维对混凝土断裂特性的影响

5.3.1　对混凝土断裂能的影响

断裂能 G_f 为产生单位面积断裂面所需要消耗的能量。这一概念适用于任何脆性开裂的材料，最早在玻璃、陶瓷及金属等材料的研究中应用，然后引入混凝土的研究中。随着混凝土断裂力学的发展，非线性断裂力学在 20 世纪 70 年代逐渐形成。在混凝土非线性断裂力学中，断裂能作为描述混凝土断裂特性的重要参数，在学术层面、实用层面都具有重要意义。一方面，非线性断裂力学越来越多地用于混凝土结构计算、分析与设计，这很大程度地增加了结构分析与设计的科学性、经济性与安全性，但断裂能是混凝土非线性断裂力学的重要参数，必须先知道混凝土的断裂能，才能进行混凝土结构的非线性断裂力学分析；另一方面，随着混凝土强度逐渐提高，混凝土的脆性也越来越被人们重视，改善混凝土的脆性逐渐成为混凝土研究的一个重要课题，而断裂能正是表征混凝土韧性的一个重要指标。

测定混凝土断裂能与测定混凝土的软化本构曲线一样，最直接的方法是通过混凝土的单轴拉伸试验进行测定。如图 5.4 所示，拉伸试验下应力-裂缝开口曲线所包围的面积即混凝土的断裂能。但拉伸试验对试验仪器要求较高，要求试验仪器具有较高的刚度，上下拉伸夹具对中精度要求非常高，且要求试件尺寸精度很高，如果满足不了这些要求，则试验测定的数据偏差很大，很难准确获得混凝土断裂能。除直接拉伸法外，通过楔形劈裂法、三点弯曲法都能测得混凝土的断裂能，这两种方法都简单易行，国际材料与结构研究实验联合会推荐使用三点弯曲法来测定混凝土断裂能，如图 5.5 所示。三点弯曲法对试验仪器要求不高，试验精度容易保证，且物理意义明确，已经成为测定混凝土断裂能最常用的方法。

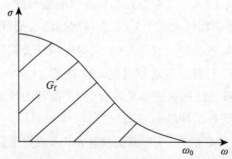

图 5.4　拉伸试验下应力-裂缝开口关系曲线（混凝土断裂能定义图）

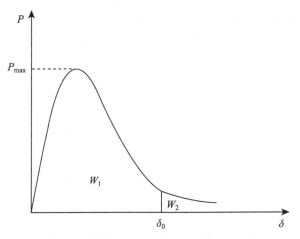

图 5.5　三点弯曲法确定混凝土断裂能示意图

通过缺口梁的三点弯曲试验，获得混凝土的荷载-加载点位移(P-δ)曲线，根据断裂能的定义，即产生单位面积断裂面所需要消耗的能量，断裂能可以采用式（5.14）计算：

$$G_f = \frac{\int_0^{+\infty} P\mathrm{d}\delta}{A_{\mathrm{lig}}} = \frac{W_1 + W_2 + W_3}{t(h - a_0)} \tag{5.14}$$

式中，A_{lig} 为断裂面积；W_1 为实测 P-δ 曲线的下包面积；W_2 为 P-δ 曲线尾部曲线的下包面积；W_3 为加载过程中试件自重做的功。

4.5 节给出了通过三点弯曲试验获得的聚丙烯纤维混凝土的 P-δ 曲线，如图 4.11～图 4.22 所示。从图中可以看出，由于试验条件的限制，很难获得最终的荷载零点，特别是加入了纤维的试件，在图中显示的最大位移 2.5mm 处，试件还有很大的承载力，说明 P-δ 曲线还有很长的尾部曲线没有通过试验测得。针对这一情况，Guinea 等[154]根据简化的刚体分析法，认为 δ_0 之后的尾部曲线形式为 $P = mg\delta_0^2 / (2\delta^2)$，根据这一曲线形式可以算出 $W_2 = 0.5mg\delta_0$。但钱觉时[155]研究表明，切口梁的三点弯曲试验获得的 P-δ 曲线的尾部形式与上述的简化形式差距较大，根据这一简化形式计算得到的断裂能会有较大的误差，甚至会带来与真实情况不符的尺寸效应。

本节结合聚丙烯纤维混凝土的三点弯曲试验的实际 P-δ 曲线，参考赵艳华[156]提出的断裂能计算方法，用幂函数对尾部曲线进行拟合，函数为

$$P = \beta\delta^{-\lambda}, \qquad \beta > 0, \quad \lambda > 0 \tag{5.15}$$

拟合曲线的可靠程度可用可靠系数 R 的平方值表示，参照具体的试验数据，选取参数 β、λ 对 P-δ 曲线尾部数据进行拟合。

故聚丙烯纤维混凝土的断裂能计算步骤如下：

（1）通过切口梁三点弯曲试验，获得不同试件的 $P\text{-}\delta$ 曲线，求出 $P\text{-}\delta$ 曲线与坐标横轴的下包面积 W_1。

（2）通过试件的尺寸计算试件的自重 mg，并根据加载点位移 δ_0 计算出试件自重在加载过程中做的功 W_3。

（3）通过式（5.15）的幂函数，结合实际测定的 $P\text{-}\delta$ 曲线，选定适合的参数 β、λ 对尾部曲线进行拟合，通过积分可以计算得到 W_2。

（4）将 W_1、W_2、W_3 代入式（5.14）可计算得到聚丙烯纤维混凝土的断裂能。

各试件的 W_1、W_2、W_3 值及断裂能计算结果如表 5.1 和图 5.6 所示。

表 5.1　聚丙烯纤维混凝土断裂能计算结果

试件编号	$W_1/(\text{N·m})$	$W_2/(\text{N·m})$	$W_3/(\text{N·m})$	$A_{\text{lig}}/\text{m}^2$	$G_f/(\text{N/m})$	G_f 增益比
A0-1	0.420	0.022	0.06	0.005	100.4	
A0-2	0.434	0.016	0.05	0.005	100.0	
A0-3	0.498	0.020	0.05	0.005	113.6	
平均值	—	—	—		104.7	1
A1-1	0.622	0.034	0.08	0.005	147.2	
A1-2	0.623	0.028	0.11	0.005	152.2	
A1-3	0.592	0.035	0.09	0.005	143.4	
平均值	—	—	—		147.6	1.41
A2-1	0.418	0.035	0.11	0.005	112.6	
A2-2	0.411	0.036	0.12	0.005	113.4	
A2-3	0.402	0.037	0.13	0.005	113.8	
平均值	—	—	—		113.3	1.08
A3-1	1.434	0.110	0.43	0.005	394.8	
A3-2	1.670	0.111	0.56	0.005	468.2	
A3-3	1.148	0.094	0.49	0.005	346.4	
平均值	—	—	—		403.1	3.85
A4-1	1.854	0.111	0.70	0.005	533.0	
A4-2	1.948	0.110	0.67	0.005	545.6	
A4-3	1.816	0.110	0.75	0.005	535.2	
平均值	—	—	—		537.9	5.14
A5-1	2.016	0.110	0.71	0.005	567.2	
A5-2	1.897	0.107	0.78	0.005	556.8	
A5-3						
平均值	—	—	—		562.0	5.37

续表

试件编号	W_1/(N·m)	W_2/(N·m)	W_3/(N·m)	A_{lig}/m²	G_{f}/(N/m)	G_{f} 增益比
A6-1	2.242	0.110	0.77	0.005	624.4	
A6-2	1.584	0.102	0.64	0.005	465.2	
A6-3	1.788	0.109	0.68	0.005	515.4	
平均值	—	—	—	—	535.0	5.11
A7-1	1.818	0.110	0.65	0.005	515.6	
A7-2	1.786	0.109	0.56	0.005	491.0	
A7-3	1.359	0.109	0.71	0.005	435.6	
平均值	—	—	—	—	480.7	4.59
A8-1	1.955	0.110	0.67	0.005	547.0	
A8-2	1.843	0.110	0.77	0.005	544.6	
A8-3	1.896	0.110	0.70	0.005	541.2	
平均值	—	—	—	—	544.2	5.20
A9-1	1.291	0.111	0.54	0.005	388.4	
A9-2	1.264	0.110	0.65	0.005	404.8	
A9-3	1.876	0.112	0.55	0.005	507.6	
平均值	—	—	—	—	433.6	4.14
A10-1	1.989	0.111	0.70	0.005	560.0	
A10-2	1.775	0.110	0.73	0.005	523.0	
A10-3	1.801	0.110	0.74	0.005	530.2	
平均值	—	—	—	—	537.7	5.14
A11-1	1.938	0.110	0.81	0.005	571.6	
A11-2	2.350	0.110	0.77	0.005	646.0	
A11-3	—	—	—	—	—	
平均值	—	—	—	—	608.8	5.81

从表 5.1 各试件断裂能计算结果及图 5.7 断裂能变化曲线的对比得到如下结论：

（1）相较素混凝土试件 A0，单掺聚丙烯细纤维的混凝土 A1、A2 组试件断裂能分别提高了 41%和 8.2%。在纤维掺量相同的情况下，A2 组试件的断裂能提高幅度较小。A2 组试件掺入的细纤维直径为 0.1mm、长度为 19mm，而 A1 组掺入的纤维直径为 0.026mm、长度为 19mm，对比可以发现，相同的体积内，A1 组试件含有纤维的根数为 A2 组试件纤维根数的 17.8 倍。含有细纤维根数越多，在微观阶段越能改善混凝土的缺陷，在微裂缝扩展阶段也能更大程度改变裂缝扩展路径，并限制裂缝发展，从而更大程度地提高混凝土断裂能。

（2）掺入了粗纤维的 A3～A11 组试件，断裂能提高了 285%～481%，提高幅度远远大于仅掺入细纤维的试件。主要原因：一是粗纤维的掺量较高，为 6.0kg/m³；二是粗纤维单根承载力较强，在混凝土裂缝扩展产生宏观裂缝时，会产生较强的桥接应力，使得混凝土结构还能继续承受较高的荷载，同时还能限制裂缝的扩展，减缓结构的破坏。从 P-CMOD 曲线可以明显看出这一点，掺入粗纤维的试件，曲线下降段的拐点后的曲线段试件还能承受较高的荷载，且随着裂缝的扩展，承载力衰减很缓慢，这使得 P-δ 曲线的下包面积显著增加，相应计算得到的断裂能也就大大增加。

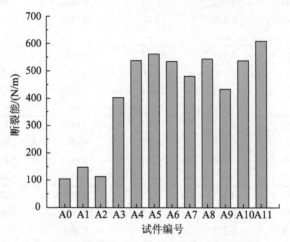

图 5.6　聚丙烯纤维混凝土断裂能柱状图

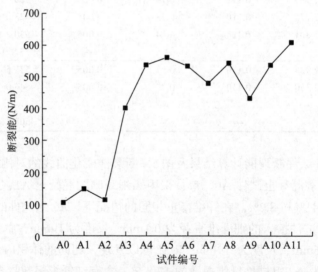

图 5.7　聚丙烯纤维混凝土断裂能变化曲线

（3）A3 组试件为单掺粗纤维的试件，A4～A9 组试件为两种尺寸粗、细纤维混掺的试件，A10、A11 组试件为三种尺寸纤维混掺的试件，这些试件的纤维总掺量相等。从图 5.7 的断裂能曲线可以看出，粗、细混掺组试件的断裂能提高幅度要大于单掺粗纤维的试件；而三种尺度纤维混掺试件的断裂能提高幅度要大于粗、细两种纤维混掺试件的。这说明不同尺度的纤维混掺能产生正面混杂效应，当掺量一定时，两种纤维混掺的提升效应大于单掺纤维而小于三种纤维混掺。不同尺度的纤维能在混凝土裂缝扩展的不同阶段起到作用，细纤维能在微裂缝扩展阶段限制裂纹扩展，粗纤维能在宏观阶段限制裂缝扩展，粗、细纤维的协同作用能更大程度地提高混凝土的断裂能。

（4）分别对比 A4、A5、A6 及 A7、A8、A9 这两组混掺了两种粗、细纤维的试件，发现这两组试件分别随着细纤维含量的增加，断裂能先增大后减小，在细纤维掺量为 0.9kg/m³ 时，断裂能达到最大。这说明当粗、细纤维总的掺量一定时，通过改变粗、细纤维的掺入比例能影响纤维的混掺提升效应。当粗、细两种纤维总掺量一定时，正混杂效应先随着细纤维含量的增加而增加，细纤维达到一定量时，正混杂效应开始下降。细纤维尺寸较小，单位体积混凝土内含细纤维根数较多，所以细纤维对掺量的敏感性较高，当细纤维含量从 0kg/m³ 增加到 0.9kg/m³ 时，细纤维的增强作用逐渐增加，当含量继续增加时，由于细纤维根数的增加会造成纤维在混凝土基体内的结团，反而使纤维对混凝土的提升效应下降。总掺量为 6.0kg/m³ 时，细纤维的最优掺量约为 0.9kg/m³。

5.3.2　对混凝土断裂韧度的影响

通过切口梁三点弯曲试验获得了各试件的 P-CMOD 曲线及 P-δ 曲线，参照 5.2 节的双 K 断裂模型的原理及计算步骤可以计算得到各试件的断裂参数：起裂断裂韧度 K_{Ic}^{ini}、临界等效裂缝长度 a_c、裂缝尖端临界张开位移 CTOD$_c$ 及失稳断裂韧度 K_{Ic}^{un}。各试件的断裂参数计算结果见表 5.2。

表 5.2　聚丙烯纤维混凝土断裂参数计算结果

试件编号	a_c /m	CTOD$_c$ /mm	K_{Ic}^{ini} /(MPa·m$^{1/2}$)	K_{Ic}^{ini} 增益比	K_{Ic}^{un} /(MPa·m$^{1/2}$)	K_{Ic}^{un} 增益比
A0-1	0.057	0.011	0.576		0.799	
A0-2	0.058	0.010	0.582		0.924	
A0-3	0.056	0.010	0.561		0.884	
平均值	0.057	0.010	0.573	1.00	0.869	1.00
A1-1	0.058	0.012	0.677		1.165	
A1-2	0.060	0.015	0.707		1.231	
A1-3	0.058	0.012	0.579		1.004	
平均值	0.059	0.013	0.654	1.14	1.133	1.30
A2-1	0.063	0.014	0.509		1.096	
A2-2	0.060	0.012	0.522		0.941	
A2-3	0.059	0.011	0.488		0.843	
平均值	0.061	0.012	0.506	0.88	0.960	1.10

试件编号	a_c /m	$CTOD_c$ /mm	K_{Ic}^{ini} /(MPa·m$^{1/2}$)	K_{Ic}^{ini} 增益比	K_{Ic}^{un} /(MPa·m$^{1/2}$)	K_{Ic}^{un} 增益比
A3-1	0.059	0.014	0.711		1.204	
A3-2	0.064	0.016	0.545		1.095	
A3-3	0.061	0.016	0.569		1.096	
平均值	0.061	0.015	0.608	1.06	1.132	1.30
A4-1	0.060	0.014	0.697		1.214	
A4-2	0.067	0.023	0.508		1.440	
A4-3	0.060	0.011	0.539		0.944	
平均值	0.062	0.016	0.581	1.01	1.199	1.38
A5-1	0.063	0.024	0.606		1.403	
A5-2	0.062	0.018	0.640		1.268	
A5-3	—				—	
平均值	0.063	0.021	0.623	1.09	1.336	1.54
A6-1	0.065	0.021	0.539		1.234	
A6-2	0.062	0.014	0.665		1.314	
A6-3	0.065	0.020	0.566		1.306	
平均值	0.064	0.018	0.590	1.03	1.285	1.48
A7-1	0.060	0.012	0.613		1.108	
A7-2	0.063	0.020	0.630		1.343	
A7-3	0.066	0.021	0.572		1.409	
平均值	0.063	0.018	0.605	1.06	1.287	1.48
A8-1	0.062	0.016	0.556		1.195	
A8-2	0.067	0.024	0.606		1.411	
A8-3	0.062	0.016	0.611		1.240	
平均值	0.064	0.019	0.591	1.03	1.282	1.47
A9-1	0.067	0.019	0.535		1.374	
A9-2	0.061	0.012	0.488		1.029	
A9-3	0.065	0.017	0.620		1.413	
平均值	0.064	0.016	0.548	0.96	1.272	1.46
A10-1	0.062	0.016	0.684		1.248	
A10-2	0.063	0.018	0.657		1.372	
A10-3	0.064	0.019	0.663		1.447	
平均值	0.063	0.018	0.668	1.17	1.356	1.56
A11-1	0.062	0.021	0.643		1.443	
A11-2	0.065	0.019	0.656		1.463	
A11-3	—				—	
平均值	0.063	0.020	0.650	1.13	1.453	1.67

根据表 5.2 中各试件的 a_c 值，可以求得临界裂缝扩展长度 $\Delta a = a_c - a_0$，各试件 Δa 的变化曲线如图 5.8 所示。

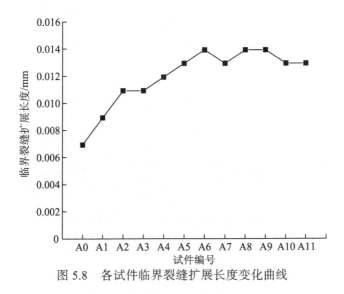

图 5.8　各试件临界裂缝扩展长度变化曲线

从表 5.2 断裂参数的计算结果、图 5.9 的断裂韧度图、图 5.10 临界裂缝扩展长度图可以对比得出以下结论：

（1）相较于素混凝土试件 A0，掺入聚丙烯纤维的试件，除试件 A2、A9 的起裂断裂韧度 K_{Ic}^{ini} 稍有降低，分别降低了12%、4%，其余试件的起裂断裂韧度均有所提高，但提高幅度都不大，提高幅度最大为混掺三种纤维的试件 A10 以及单掺细纤维

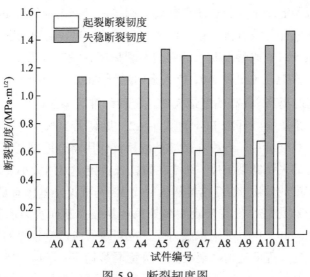

图 5.9　断裂韧度图

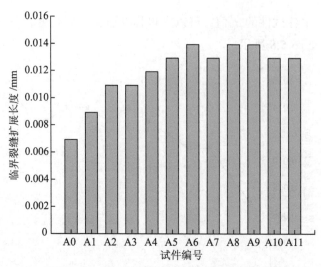

图 5.10　各试件临界裂缝扩展长度柱状图

FF2 的试件 A1，分别提高了 17%、14%。起裂断裂韧度表征混凝土在荷载作用下抵抗裂缝产生的能力。混凝土是一种脆性材料，在浇筑过程中，骨料分布的不均匀及水化热扩散的不及时会在混凝土内部产生温度应力，都会使混凝土内部存在众多的微裂缝。混凝土裂缝的扩展是一个过程，聚丙烯细纤维 FF2 直径为 0.026mm，与微裂缝的宽度相仿，长径比为 730，与混凝土之间有足够的黏结长度，能一定程度限制微裂缝的发展，所以可以提高混凝土的起裂断裂韧度。而聚丙烯纤维 FF4、CF2 的直径分别为 0.1mm 和 0.8mm，已经达到宏观裂缝宽度的范畴，起不到太大的改善微裂缝的作用，反而可能由于浇筑时纤维的分散不均匀，使混凝土产生了更多的原生缺陷，降低了混凝土的起裂断裂韧度，如掺入了聚丙烯纤维 FF4 的试件 A2。掺入了粗纤维的试件与没有掺入粗纤维的试件相比，起裂断裂韧度并没有表现出不同，这也说明粗纤维对改善混凝土的起裂断裂韧度并没有效果。

（2）相较于素混凝土试件 A0，掺入聚丙烯纤维的试件 A1～A11 失稳断裂韧度 K_{Ic}^{un} 有不同程度的提高。提高幅度最大的是三种纤维混掺的试件 A11，提高了 67%；提高幅度最小的是单掺细纤维 FF4 的试件 A2，提高了 10%。混凝土裂缝从微裂缝扩展贯通形成宏观裂缝后，纤维在裂缝处的桥接作用将会限制裂缝的进一步扩展，从而提高混凝土的失稳断裂韧度。纤维在裂缝处桥接应力的大小决定了纤维提高混凝土失稳断裂韧度的幅度。细纤维虽然长径比大，与混凝土基体有足够的黏结长度，但单根纤维的承载力较小，在宏观裂缝处很容易被拉断而丧失承载力。而粗纤维 CF2 直径达到 0.8mm，单根纤维承载力强，在裂缝处能产生较强的桥接应力，限制裂缝的扩展，能更大程度地提高混凝土的失稳断裂韧度。所以，掺入粗纤维的试件 A3～A11，除了试件 A4，失稳断裂韧度的提高幅度要高于只掺入细纤维的试件 A1、

A2。在总掺量一定的条件下，混掺三种纤维的试件 A10、A11，失稳断裂韧度的提高幅度要高于其他单掺一种纤维或者混掺两种纤维的试件，这也又一次体现了多尺度聚丙烯纤维混凝土的优越性，不同尺度的纤维在裂缝扩展的不同阶段发挥主要效应，产生了比单一纤维更好的改善混凝土的效果。

（3）从图 5.8 可以看出，掺入纤维后，混凝土的临界裂缝扩展长度有了很大幅度的增加，增加幅度最大的是 A6、A8、A9，都增加了 100%，增加幅度最小的是 A1，增加了 28%。临界裂缝扩展长度的增加说明混凝土裂缝要经过更长的稳定扩展阶段才开始失稳扩展，这也表明混凝土具有更强的抵抗裂纹扩展的能力。对于临界裂缝扩展长度的提升，粗、细纤维的混掺效果要优于单掺纤维。

（4）从图 5.9 可以发现，失稳断裂韧度 K_{Ic}^{un} 与起裂断裂韧度 K_{Ic}^{ini} 的差值在试件 A1、A2 有所增大，试件 A3 之后有更大幅度的增大。从式（5.13）可知，K_{Ic}^{un} 与 K_{Ic}^{ini} 的差值即为黏聚断裂韧度。黏聚断裂韧度由断裂过程区混凝土的黏聚力产生。决定黏聚断裂韧度大小的有两个因素：黏聚力大小及临界裂缝扩展长度。黏聚力越大、断裂过程区越长，黏聚断裂韧度就越大。试件 A1、A2 的黏聚断裂韧度有所提高，且 Δa 增加，说明细纤维在断裂过程区能产生与黏聚力相仿的应力，从而提高了混凝土的断裂韧度，该应力即纤维的桥接应力。从试件 A3 开始，失稳断裂韧度大幅增加，说明粗纤维的掺入使得断裂过程区的纤维桥接应力大幅增加，这也与前面介绍的粗纤维使得失稳断裂韧度增加的机理一致。同时对比起裂断裂韧度与失稳断裂韧度的增加绝对值可以发现，失稳断裂韧度的增加主要归功于黏聚断裂韧度的增加，这也进一步验证了聚丙烯纤维提高混凝土断裂韧度的作用机理，即主要因为纤维在断裂过程区的桥接作用，限制了裂缝的发展，延长了裂缝稳定扩展的路径，增加了混凝土断裂过程区的长度，同时增加了裂缝处的黏聚力，使得混凝土的黏聚断裂韧度大幅度提高，从而增加了混凝土的失稳断裂韧度。

5.3.3　双线性软化本构曲线的确定

混凝土的断裂破坏是由于众多微裂缝的扩展贯通形成了方向一定、不可恢复的宏观裂缝。Hillerborg 等[143]通过研究混凝土单轴拉伸试件（图 5.11）的弹性段以及

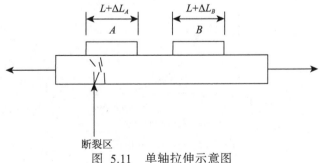

图 5.11　单轴拉伸示意图

裂缝扩展区的应力变形特征，在虚拟裂缝模型中最先提出混凝土断裂区的软化特征。在混凝土的断裂过程区包含众多微裂缝，微裂缝的存在削弱了材料的刚度，使得材料承受应力的能力降低，这就是混凝土的软化特性，其表征为断裂区应力的大小与宽度的函数，即混凝土软化本构曲线。

从软化曲线的概念可知，单轴拉伸试验是确定软化曲线最直接的方法。图 5.12（a）为单轴拉伸曲线示意图，A 段与 B 段的杆件长度均为 L，其中 A 段包含断裂过程区，而 B 段不存在断裂过程区。杆件受到均匀的单轴拉伸荷载，随着荷载的增大，当杆件截面应力小于 f_t 时，杆件内部尚未出现断裂过程区，引伸计测量得到的 A 段与 B 段的变形是相同的；当荷载继续增大，应力达到 f_t 时，断裂过程区开始出现，杆件承受荷载达到最大。随后荷载开始逐渐减小，但断裂过程区裂缝却会不断扩展，假设断裂区出现在 A 段，那么 B 段就不会再出现断裂区。随着荷载的减小，B 段就处于卸载过程，B 段变形将会按照图 5.12（b）中 B 段卸载曲线逐渐减小，A 段由于断裂区的存在，变形将会按照图 5.12（c）中的 A 段曲线逐渐增大。

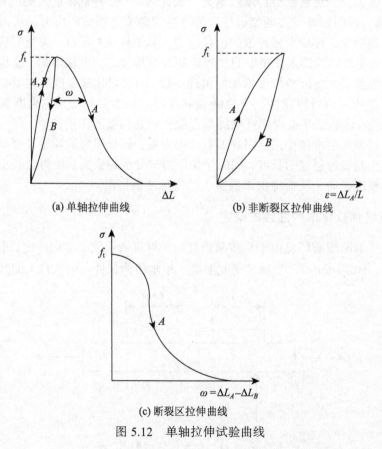

(a) 单轴拉伸曲线　　　　　　(b) 非断裂区拉伸曲线

(c) 断裂区拉伸曲线

图 5.12　单轴拉伸试验曲线

混凝土应力变形曲线的加载段可近似为直线，B 段的变形为

$$\Delta L_B = \varepsilon L \tag{5.16}$$

A 段的变形为

$$\Delta L_A = \varepsilon L + \omega \tag{5.17}$$

式中，ε 为加载段的应变；ω 为断裂区裂缝扩展引起的变形。

由此可见，可用图 5.12（b）与（c）的两条曲线分别表示杆件不同阶段的变形特征。当 σ 达到 f_t 之前，变形按 σ-ε 曲线增加；σ 达到 f_t 之后，非断裂区的点变形按 σ-ε 卸载曲线减小，断裂区变形按 σ-ω 曲线增加。从曲线中可以看出，杆件变形逐渐增加，而应力却逐渐下降，这是由于断裂区微裂缝的不断扩展，相当于混凝土不断"软化"，即产生单位变形所需要的外荷载不断降低，所以曲线 σ-ω 称为混凝土软化曲线。

混凝土应力应变软化是材料的固有特点，直接拉伸试验是测量软化曲线最理想、最直接的方式，但目前除了在专业的研究领域外很少采用直接拉伸试验来获得混凝土的软化曲线。钱觉时等[157]认为主要有以下原因：

（1）刚度原因。当加载达到峰值荷载后，即进入卸载状态，卸载时如果试验机释放应变能的速度大于试件本身储存应变能的速度，就会导致试件瞬间破坏，从而不能获得准确的下降段曲线。这主要取决于试验机刚度与试件刚度的比值，比值越大越好，这就要求试验机具有较大的刚度。此外，试件的初始偏心及初应力的存在都会对试验结果产生较大影响。

（2）精度原因。为了限定断裂过程区产生的位置，一般会对试件预制缺口，但在缺口处会产生应力集中，不符合单轴拉伸应力在各截面均匀分布的假定，对试验结果会产生影响。

在大量的试验及理论研究的基础上，国内外学者提出了具有普遍性的普通混凝土软化曲线的一般形式，按表现形式不同，软化曲线主要分为直线型、曲线型、折线型。Hillerborg 在虚拟裂缝模型中，提出了最简单实用的直线型软化本构关系：

$$\sigma(\omega) = f_t \left(1 - \frac{\omega}{\omega_0}\right) \tag{5.18}$$

20 世纪 80 年代，Reinhardt[158]提出了如下曲线型软化本构关系：

$$\frac{\sigma}{f_t} = \left[1 + \left(\frac{c_1 \omega}{\omega_0}\right)^3\right] \exp\left(-\frac{c_2 \omega}{\omega_0}\right) - \frac{\omega}{\omega_0}(1 + c_1^3)\exp(-c_2) \tag{5.19}$$

式中，c_1、c_2 为与材料相关的常数；ω_0 为应力为 0 时对应的裂缝开口张开位移，即断裂区最大位移。

从试验的拟合情况看，对于普通混凝土，取 $\omega_0 = 160\mu m$，$c_1=2$，$c_2=7$ 比较合适。

直线型软化本构关系过于简单，与实际软化断裂情况相差较大，而曲线型软化本构关系过于复杂，不便于实际工程应用[159]。许多学者针对软化曲线的本质特点及物理意义，对软化曲线进行了简化，得到了折线型软化本构关系，不仅物理意义明确，与混凝土实际断裂软化情况接近，也便于工程实际应用。

图 5.13 为双线性软化本构曲线示意图，(ω_s, σ_s) 为曲线转折点位移应力数值。双线性软化本构关系曲线的数学表达式如下：

$$\sigma(\omega) = \begin{cases} f_t - (f_t - \sigma_s)\dfrac{\omega}{\omega_s}, & 0 \leqslant \omega \leqslant \omega_s \\ \dfrac{\sigma_s}{\omega_0 - \omega_s}(\omega_0 - \omega), & \omega_s < \omega < \omega_0 \\ 0, & \omega_0 \leqslant \omega \end{cases} \quad (5.20)$$

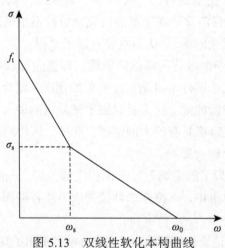

图 5.13　双线性软化本构曲线

从双线性软化本构曲线来看，确定曲线形状需要确定 f_t、σ_s、ω_s 和 ω_0 四个参数，f_t 一般经过拉伸试验或劈裂试验测定，所以参数 σ_s、ω_s 和 ω_0 的取值决定了双线性软化本构曲线的形状。

关于参数 σ_s、ω_s 和 ω_0，Peterson[160]建议采用如下取值：

$$\begin{cases} \sigma_s = \dfrac{f_t}{3} \\ \omega_s = \dfrac{0.8G_f}{f_t} \\ \omega_0 = \dfrac{3.6G_f}{f_t} \end{cases} \quad (5.21)$$

欧洲混凝土规范 CEB-FIP Model Code 1990[161]建议采用如下取值：

$$\begin{cases} \sigma_s = 0.15 f_t \\[2mm] \omega_s = \dfrac{2G_f}{f_t} - 0.15\omega_0 \\[2mm] \omega_0 = \dfrac{\alpha G_f}{f_t} \end{cases} \tag{5.22}$$

式中，引入了新的参数 α，该参数与骨料最大粒径有关，对于骨料最大粒径为 32mm、16mm 和 8mm 的混凝土材料，α 取值分别为 5、7 和 8。

在欧洲混凝土规范推荐的软化曲线基础上，经过大量试验的研究，Reinhardt 和 Xu[162]改进了原有的双线性软化本构曲线，参数建议采用如下取值：

$$\begin{cases} \sigma_s = \dfrac{\left(2 - \dfrac{f_t \omega_s}{G_f}\right) f_t}{\alpha_f} \\[4mm] \omega_s = CTOD_c \\[2mm] \omega_0 = \dfrac{\alpha_f G_f}{f_t} \end{cases} \tag{5.23}$$

式中，$CTOD_c$ 为虚拟裂缝尖端临界张开位移，可以通过 $P\text{-}CMOD$ 曲线计算得到；$\alpha_f = \lambda - d_{max}/8$，$d_{max}$ 为骨料最大粒径，λ 为与混凝土变形特性相关的校正系数，取值范围为 5～10。

通过前面计算得到的各试件的断裂能，抗拉强度的取值参考作者关于聚丙烯纤维单轴抗拉强度的试验[163]，取 1.6MPa，代入式（5.21）~式（5.23）可得到不同的软化曲线，将不同的软化曲线形式代入式（5.10）可获得断裂过程区不同的应力分布形式。确定了断裂过程区的应力分布，通过式（5.12）可得到黏聚断裂韧度 $K_{Ic}^{c,e}$。前面已求得不同试件的起裂断裂韧度 K_{Ic}^{ini}、失稳断裂韧度 K_{Ic}^{un}，根据式（5.13）可获得实测的黏聚断裂韧度 $K_{Ic}^{c,t}$。通过 $K_{Ic}^{c,e}$ 与 $K_{Ic}^{c,t}$ 的比较，确定适合于多尺度聚丙烯纤维混凝土的双线性软化曲线。$K_{Ic}^{c,e}$ 与 $K_{Ic}^{c,t}$ 差的平方和越小，说明两者越接近，表 5.3 为 $K_{Ic}^{c,e}$ 与 $K_{Ic}^{c,t}$ 的比较。

从表 5.3 的计算结果可以看出，采用 Peterson 软化曲线、欧洲混凝土规范 CEB-FIP Model Code 1990 推荐的软化曲线及 Reinhardt 和 Xu 改进的软化曲线计算得到的黏聚断裂韧度 $K_{Ic}^{c,e}$ 与通过起裂断裂韧度、失稳断裂韧度、黏聚断裂韧度三者数学关系计算得到的黏聚断裂韧度与 $K_{Ic}^{c,t}$ 的差距都不大，这也从侧面验证了通过双线性软化曲线表征聚丙烯纤维混凝土断裂过程区应力分布的科学性。从三条软化曲线计算的黏聚

表 5.3　实测黏聚断裂韧度与理论黏聚断裂韧度的对比

试件编号	$K_{Ic}^{c,t}$	根据式(5.21)计算的 $K_{Ic}^{c,e}$	根据式(5.22)计算的 $K_{Ic}^{c,e}$	根据式(5.23)计算的 $K_{Ic}^{c,e}$					
				$\lambda=5$	$\lambda=6$	$\lambda=7$	$\lambda=8$	$\lambda=9$	$\lambda=10$
A0-1	0.287	0.479	0.344	0.328	0.299	0.283	0.272	0.265	0.260
A0-2	0.335	0.510	0.366	0.348	0.317	0.299	0.288	0.280	0.274
A0-3	0.304	0.415	0.298	0.283	0.259	0.245	0.236	0.230	0.225
$\sum_{i=1}^{3}\left(K_{Ic}^{c,t}-K_{Ic}^{c,e}\right)^2$		0.080	0.004	0.002	0.0025	0.005	0.007	0.009	0.011
A1-1	0.489	0.525	0.523	0.494	0.445	0.442	0.431	0.419	0.411
A1-2	0.523	0.622	0.620	0.587	0.532	0.529	0.508	0.493	0.483
A1-3	0.424	0.538	0.536	0.506	0.460	0.458	0.441	0.429	0.420
$\sum_{i=1}^{3}\left(K_{Ic}^{c,t}-K_{Ic}^{c,e}\right)^2$		0.024	0.023	0.011	0.003	0.003	0.004	0.006	0.008
A2-1	0.588	0.730	0.725	0.692	0.624	0.619	0.594	0.577	0.564
A2-2	0.419	0.630	0.627	0.596	0.540	0.536	0.515	0.501	0.490
A2-3	0.355	0.555	0.552	0.524	0.475	0.474	0.456	0.443	0.434
$\sum_{i=1}^{3}\left(K_{Ic}^{c,t}-K_{Ic}^{c,e}\right)^2$		0.105	0.101	0.071	0.030	0.029	0.019	0.015	0.012
A3-1	0.493	0.547	0.546	0.509	0.461	0.458	0.441	0.428	0.419
A3-2	0.549	0.837	0.836	0.773	0.692	0.689	0.653	0.631	0.616
A3-3	0.526	0.678	0.677	0.630	0.568	0.563	0.539	0.523	0.512
$\sum_{i=1}^{3}\left(K_{Ic}^{c,t}-K_{Ic}^{c,e}\right)^2$		0.109	0.108	0.061	0.023	0.022	0.014	0.011	0.010
A4-1	0.517	0.617	0.616	0.571	0.516	0.512	0.491	0.476	0.466
A4-2	0.931	1.060	1.050	0.972	0.863	0.848	0.807	0.779	0.759
A4-3	0.405	0.632	0.632	0.585	0.527	0.523	0.501	0.486	0.475
$\sum_{i=1}^{3}\left(K_{Ic}^{c,t}-K_{Ic}^{c,e}\right)^2$		0.078	0.075	0.037	0.020	0.021	0.025	0.031	0.037
A5-1	0.791	0.803	0.802	0.743	0.667	0.658	0.630	0.610	0.595
A5-2	0.628	0.771	0.770	0.712	0.639	0.632	0.604	0.586	0.571
A5-3	—								
$\sum_{i=1}^{3}\left(K_{Ic}^{c,t}-K_{Ic}^{c,e}\right)^2$		0.021	0.020	0.009	0.015	0.018	0.026	0.035	0.042

续表

试件编号	$K_{Ic}^{c,t}$	根据式(5.21)计算的 $K_{Ic}^{c,e}$	根据式(5.22)计算的 $K_{Ic}^{c,e}$	根据式（5.23）计算的 $K_{Ic}^{c,e}$					
				$\lambda=5$	$\lambda=6$	$\lambda=7$	$\lambda=8$	$\lambda=9$	$\lambda=10$
A6-1	0.649	0.759	0.757	0.701	0.630	0.623	0.596	0.578	0.564
A6-2	0.740	0.893	0.892	0.823	0.735	0.724	0.691	0.668	0.651
A6-3	0.695	0.845	0.843	0.781	0.699	0.689	0.659	0.638	0.622
$\sum_{i=1}^{3}\left(K_{Ic}^{c,t}-K_{Ic}^{c,e}\right)^2$		0.058	0.057	0.017	0.0004	0.001	0.007	0.013	0.020
A7-1	0.713	0.828	0.828	0.763	0.683	0.673	0.644	0.623	0.607
A7-2	0.836	0.960	0.958	0.885	0.788	0.776	0.740	0.715	0.697
A7-3	0.681	0.783	0.781	0.726	0.652	0.644	0.616	0.598	0.583
$\sum_{i=1}^{3}\left(K_{Ic}^{c,t}-K_{Ic}^{c,e}\right)^2$		0.039	0.038	0.007	0.004	0.007	0.018	0.030	0.040
A8-1	0.805	1.038	1.037	0.952	0.846	0.831	0.791	0.764	0.744
A8-2	0.628	0.741	0.739	0.687	0.617	0.611	0.585	0.567	0.553
A8-3	0.691	0.833	0.832	0.768	0.687	0.678	0.648	0.627	0.612
$\sum_{i=1}^{3}\left(K_{Ic}^{c,t}-K_{Ic}^{c,e}\right)^2$		0.087	0.086	0.031	0.002	0.001	0.004	0.009	0.016
A9-1	0.541	0.677	0.676	0.630	0.568	0.563	0.540	0.523	0.512
A9-2	0.794	0.943	0.942	0.868	0.773	0.761	0.726	0.701	0.683
A9-3	0.724	0.880	0.879	0.811	0.725	0.715	0.682	0.660	0.643
$\sum_{i=1}^{3}\left(K_{Ic}^{c,t}-K_{Ic}^{c,e}\right)^2$		0.065	0.064	0.021	0.001	0.0016	0.006	0.013	0.020
A10-1	0.716	0.767	0.766	0.708	0.635	0.628	0.610	0.582	0.568
A10-2	0.783	0.864	0.863	0.797	0.713	0.703	0.671	0.650	0.633
A10-3	0.688	0.755	0.754	0.699	0.627	0.621	0.594	0.576	0.562
$\sum_{i=1}^{3}\left(K_{Ic}^{c,t}-K_{Ic}^{c,e}\right)^2$		0.014	0.013	0.0004	0.015	0.019	0.033	0.048	0.060
A11-1	0.789	0.774	0.773	0.716	0.643	0.635	0.608	0.589	0.575
A11-2	0.806	0.848	0.847	0.781	0.699	0.689	0.659	0.637	0.621
A11-3	—	—	—	—	—	—	—	—	—
$\sum_{i=1}^{3}\left(K_{Ic}^{c,t}-K_{Ic}^{c,e}\right)^2$		0.002	0.002	0.006	0.033	0.037	0.054	0.069	0.080

断裂韧度数值大小可以看出，Peterson 软化曲线计算得到的黏聚断裂韧度最大，欧洲混凝土规范 CEB-FIP Model Code 1990 推荐的软化曲线计算得到的黏聚断裂韧度

次之，Reinhardt 和 Xu 改进的软化曲线计算得到的黏聚断裂韧度最小，且变化范围较大，这主要是因为不同软化曲线 σ_s、ω_s 等参数取值不同，造成虚拟裂缝尖端应力 $\sigma_s(\text{CTOD}_c)$ 的取值不同，$\sigma_s(\text{CTOD}_c)$ 值越大，计算得到的黏聚断裂韧度就越大。Reinhardt 和 Xu 改进的软化曲线通过校正参数 λ 的引入，使得 σ_s、ω_s 等参数有更大的取值范围，能适用于不同混凝土断裂过程的应力分布。根据本节的计算结果，Reinhardt 和 Xu 改进的软化曲线更符合混凝土的实际断裂过程，对于素混凝土，λ 取 5 时，计算得到的黏聚断裂韧度与试验测得的黏聚断裂韧度相差最小。而对于掺入聚丙烯纤维的试件，不同纤维掺入情况的试件 λ 的最优取值有所不同，通过总体误差的分析可知，λ 取 6 时，计算得到的黏聚断裂韧度与试验测得的黏聚断裂韧度相差最小。所以对于聚丙烯纤维混凝土断裂过程的应力分布，可以选用 Reinhardt 和 Xu 改进的双线性软化曲线来描述，对于本节混凝土试件的软化曲线参数可按表 5.4 取值。

表 5.4　聚丙烯纤维混凝土双线性软化曲线的参数取值

试件编号	λ	f_t/MPa	σ_s/MPa	ω_s/mm	ω_0/mm
A0	5	1.6	1.18	0.010	0.16
A1	6	1.6	0.85	0.015	0.32
A2	6	1.6	0.83	0.013	0.25
A3	6	1.6	0.89	0.016	0.86
A4	6	1.6	0.89	0.017	1.18
A5	6	1.6	0.89	0.021	1.22
A6	6	1.6	0.89	0.018	1.17
A7	6	1.6	0.88	0.018	1.07
A8	6	1.6	0.88	0.018	1.17
A9	6	1.6	0.88	0.015	0.95
A10	6	1.6	0.89	0.018	1.18
A11	6	1.6	0.88	0.020	1.31

5.4　本章小结

（1）聚丙烯纤维的掺入对混凝土起裂断裂韧度 $K_{\text{Ic}}^{\text{ini}}$ 的影响并不大，说明聚丙烯纤维的掺入能一定程度抑制微裂缝的发展，但效果并不明显。而聚丙烯纤维的掺入使得失稳断裂韧度 $K_{\text{Ic}}^{\text{un}}$ 有大幅度提高，提高幅度为 10%~68%，提高幅度最大的为三种纤维混掺的试件 A11。这说明聚丙烯纤维对混凝土断裂特性的改善作用主要表现在裂缝产生后，纤维在裂缝处的桥接作用，一方面使得断裂过程区的长度增加，另一方面纤维的桥接应力使得裂缝处的黏聚应力增加，从而使得失稳断裂韧度 K_{Ic}^{un} 大幅度提高。

（2）不同尺度的纤维混掺能产生正面混杂效应，当掺量一定时，两种纤维的混杂提升效应大于单掺纤维的提升效应，三种纤维的混掺提升效应大于两种纤维的混杂提升效应。不同尺寸的纤维能在混凝土裂缝扩展的不同阶段起到作用，细纤维能在微裂缝扩展阶段限制裂缝扩展，粗纤维能在宏观阶段限制裂缝扩展，粗、细纤维的协同作用能更大程度地提高混凝土的断裂能。

（3）当粗、细纤维总的掺量一定时，通过改变粗、细纤维的掺入比例能影响纤维的混掺提升效应。当粗、细两种纤维总掺量一定时，正混杂效应先随着细纤维含量的增加而增加，细纤维达到一定量时，正混杂效应开始下降。

（4）聚丙烯纤维的掺入使得混凝土的断裂能有了大幅度的提高。粗纤维对混凝土断裂能的提升效果比细纤维更显著。在总掺量一定的条件下，通过粗、细纤维的混掺，能更大程度地提高混凝土断裂能，这体现了多尺度聚丙烯纤维混凝土的优越性，通过不同尺寸纤维的混掺，能最大限度地提高混凝土断裂能。

第6章 聚丙烯纤维混凝土纤维桥接应力

从 4.5 节多尺度聚丙烯纤维混凝土的三点弯曲试验的结果及 5.3 节基于双 K 断裂模型的数据分析可以看出，聚丙烯纤维的掺入使得混凝土的断裂特性有了显著的改变。试验的直观数据 P-CMOD 曲线与 P-δ 曲线，以及基于理论分析得到的断裂能 G_f、起裂断裂韧度 K_{Ic}^{ini} 及失稳断裂韧度 K_{Ic}^{un} 等断裂参数的改变，只能宏观上说明聚丙烯纤维对混凝土断裂特性的改善，并不能揭示聚丙烯纤维增强混凝土的本质原理。聚丙烯纤维混凝土作为一种复合材料，混凝土构件宏观力学行为是纤维与混凝土基体微观力学行为的宏观表现。只有从微观层面研究纤维与混凝土基体的力学特性，才能揭示纤维改善混凝土力学特性的本质原理，为纤维混凝土的设计提供理论依据。纤维增强混凝土的本质原因在于纤维在裂缝处产生的桥接应力使得混凝土裂缝扩展后还具有较高的承载能力，且限制了裂缝的进一步扩展，故本章将研究纤维在裂缝处的桥接应力。

6.1 纤维桥接应力

6.1.1 纤维随机分布函数

纤维随机分布于混凝土基体内，与裂缝随机相交。如图 6.1 所示，纤维与裂缝面法向角度为 θ，纤维较短一侧的埋置长度为 l，裂缝宽度为 u。

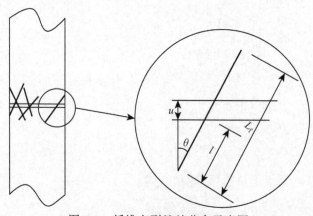

图 6.1 纤维在裂缝处分布示意图

同一种纤维的长度固定为 L_f ，且纤维分散均匀，随机分布于混凝土结构内，纤维在裂缝两侧均匀分布，纤维埋置长度的分布概率密度为

$$p(l) = 2 / L_f \tag{6.1}$$

纤维与裂缝面法向夹角 θ 和纤维埋置长度无关，这两个参数为不相关的独立变量。θ 的分布函数可由图 6.2 所示的锥体求得，纤维随机均匀分布于基体内，那么纤维分布的根数与基体体积成正比，所以分布于锥体内的纤维根数为

$$N(\theta) = V_f \mathrm{d}V \tag{6.2}$$

$$\mathrm{d}V = (2\pi l \sin\theta) \cdot (l\mathrm{d}\theta) \cdot \frac{l}{3} \tag{6.3}$$

落在整个半球体内的纤维总根数为

$$N = V_f \cdot \frac{2}{3}\pi l^3 \tag{6.4}$$

所以纤维的埋置角度分布函数为

$$p(\theta) = \frac{\mathrm{d}V}{\mathrm{d}\theta} = \sin\theta \tag{6.5}$$

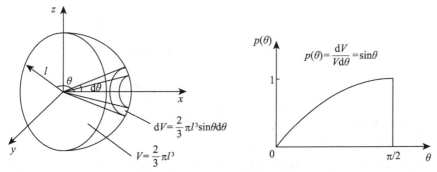

图 6.2　角度分布函数示意图

6.1.2　单根聚丙烯纤维的拉拔模型

单根聚丙烯纤维，特别是聚丙烯细纤维，其承载力低，对拉拔试验的试验仪器要求极高，目前关于聚丙烯纤维的拉拔试验研究较少。Leung 和 Ybanez[164]曾通过试验研究了纤维长度 $L_f = 19\mathrm{mm}$ 、直径 $d_f = 0.508\mathrm{mm}$ 的聚丙烯纤维不同角度的拉拔试验。杜明干和李庆斌[165]根据 Leung 的拉拔试验研究结果，提出了合成纤维的拉拔模型，本节考虑粗、细混掺纤维的复杂性，借鉴杜明干提出的合成纤维拉拔模型，用以研究多尺度聚丙烯纤维的桥接应力。

Leung 和 Ybanez[164]的合成纤维拉拔试验曲线包括两部分：上升段和下降段。两段近似直线，且随着纤维埋置角度的增大，曲线起始斜率按余弦规律变小，而拔出荷载的峰值按指数规律变大，根据这样的变化规律，将拉拔试验的荷载-位移曲

线简化为图 6.3 所示的直线形式。

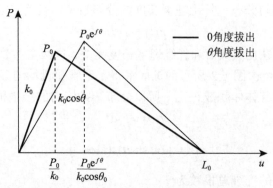

图 6.3　简化的纤维拉拔荷载-位移曲线

在混凝土裂缝开裂处，纤维拉拔荷载由短端的埋置长度决定，短端埋置长度为 L_0。根据简化的纤维拉拔荷载-位移曲线，用如下的分段函数表示纤维埋置角度为 0 时的单根纤维拉拔模型：

$$P_{\mathrm{f}}\left(L_0,0,u\right)=\begin{cases}k_0u, & 0<u\leqslant\dfrac{P_0}{k_0}\\[2mm]\dfrac{P_0}{P_0/k_0-L_0}(u-L_0), & \dfrac{P_0}{k_0}<u\leqslant L_0 \\[2mm]0, & u>L_0\end{cases}\qquad(6.6)$$

式中，P_0 为单根纤维埋置长度为 L_0 时垂直拉拔时的峰值荷载；k_0 为上升段直线的斜率；u 为纤维拔出位移。

考虑到纤维在混凝土中随机分布，当混凝土开裂时，纤维与裂缝也呈任意角度相交。所以必须考虑单根纤维的斜向拉拔模型。从上面的分析可知，斜向拉拔时，峰值荷载是垂直拉拔时荷载的 $\mathrm{e}^{f\theta}$ 倍，上升段直线斜率随埋置角度余弦规律变小，如图 6.3 所示，故任意角度的纤维拉拔模型可由如下分段函数表示：

$$P_{\mathrm{f}}\left(L_0,\theta,u\right)=\begin{cases}k_0\cos\theta u, & 0<u\leqslant\dfrac{P_0\mathrm{e}^{f\theta}}{k_0\cos\theta},\quad 0<\theta<\dfrac{\pi}{2}\\[2mm]\dfrac{P_0\mathrm{e}^{f\theta}}{P_0\mathrm{e}^{f\theta}/k_0\cos\theta-L_0}(u-L_0), & \dfrac{P_0\mathrm{e}^{f\theta}}{k_0\cos\theta}<u\leqslant L_0,\quad 0<\theta<\dfrac{\pi}{2}\\[2mm]0, & u>L_0\quad\text{或}\quad\theta=\dfrac{\pi}{2}\end{cases}\qquad(6.7)$$

纤维短端的埋置长度在 $0\sim L_0$ 随机分布，拉拔荷载随埋置长度成正比变化，比

例系数为 l/L_0，所以可得到纤维埋置长度为 l、纤维埋置角度为 θ 时的拉拔模型为

$$P_f(l,\theta,u) = \begin{cases} k_0\cos\theta u, & 0<u\leqslant L_1, & 0<\theta<\dfrac{\pi}{2} \\ k_1(u-l), & L_1<u<l, & 0<\theta<\dfrac{\pi}{2} \\ 0, & l=0 \ \ 或 \ \ u=0 \ \ 或 \ \ \theta=\dfrac{\pi}{2} \ \ 或 \ \ u>l \end{cases} \quad (6.8)$$

式中，L_1 为拉拔荷载-位移曲线峰值荷载对应位移，$L_1=\dfrac{lP_0\mathrm{e}^{f\theta}}{L_0k_0\cos\theta}$；$P_0$ 为纤维埋置长度为 L_0 时拉拔荷载-位移曲线的峰值荷载；k_0 为垂直拉拔时拉拔荷载-位移曲线上升段的斜率，与纤维埋置角度及纤维埋置长度无关；k_1 为拉拔荷载-位移曲线下降段的斜率，$k_1=\dfrac{P_0\mathrm{e}^{f\theta}}{P_0\mathrm{e}^{f\theta}/k_0\cos\theta-L_0}$，与纤维埋置长度无关。

式（6.8）可表示纤维任意埋置角度 $\theta\in\left(0,\dfrac{\pi}{2}\right)$、纤维任意埋置长度 $l\in(0,L_0)$ 的纤维拉拔荷载-位移曲线，故可作为聚丙烯纤维的细观拉拔模型。

6.1.3 纤维的桥接应力模型

考虑纤维的桥接应力模型，必须做如下的基本假设：

（1）纤维为等长短纤维，在混凝土基体中随机乱向分布，故纤维的长度分布函数及角度分布函数可由 6.1.1 节的推导得到：

$$p(l)=2/L_f, \quad p(\theta)=\sin\theta \quad (6.9)$$

（2）在裂缝扩展过程中，裂缝处的纤维被拔出而没有被拉断。

（3）试件在开裂时，所有的裂缝集中在一条主裂缝上，而其他部位没有开裂，且裂缝垂直于受裂方向。

（4）纤维体积分数很低，纤维之间的相互影响及基体的局部剥落可忽略不计：

$$p(V_f)=1 \quad (6.10)$$

知道单根纤维的拉拔模型及纤维在基体内的分布规律，且在符合以上假设前提条件下，根据叠加原理，由式（6.11）计算纤维在裂缝处的桥接应力：

$$\sigma_f(u)=p(V_f)\dfrac{V_f}{A_f}\iint P_f(l,\theta,u)\,p(\theta)p(l)\mathrm{d}l\mathrm{d}\theta \quad (6.11)$$

式中，V_f 为纤维的体积分数；A_f 为单根纤维的横截面面积。将式（6.8）～式（6.10）代入式（6.11），就可以得到聚丙烯纤维随机分布下的桥接应力曲线。

式（6.11）中的一些参数，如 V_f、A_f、L_f 和 f 可以事先确定，而其他参数 P_0、

k_0 和 k_1 需要通过纤维的拉拔试验来确定，但是由于试验条件的限制，无法进行纤维的拉拔试验。本章将根据 4.5 节介绍的切口梁三点弯曲试验的试验结果，求得纤维的实际桥接应力，通过式（6.11）反推出这些未知参数。

具体计算步骤如下：

（1）通过三点弯曲试验获得纤维混凝土的 P-CMOD 曲线及 P-δ 曲线。

（2）根据 P-CMOD 曲线及 P-δ 曲线求得纤维混凝土的软化曲线。

（3）用纤维混凝土的软化曲线减去素混凝土的软化曲线求得纤维的桥接应力曲线。

（4）比较预测结果及实际获得的桥接应力曲线，得到未知参数的值，调整未知参数的大小，使得预测值与实际值更加接近。

（5）重复上一步，直到试验曲线与预测曲线相符合。

6.2　桥接应力曲线的确定

6.2.1　改进的 J 积分法确定混凝土的软化本构关系曲线

混凝土的软化本构关系曲线表征混凝土断裂过程区黏聚应力与裂缝宽度之间的数学关系。测定混凝土软化本构关系曲线最直接的方法是直接拉伸法，但是直接拉伸法对试验仪器及试验过程要求较高，难以实现。三点弯曲试验操作简单，物理意义明确，通过三点弯曲试验可以间接测定混凝土的软化曲线。

考虑到断裂过程区裂缝扩展消耗的能量以及梁弹性变形吸收的能量，Niwa 等[166]提出了改进的 J 积分软化曲线计算方法。Niwa 认为断裂过程区裂缝扩展消耗的能量数值上等于试件断裂过程中消耗的总能量减去试件弹性变形吸收的能量，计算公式如下：

$$E(\delta)=\int_0^\delta P(\delta)\mathrm{d}\delta - \frac{1}{2}P(\delta)(\delta-\delta_\mathrm{p})P\delta\omega \qquad (6.12)$$

式中，δ 为三点弯曲试验荷载-位移曲线对应的某点的挠度；δ_p 为卸载后的挠度，如图 6.4 所示。

由于试验条件的限制，没有进行相应荷载的卸载试验，用 P-δ 曲线线性上升段相应荷载对应的 δ 值代替 δ_p 来计算 $E(\delta)$。

断裂过程区裂缝扩展消耗的能量即为裂缝扩展过程中克服黏聚应力所做的功，由此可得

$$E = \int_0^\omega e(\omega)\frac{b\Delta a}{\omega}\mathrm{d}\omega = \frac{b\Delta a}{\omega}\int_0^\omega e(\omega)\mathrm{d}\omega \qquad (6.13)$$

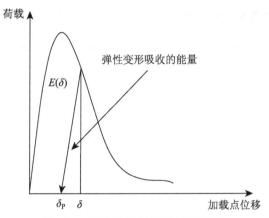

图 6.4　裂缝扩展能量消耗示意图

根据式（6.13）可得

$$\int_0^\omega e(\omega)\mathrm{d}\omega = \frac{\omega}{b\Delta a}E(\omega) \tag{6.14}$$

等式两边同时求导，可得

$$e(\omega) = \frac{1}{b\Delta a}\left[E(\omega)+\omega E'(\omega)\right] \tag{6.15}$$

据此，可求得软化本构曲线

$$\sigma(\omega) = \frac{\mathrm{d}e(\omega)}{\mathrm{d}\omega} = \frac{1}{b\Delta a}\left[2E'(\omega)+\omega E''(\omega)\right] \tag{6.16}$$

式中，ω 为裂缝开口张开位移；Δa 为临界裂缝扩展长度；b 为试件的宽度。

　　通过三点弯曲试验，获得不同试件的 $P\text{-}\delta$ 曲线、$P\text{-}\mathrm{CMOD}$ 曲线，通过这两组数据可求得 $E(\delta)$，并通过试验数据求得 Δa、δ 与 ω 的关系，从而求得 $E(\omega)$ 的表达式，代入式（6.16）即可获得聚丙烯纤维的软化本构关系曲线。

　　临界裂缝扩展长度 Δa，可根据试件的 $P\text{-}\mathrm{CMOD}$ 曲线及弹性模量 E 通过式（6.17）求得

$$\Delta a = \frac{2}{\pi}h\arctan\sqrt{\frac{bE\mathrm{CMOD}}{32.6P}-0.1135}-a_0 \tag{6.17}$$

裂缝开口张开位移 ω 即为虚拟裂缝尖端张开位移 CTOD，可通过式（6.18）求得

$$\mathrm{CTOD} = \mathrm{CMOD}\left\{\left(1-\frac{a_0}{a}\right)^2+\left(1.081-1.149\frac{a_c}{h}\right)\left[\frac{a_0}{a}-\left(\frac{a_0}{a}\right)^2\right]\right\}^{1/2} \tag{6.18}$$

式中，$a=\Delta a+a_0$。

6.2.2　软化本构关系曲线计算结果

经过上面的计算，统一将混凝土抗拉强度 f_t 确定为 1.6MPa，可以得到图 6.5 所示的软化本构关系曲线。

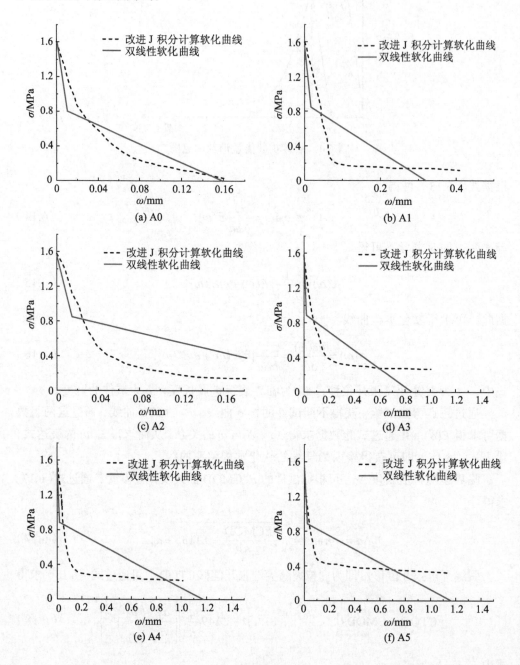

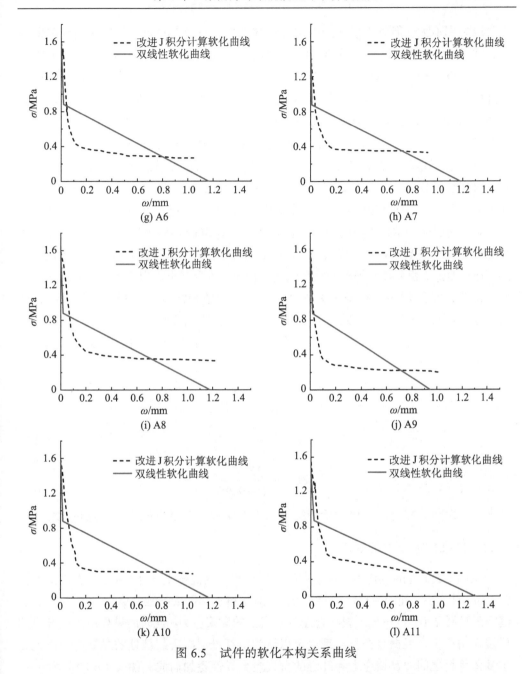

图 6.5 试件的软化本构关系曲线

从图 6.5(a)~(l)可以看出，通过改进 J 积分计算得到的软化曲线与三点弯曲试验获得的 P-δ 曲线下降段变化趋势相似，且与由断裂能等参数控制的 Reinhardt 和 Xu 改进的双线性软化曲线表现出相同的变化趋势，大体上可以分为两段，前一段应力随 ω 变化较快，后一段相对变化缓慢。对于素混凝土试件，两种方法获得的软化曲线差别不大。但对于掺入聚丙烯纤维的试件，两种方法获得的软化曲线差别较大，主要表现在：第一，曲线拐点，即点 (ω_s, σ_s) 差距较大，双线性软化曲线 $\omega_s = \text{CTOD}_c$，由三点弯曲试验确定，改进 J 积分计算得到的软化曲线的拐点由计算得到的 σ 的变化趋势确定；第二，最大裂缝宽度，即 ω_0 差距较大，双线性软化曲线的 ω_0 由断裂能及抗拉强度确定，而改进 J 积分计算的软化曲线 ω_0 与 σ 随 ω 的变化关系有关。通过图 4.23～图 4.34 的对比可以发现，聚丙烯纤维混凝土试件在其 P-CMOD 曲线的第三阶段仍具有一定的承载力，且荷载随着裂缝扩展下降很慢，说明此时裂缝处还具有一定程度的应力，且应力的软化随裂缝宽度扩展变化很慢。由纤维混凝土的双线性软化曲线确定的黏聚应力为 0 时的裂缝宽度，即 ω_0，约为 1.0mm，此时对应的试件 CMOD 应为 2mm 左右。对比 P-CMOD 曲线可以发现，当 CMOD 为 2mm 时，试件还具有很高的承载力，说明此时裂缝处还有很强的黏聚应力，由此可以说明通过改进 J 积分计算得到的软化曲线更符合纤维混凝土断裂的实际过程。

由于纤维的加入，纤维在裂缝处的桥接作用使得混凝土的断裂软化过程表现出更强的延性，通过对比改进 J 积分计算得到的软化曲线，在双线性软化曲线的基础上提出更符合聚丙烯纤维混凝土断裂软化过程的双线性软化曲线的参数取值，如式（6.19）所示：

$$\begin{cases} \sigma_s = \dfrac{f_t}{10}\left(1+\dfrac{n}{5}\right) \\[2mm] \omega_s = \dfrac{0.7G_f}{f_t} \\[2mm] \omega_0 = \dfrac{13G_f}{f_t(1+0.2n)} \end{cases} \tag{6.19}$$

式中，n 为同等配合比的聚丙烯纤维混凝土的断裂能与素混凝土断裂能的比值。

6.2.3　纤维桥接应力的确定

从图 6.5 试件的软化本构关系曲线可以看出，素混凝土试件 A0 裂缝宽度扩展至 0.16mm 时，裂缝处的黏聚应力接近 0，而对于掺入聚丙烯纤维的 A1～A11 试件，裂缝宽度扩展至 0.16mm 时，裂缝处还具有很强的黏聚应力，此时的黏聚应力由纤维的桥接作用产生。根据复合材料理论可以认为，纤维混凝土裂缝处的黏聚应力由混凝土基体骨料之间的黏聚应力和纤维的桥接应力线性叠加而成，如式（6.20）所示：

$$\sigma(u) = \sigma_c(u) + \sigma_f(u) \tag{6.20}$$

式中，$\sigma(u)$ 为纤维混凝土裂缝处的黏聚应力，可由纤维混凝土试件的拉伸软化曲线确定；$\sigma_c(u)$ 为混凝土基体裂缝处的黏聚应力，可由素混凝土试件的拉伸软化曲线确定；$\sigma_f(u)$ 为裂缝处纤维的桥接应力，纤维拉拔参数取值见表 6.1。

表 6.1　纤维拉拔参数取值

纤维种类	l/mm	f	A_f/mm²	V_f	P_0/N	k_0
FF2	9.5	0.7	5.30×10^{-4}	0.001	0.2	3
FF4	9.5	0.7	7.85×10^{-3}	0.001	2.5	25
CF2	25	0.7	0.50	0.006	60	500

由素混凝土试件 A0 的软化曲线可知，黏聚应力为 0 时裂缝宽度约为 0.16mm，故假设纤维桥接应力 $\sigma_f(u)$ 在裂缝宽度小于 0.16mm 时线性增长。裂缝宽度大于 0.16mm 时，混凝土基体的黏聚应力 $\sigma_c(u)$ 等于 0，故桥接应力 $\sigma_f(u)$ 等于软化曲线表示的裂缝处的黏聚应力。根据 A0、A1、A2、A3 的软化曲线可得，FF2、FF4、CF2 三种纤维的桥接应力随裂缝宽度的变化曲线，如图 6.6 所示。

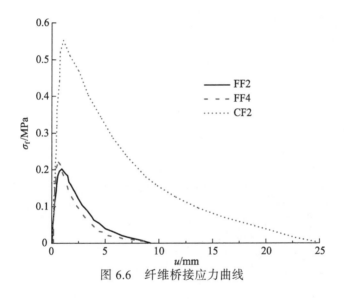

图 6.6　纤维桥接应力曲线

6.3　本章小结

基于双 k 断裂准则，研究了不同纤维掺入情况对混凝土断裂特性的影响。基于现有理论，分析了纤维增强混凝土的基本原理，获得了单根纤维拉拔荷载与拔出位移的关系曲线，得到如下结论：

（1）聚丙烯纤维的增强、增韧作用与单根纤维的拉拔力学特性及纤维在混凝土基体内的分布有关，根据国外学者的试验研究数据，将单根纤维的拉拔荷载-位移曲线分为线性上升段和线性下降段，拉拔曲线的峰值荷载为纤维埋置角度及埋置长度的函数，通过这样的简化假设，并结合纤维在混凝土基体内的分布函数，可得纤维的桥接应力模型。

（2）根据三点弯曲试验结果，通过改进 J 积分法求得纤维混凝土的软化本构关系曲线，根据纤维的软化本构关系曲线确定了桥接应力模型的各参数。

第7章 多尺度聚丙烯纤维混凝土基于 SHPB 的动态抗压力学性能研究

由于普通混凝土抗拉强度低、易开裂、抗冲击性差等缺陷，并不适合用于承受爆炸或冲击荷载的工程。聚丙烯纤维可有效改善混凝土的抗裂能力，提高混凝土的强度、韧性和抗冲击性能。混凝土的静态抗压强度是其最基本、最重要的一项力学性能参数，纤维混凝土材料在冲击荷载下的动态抗压力学性能也是其动力特性参数研究的重要内容。多尺度聚丙烯纤维作为一种极具发展前景的新型混凝土类材料，对其动力性能及本构关系的研究具有重要意义。分离式霍普金森压杆（split Hopkinson pressure bar，SHPB）试验是目前用来测试固体材料高应变率冲击力学性能的一种主要试验手段，通过加载能够获得 $10\sim10^2\text{s}^{-1}$ 范围内的应变率，适用于硬质材料及软质材料的冲击压缩性能研究，材质越软，应变率越高。

本章利用 $\phi74\text{mm}$ SHPB 装置分别对素混凝土（A0）、单掺聚丙烯细纤维混凝土（A1 和 A2）、单掺聚丙烯粗纤维混凝土（A3）、混掺聚丙烯粗、细纤维混凝土（A4、A5 和 A6）和三掺聚丙烯粗、细纤维混凝土（A7 和 A8）的动态抗压力学性能展开研究，加载平均应变率为 32.3s^{-1}、65.3s^{-1}、80.5s^{-1}、92.7s^{-1} 和 106.3s^{-1}。试验得到多尺度聚丙烯纤维混凝土的动态应力-应变曲线，分别从动态抗压强度、动态压缩变形和动态压缩韧性三个方面对聚丙烯纤维混凝土的动态力学性能变化规律及其影响因素进行深入分析研究，并对纤维混凝土动态力学性能的变化机理进行详细论述。

7.1 SHPB 动态压缩试验

7.1.1 SHPB 试验假定和原理

SHPB 试验技术已广泛用于材料中高应变率下动态压缩力学性能的测试，试验的主要目的是获得材料的动态压缩应力-应变曲线，进而获得材料的动态本构关系，以用于结构的设计和分析。典型的 $\phi74\text{mm}$ SHPB 试验装置如图 7.1 所示，主要由主体设备、能源系统和测试系统三大部分组成，各部分试验装置实物图如图 7.2 所示。

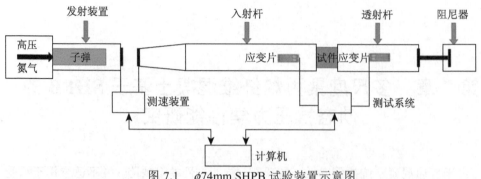

图 7.1　ϕ74mm SHPB 试验装置示意图

(a) 高压氮气

(b) 杆件调整支架

(c) 子弹发射控制系统

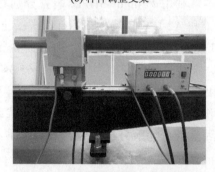

(d) 测速装置

(e) 动态电阻应变仪

(f) 动态测试分析仪

图 7.2　ϕ74mm SHPB 试验系统各部分装置实物图

　　研究材料在高应变率下的动态响应,因为涉及两类动态力学效应——结构惯性效应(应力波效应)和材料应变率效应,且这两类效应互相联系、互相影响、互相耦合,使问题的求解变得更加复杂[167]。一方面,在分析应力波传播时,材料动态本构方程是建立整个问题基本控制方程组所不可或缺的组成部分,即波传播以材料本构关系已知为前提;另一方面,研究材料在高应变率下的动态本构关系时,一般必须计及压杆和试件中的应力波传播及其相互作用,即用应力波传播的有关知识来分析材料的动态响应。

　　SHPB 试验技术是建立在两个基本假定基础上的:一维假定,又称平面假定,认为应力脉冲在压杆中是无畸变的一维弹性波,忽略了杆件材料的应变率效应。压杆是弹性均匀等截面杆,受一维应力作用,要求压杆长细比足够大,可以忽略应力波在压杆传播中的弥散效应;均匀性假定,假设试件中的应力或应变沿试件长度方向是均匀的,忽略了试件的应力波效应。压杆中的脉冲信号通过应变片来测量,入射杆表面的应变片测量入射波和反射波应变随时间变化的过程为 $\varepsilon_i(t)$ 和 $\varepsilon_r(t)$,透射杆表面的应变片测量透射波应变随时间变化的过程为 $\varepsilon_t(t)$。当子弹撞击入射杆时,入射杆和透射杆都会产生弹性伸缩,贴在压杆上的应变片也会跟着伸缩,应变片的伸缩会引起电阻的变化,从而通过动态电阻应变仪转化为电信号,同时示波器上会记录并储存。假定压杆为同一种材料并具有相同的横截面积,压杆的弹性模量、波速和横截面面积分别为 E、c、A,试件的横截面面积和初始长度分别为 A_s 和 l_s。根据应力波传播理论,利用应变片测量入射、反射、透射信号,即 $\dot{\varepsilon}_s(t)$、$\varepsilon_s(t)$ 和 $\sigma_s(t)$,从而可以确定试件中的应力-应变关系。

　　基于一维假定和均匀性假定,在杆件和试件界面上运用连续条件和平衡方程可求得试件在应力波作用下的平均应变率、平均应变 $\varepsilon_s(t)$ 和平均应力 $\sigma_s(t)$ 为

$$\begin{cases} \dot{\varepsilon}_s(t) = \dfrac{C_0}{l_s}\left[\varepsilon_i(t) - \varepsilon_r(t) - \varepsilon_t(t)\right] \\[2mm] \varepsilon_s(t) = \dfrac{C_0}{l_s}\int_0^t \left[\varepsilon_i(t) - \varepsilon_r(t) - \varepsilon_t(t)\right]\mathrm{d}t \\[2mm] \sigma_s(t) = \dfrac{EA}{2A_s}\left[\varepsilon_i(t) + \varepsilon_r(t) + \varepsilon_t(t)\right] \end{cases} \qquad (7.1)$$

式中,C_0 为压杆的弹性纵波波速,m/s;E 为压杆的弹性模量,MPa;A 为压杆的横截面面积,mm^2;A_s 为试件的横截面面积,mm^2;l_s 为试件的初始长度,mm。

　　式(7.1)计算应力、应变和应变率的数据处理方法称为三波法。由均匀性假定,认为试件内部各处的应力、应变均处于均匀状态,则有

$$\varepsilon_t(t) = \varepsilon_i(t) + \varepsilon_r(t) \qquad (7.2)$$

故式(7.1)简化为

$$\begin{cases} \dot{\varepsilon}_s(t) = -\dfrac{2C_0}{l_s}\varepsilon_r(t) \\[3mm] \varepsilon_s(t) = -\dfrac{2C_0}{l_s}\int_0^t \varepsilon_r(t)\mathrm{d}t \\[3mm] \sigma_s(t) = \dfrac{EA}{A_s}\varepsilon_t(t) \end{cases} \tag{7.3}$$

式（7.3）即经典的两波法数据处理公式，常选择透射波和反射波进行计算。混凝土类脆性材料的 SHPB 试验采用大尺寸压杆，反射弥散较严重，多采用入射波和透射波的两波法处理试验数据。

7.1.2 混凝土类材料 SHPB 试验中应注意的问题

随着 SHPB 试验系统研究范围不断扩大，SHPB 试验技术得到迅速发展，试验技术的发展又进一步促使其研究范围扩大。考虑到材料细观结构的影响，基于 SHPB 的混凝土类材料、岩石等材料的动态力学性能研究常存在若干问题[168]，应在试验中尽量减少该类问题对试验结果准确性和可靠性的影响。

1. 端面摩擦效应与惯性效应

Davies 和 Hunter[169]在前人研究的基础上对准静态压缩试验提出了一个考虑端面摩擦效应的修正公式分析 SHPB 试验中摩擦效应的影响：

$$\sigma_s = \sigma_{s0}\left(1 - \frac{2\mu a}{3h}\right) \tag{7.4}$$

式中，σ_s 为试样修正应力，MPa；σ_{s0} 为试样摩擦状态下的测试应力，MPa；μ 为端面摩擦系数；a、h 分别为试样的半径和厚度，mm。Li 和 Meng[170]通过对 SHPB 试验的数值模拟，对 $L/D = 0.5$ 的柱形试件的端面摩擦影响进行研究，发现摩擦系数 $\mu < 0.1$ 时，端面摩擦影响可以忽略，而如果 $\mu > 0.2$，则端面摩擦会有较大的影响。

SHPB 试验中，试件既有轴向压缩方向的运动（由此产生轴向的惯性效应），同时又有径向膨胀产生的径向运动，由此会产生径向的惯性效应。试件的轴向惯性效应是主要的，但在大变形，高应变率作用下，径向运动也较为明显，这就造成试件中的应力状态不再满足一维假定条件。文献[169]提出了考虑试样惯性效应的应力修正公式：

$$\sigma_s = \sigma_{s0} - \rho_s\left(\frac{1}{2}v_s^2 a^2 - \frac{1}{6}h^2\right)\ddot{\varepsilon} \tag{7.5}$$

式中，ρ_s、v_s 分别为试样的密度和泊松比。该公式在小变形下近似成立。由于试验的应变率不恒定，$\ddot{\varepsilon}$ 不为 0，因此存在一定的惯性效应。解决方法有：采用一定的技术手段和方法对试件实现恒应变率加载；在试验过程中寻找所测试件最佳长径比，从而减小试件质点的横向与径向运动。

2. 其他方面

Erzar 等[171]基于边界冲击试验研究了冲击荷载作用下骨料尺寸对混凝土破坏形态的影响，表明最大粒径为 2mm 和 8mm 的标准混凝土试件的拉伸性能差异不大。王道荣和胡时胜[172]分析了骨料性质及其粒径对混凝土材料动态压缩性质的影响，为在工程上更好地利用混凝土材料提供了一定的理论和试验支持。

7.1.3 试验原材料及配合比

本章选用的原材料与第 2 章相同，减水剂采用黄褐色、液体状的聚羧酸高效减水剂；试件配合比见表 7.1。

表 7.1 试件配合比设计

试件编号	纤维种类	水泥 /(kg/m³)	砂 /(kg/m³)	石 /(kg/m³)	水 /(kg/m³)	纤维掺量 /(kg/m³)	砂率 /%	减水剂 /%
A0	无	380	701	1144	175	0	38	1
A1	FF2	380	701	1144	175	0.9	38	1
A2	FF4	380	701	1144	175	0.9	38	1
A3	CF2	380	701	1144	175	6.0	38	1
A4	FF2+CF2	380	701	1144	175	0.6+5.4	38	1
A5	FF2+CF2	380	701	1144	175	0.9+5.1	38	1
A6	FF2+CF2	380	701	1144	175	1.2+4.8	38	1
A7	FF2+FF4+CF2	380	701	1144	175	0.45+0.45+5.1	38	1
A8	FF2+FF4+CF2	380	701	1144	175	0.6+0.6+4.8	38	1

注：砂中特细砂与机制砂的比例为 2:8；石中直径 5～10mm 与 10～25mm 的石子比例为 4:6。

7.1.4 多尺度聚丙烯纤维混凝土试件加工

目前，制作标准 SHPB 试验试件较成熟的方法有两种：采用 PVC 管直接浇筑，然后切割；或浇筑混凝土棱柱体试件，再钻孔取芯。为保证聚丙烯纤维在混凝土基体中分布均匀，将多尺度聚丙烯纤维搅拌、振捣后浇筑于 100mm×100mm×400mm 的棱柱体模具中。满足养护条件后取芯、切割并通过磨削处理保证试件表面的平整度（≤0.02mm），试件尺寸为 φ66mm×100mm。多尺度聚丙烯纤维混凝土的 SHPB 试件制作流程如图 7.3～图 7.6 所示。具体步骤：①将养护好的棱柱体试件采用 SC-300型自动取芯机钻芯取样；②对取出尺寸为 φ66mm×100mm 的素混凝土或聚丙烯纤维混凝土圆柱体试件进行分组编号；③对分组编号的圆柱体试件进行切割，用磨床进行端面粗糙度处理；④ 编号整理加工成型的 SHPB 试件。

图 7.3　钻芯取样

图 7.4　编号分组

图 7.5　切割打磨

图 7.6　试件加工成型

7.1.5　试验方案及结果

为了满足本节对相同类型、不同几何尺寸和不同弹性模量的聚丙烯粗、细纤维混杂的多尺度聚丙烯纤维混凝土动态力学性能及其与素混凝土对比的研究目标，本次试验根据不同纤维配合比共分为 9 大组，每大组中根据试件所受应变率不同又分为 5 小组，每小组有相同的试件 3 个。对每小组试件分别进行不同应变率的冲击压缩试验，以测量混凝土的动态压缩强度及动态应力-应变曲线。不同应变率通过改变冲击气压来实现，冲击气压分别为 0.30MPa、0.35MPa、0.40MPa、0.45MPa、0.50MPa。为了提高试验结果的准确度，对应每种应变率和每小组试件，进行 3 次重复冲击试验，最后对 3 组重复试验数据求均值，作为该种试件在该种工况下试验数据的代表值。每组试件的 SHPB 试验结果见表 7.2～表 7.5。

表 7.2　素混凝土 SHPB 试验结果

试件编号	冲击气压/MPa	平均应变率/s⁻¹	峰值应力/MPa	峰值应变/(×10⁻³)	破坏形态
	0.30	34	45.13	3.790	破碎成小块
	0.35	63	48.20	4.276	粉碎破坏
A0	0.40	74	50.20	4.173	粉碎破坏
	0.45	89	52.23	4.824	粉碎破坏
	0.50	113	55.42	3.959	粉碎破坏

表 7.3　单掺 FF2、FF4 和 CF2 的聚丙烯纤维混凝土 SHPB 试验结果

试件编号	冲击气压/MPa	平均应变率/s⁻¹	峰值应力/MPa	峰值应变/(×10⁻³)	破坏形态
	0.30	30	47.27	6.445	碎块、小锥形芯
	0.35	58	54.02	5.982	碎块、小锥形芯
A1	0.40	83	53.65	7.424	破碎成小块
	0.45	95	53.40	7.386	粉碎破坏
	0.50	104	60.75	8.800	粉碎破坏
	0.30	32	47.84	5.046	碎块、小锥形芯
	0.35	68	51.06	5.956	碎块、小锥形芯
A2	0.40	85	55.91	5.690	碎块、小锥形芯
	0.45	96	57.45	6.638	粉碎破坏
	0.50	103	60.92	8.887	粉碎破坏
	0.30	28	68.78	5.405	边裂、留核芯
	0.35	61	70.72	4.067	边裂、留核芯
A3	0.40	78	75.32	5.383	边裂、留核芯
	0.45	96	85.91	8.268	纵裂、留核芯
	0.50	108	92.90	5.132	碎块、留核芯

表 7.4　混掺 FF2、FF4 和 CF2 的聚丙烯纤维混凝土 SHPB 试验结果

试件编号	冲击气压/MPa	平均应变率/s⁻¹	峰值应力/MPa	峰值应变/(×10⁻³)	破坏形态
A4	0.30	34	68.13	4.824	边裂、留核芯
	0.35	64	70.25	9.476	纵裂、留核芯
	0.40	83	72.69	9.076	纵裂、留核芯
	0.45	92	74.38	6.411	碎块、留核芯
	0.50	98	77.60	6.905	碎块、留核芯
A5	0.30	37	69.85	6.871	边裂、留核芯
	0.35	63	71.50	7.103	边裂、留核芯
	0.40	72	74.78	3.760	边裂、留核芯
	0.45	89	75.09	4.486	纵裂、留核芯
	0.50	103	80.60	4.670	纵裂、留核芯
A6	0.30	31	65.43	3.607	边裂、留核芯
	0.35	71	69.28	7.475	纵裂、留核芯
	0.40	82	71.11	8.522	纵裂、留核芯
	0.45	94	71.49	5.498	纵裂、留核芯
	0.50	111	80.60	4.670	纵裂、留核芯

表 7.5　三掺 FF2、FF4 和 CF2 的聚丙烯纤维混凝土 SHPB 试验结果

试件编号	冲击气压/MPa	平均应变率/s⁻¹	峰值应力/MPa	峰值应变/(×10⁻³)	破坏形态
A7	0.30	34	58.01	2.758	边裂、留核芯
	0.35	73	62.38	3.035	边裂、留核芯
	0.40	87	63.66	6.031	边裂、留核芯
	0.45	93	72.26	7.415	边裂、留核芯
	0.50	108	74.10	2.944	纵裂、留核芯
A8	0.30	36	60.16	1.768	边裂、留核芯
	0.35	69	73.83	3.626	边裂、留核芯
	0.40	76	72.02	6.660	边裂、留核芯 / 边裂、锥形芯
	0.45	87	78.09	8.140	边裂、留核芯
	0.50	102	90.07	8.225	边裂、留核芯

7.2　动态抗压力学性能分析

7.2.1　应力-应变曲线

测试平均应变率为 $32.3s^{-1}$、$65.3s^{-1}$、$80.5s^{-1}$、$92.7s^{-1}$ 和 $106.3s^{-1}$ 时，不掺入纤维的素混凝土和掺入不同尺度 FF2、FF4 和 CF2 的聚丙烯纤维混凝土试件，得到图 7.7～

图 7.10 所示的在不同应变率下素混凝土和聚丙烯纤维混凝土的动态应力-应变曲线。

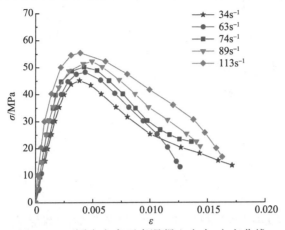

图 7.7　不同应变率下素混凝土应力-应变曲线

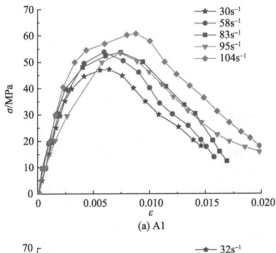

(a) A1

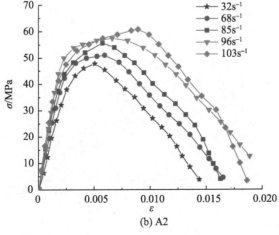

(b) A2

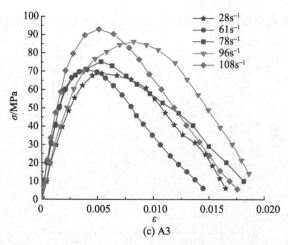

(c) A3

图 7.8　不同应变率下单掺 FF2、FF4 和 CF2 的聚丙烯纤维混凝土应力-应变曲线

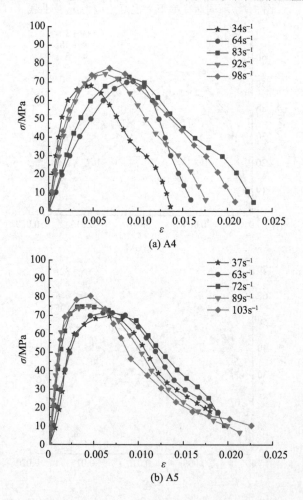

(a) A4

(b) A5

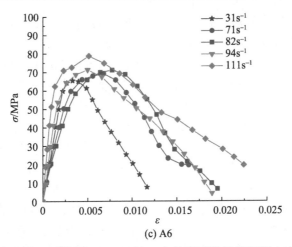

(c) A6

图 7.9　不同应变率下混掺 FF2、FF4 和 CF2 的聚丙烯纤维混凝土应力-应变曲线

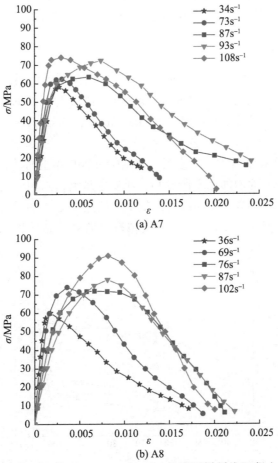

(a) A7

(b) A8

图 7.10　不同应变率下三掺 FF2、FF4 和 CF2 的聚丙烯纤维混凝土应力-应变曲线

由图 7.7～图 7.10 可知：①不同应变率下，素混凝土组试件和单掺聚丙烯细纤维混凝土组试件、单掺聚丙烯粗纤维混凝土试件应力-应变曲线形状比较相似，混掺聚丙烯粗、细纤维混凝土 A6、三掺聚丙烯粗、细纤维混凝土 A8 组试件应力-应变曲线形状较离散，所有组试件应力-应变曲线上升段形状类似。②同组试件，应力-应变曲线所围面积随应变率的增加而增加；除应变率为 $34s^{-1}$ 的 A4 组试件和应变率为 $36s^{-1}$、$69s^{-1}$ 的 A8 组试件外，应力-应变曲线上升段斜率随应变率增加而增加，这可能是由于试验数据的离散引起的，考虑总体趋势时，暂忽略不计。平均应变率为 70～90s^{-1} 时，纤维混凝土组试件应力-应变曲线存在一峰值平台，应力-应变曲线下降段没有出现明显拐点且下降段坡度受应变率影响较小。③三掺聚丙烯粗、细纤维混凝土组试件、混掺聚丙烯粗、细纤维混凝土组试件及单掺聚丙烯粗纤维混凝土组试件、单掺聚丙烯细纤维混凝土组试件与素混凝土组试件在相同应变率下的应力-应变曲线相比较为饱满。在试件受载未达峰值时，掺入弹性模量较小的聚丙烯细纤维，使得纤维的变形量和混凝土基体变形量同步增加，从而对混凝土的应力-应变增长影响较小，使得多尺度聚丙烯纤维混凝土应力-应变曲线与素混凝土的曲线非常相似。

7.2.2　动态抗压强度

图 7.11 和图 7.12 分别表示不同应变率下聚丙烯纤维混凝土的动态抗压强度和动态强度增长因子变化情况。其中，动态抗压强度 f_d 为试件的峰值应力，是反映材料强度的指标；动态强度增长因子（dynamic increase factor，DIF）为试件动态强度和静态强度的比值。

由图 7.11 和图 7.12 可知：①多尺度聚丙烯纤维混凝土的动态抗压强度和动态强度增长因子随应变率的增加而不断提高，应变率越大，则相应动态抗压强度越大。②相同应变率下，单掺聚丙烯粗纤维混凝土组试件（A3）的动态抗压强度最高，多尺度聚丙烯纤维混凝土组试件（A8），混掺聚丙烯粗、细纤维混凝土组试件（A4、

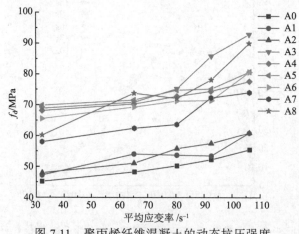

图 7.11　聚丙烯纤维混凝土的动态抗压强度

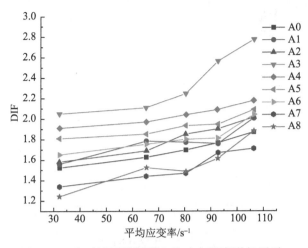

图 7.12　聚丙烯纤维混凝土的动态强度增长因子

A5、A6）及单掺聚丙烯细纤维混凝土组试件（A1、A2）次之，素混凝土组试件（A0）最低。③在试验应变率范围内，动态强度增长因子排序：单掺聚丙烯粗纤维混凝土（A3）和聚丙烯粗、细纤维混凝土（A4、A5、A6）>单掺聚丙烯细纤维混凝土（A1、A2）>素混凝土（A0）>多尺度聚丙烯纤维混凝土（A7、A8）。由图 7.8～图 7.10，结合试验结果分析可得，素混凝土和纤维混凝土都表现出显著的应变率强化效应。在试验应变率范围内，A3 组试件动态抗压强度最高，相对素混凝土增幅为 132.36%～213.85%；A4～A6组试件是素混凝土的 136.88%～154.78%，A7、A8 组试件是素混凝土的 126.81%～162.5%；在试验应变率范围内 A1 和 A2 组试件动态抗压强度分别可达到 60.75MPa 和60.92MPa，高于 A0 组试件，可见聚丙烯纤维的掺入可以有效提高混凝土在不同应变率下的动态抗压强度。尽管如此，当平均应变率为 106.3s^{-1} 时，A8 组试件动态强度增长因子最大值 1.88 仅比 A0 组试件大 0.008，其他应变率下均远小于 A0 组试件，且 A7 组试件在试验应变率范围内均小于 A0 组试件，可以说明多尺度聚丙烯纤维的掺入对混凝土的动态抗压强度因子影响不明显。

7.2.3　动态压缩韧性

从宏观角度解释韧性为反映材料在变形过程中吸收能量能力的重要性能。冲击韧性（impact toughness，IT）通过对应力-应变曲线进行积分求曲线下的面积可得，表征材料从加载到失效过程中所吸收能量的能力，代表单位材料在变形过程中吸收能量的大小。基于试验应力-应变曲线研究多尺度聚丙烯纤维混凝土的韧性，量化聚丙烯纤维混凝土材料的动态力学行为。图 7.13 和图 7.14 所示为不同应变率下聚丙烯纤维混凝土的动态峰值韧性 IT$_p$ 和动态极限韧性 IT$_{max}$ 的变化曲线。

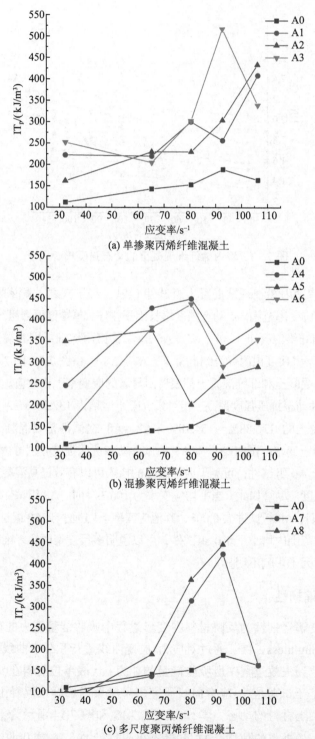

(a) 单掺聚丙烯纤维混凝土

(b) 混掺聚丙烯纤维混凝土

(c) 多尺度聚丙烯纤维混凝土

图 7.13　不同应变率下聚丙烯纤维混凝土的动态峰值韧性变化曲线

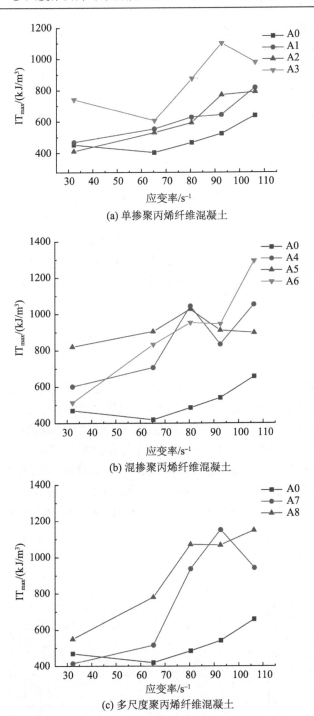

(a) 单掺聚丙烯纤维混凝土

(b) 混掺聚丙烯纤维混凝土

(c) 多尺度聚丙烯纤维混凝土

图 7.14　不同应变率下聚丙烯纤维混凝土的动态极限韧性变化曲线

由图 7.13 和图 7.14 结合试验结果分析可知：①就整体趋势而言，聚丙烯纤维混凝土组试件动态峰值韧性和动态极限韧性随应变率的增加而增加；素混凝土组试件动态极限韧性随应变率的增加而增加，动态峰值韧性变化趋势不明显。②在试验应变率范围内，混掺聚丙烯粗、细纤维混凝土组试件（A4、A5、A6）动态峰值韧性随应变率的增加表现出先增加后减小再增加的规律。由此认为，在应变率 $30\sim70s^{-1}$ 范围内，聚丙烯粗、细纤维相互搭接，协同承载；应变率大于 $70s^{-1}$ 后，细纤维失效，丧失承载能力，转而由粗纤维和混凝土基体承载，故随应变率增加，A4、A5 和 A6 组试件呈现出先增加后减小再增加的规律。③多尺度聚丙烯纤维混凝土组试件（A7、A8）和聚丙烯粗纤维混凝土组试件（A3）的动态极限韧性明显优于聚丙烯细纤维混凝土组试件（A1、A2），素混凝土组试件动态极限韧性最低；聚丙烯纤维混凝土组试件动态峰值韧性均高于素混凝土组试件。可见聚丙烯纤维的加入可以有效改善混凝土在不同应变率下的冲击韧性。多尺度聚丙烯纤维混凝土，其粗、细纤维之间的协同作用得到充分发挥，增韧效果较单掺粗纤维、单掺细纤维时好，有效提高了混凝土的抗冲击韧性。

7.2.4 动态压缩变形

由表 7.2～表 7.5 得到如图 7.15 所示的聚丙烯纤维混凝土动态峰值应变 ε_p 随应变率的变化曲线。

由图 7.15 可知：①动态峰值应变数据偏离散。当应变率增加时，素混凝土 A0 组试件动态峰值应变变化不明显；除 A3 和 A7 组试件动态峰值应变对应变率不敏感外，A5 组试件峰值应变略有降低，其余各纤维混凝土组试件动态峰值应变增加。②就整体趋势而言，在相同应变率下，聚丙烯纤维混凝土动态峰值应变高于素混凝土。聚丙烯纤维的加入可以有效增大混凝土在不同应变率下的动态峰值应变和动态极限应变，混掺聚丙烯粗、细纤维混凝土组试件 A4、A5、A6 与多尺度聚丙烯纤维混凝土组试件 A8 优势较明显。③多尺度聚丙烯纤维混凝土组试件 A8 动态峰值应变与应变率相关性

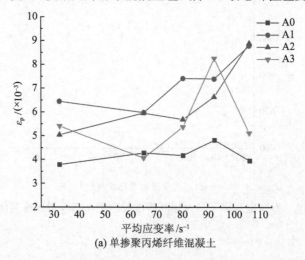

(a) 单掺聚丙烯纤维混凝土

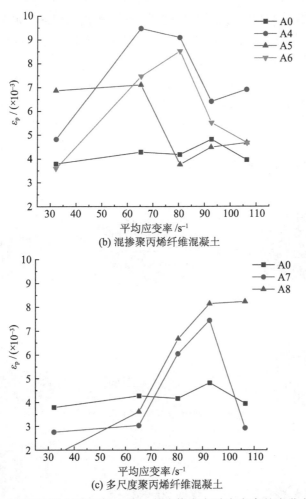

(b) 混掺聚丙烯纤维混凝土

(c) 多尺度聚丙烯纤维混凝土

图 7.15　聚丙烯纤维混凝土的动态峰值应变随应变率的变化曲线

较高，表现出显著的应变率强化效应。结合试验结果分析可得，素混凝土具有应变率强化效应，当平均应变率在 32.3～92.7s^{-1} 范围内时，纤维混凝土动态压缩应变表现出显著的应变率强化效应，106.3s^{-1} 附近时出现下降，但远高于素混凝土峰值应变。平均应变率高达 105s^{-1} 左右时认为纤维失效过早，对峰值后应变贡献较小。

7.3　动态压缩力学特性机理研究

图 7.16 所示为素混凝土和聚丙烯纤维混凝土在平均应变率为 32.3s^{-1} 时加载得到的试件典型破坏形态。由图 7.16 可知，在平均应变率为 32.3s^{-1} 时，素混凝土组试件（A0）破碎为松散的颗粒；单掺聚丙烯细纤维混凝土组试件（A1、A2）破碎

后碎粒由纤维相连成絮状，发生碎裂破坏；单掺聚丙烯粗纤维混凝土组试件（A3）四周破碎，中心部分保持完整的小锥形芯，以留芯破坏为主；混掺聚丙烯粗、细纤维混凝土组试件（A4、A5、A6）边缘产生纵向裂缝，部分试件四周破碎，中心部分保持完整的锥形芯，以留芯破坏为主；三掺聚丙烯粗、细纤维混凝土组试件（A7、A8）破坏形态得到改善，以边缘裂开、脱落破坏为主。总体来说，在相同应变率下，素混凝土破坏最为严重；单掺聚丙烯纤维混凝土组试件破坏后残留的小锥形芯数量较多；混掺聚丙烯纤维混凝土组试件破坏后残留的大锥形芯数量较多；多尺度聚丙烯纤维混凝土破坏程度最低。

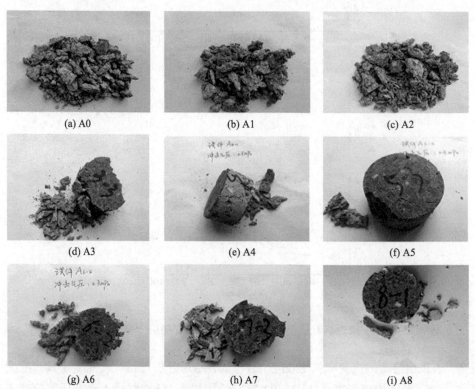

(a) A0	(b) A1	(c) A2
(d) A3	(e) A4	(f) A5
(g) A6	(h) A7	(i) A8

图 7.16　素混凝土和聚丙烯纤维混凝土典型破坏形态（平均应变率为 32.3s⁻¹）

　　对 9 种不同纤维掺量配合比的混凝土试件进行 5 种不同应变率的冲击压缩试验，从以上对试件破坏形态的讨论并结合试验结果分析可知，多尺度聚丙烯纤维混凝土动力特性，包括动态抗压强度、动态压缩变形和动态压缩韧性，普遍表现出很强的应变率强化效应[173]。这种现象可以从混凝土基体，复合材料理论，纤维阻裂、增强和增韧作用三个方面进行解释。

7.3.1　混凝土基体

　　混凝土材料破坏是由于内部裂纹的萌发和扩展，而裂纹萌发过程中所需的能量远高于裂纹扩展的能量。在 SHPB 试验中，子弹的撞击速度越大，应变率越高，产生的裂纹数目越多，需要的能量就越多。而应变率的作用时间极短，材料的变形缓冲小，没有足够多的时间用于能量的积累，根据功能原理，只能通过增加应力的途径来抵消外部能量，导致材料的破坏应力随应变率的增加而提高，混凝土材料的动态抗压强度以及相应的其他性能也随之提高。

7.3.2　复合材料理论

混凝土从本质上说就是一种由基相、分散相和结合相组成的三相复合材料，纤维均匀掺入受应变率影响时，其混合效应得到充分发挥。而且相同类型、不同几何尺寸和不同弹性模量的多尺度聚丙烯纤维与混凝土组成混杂复合材料时，不同长径比的纤维在混凝土中三维乱向分布，对混凝土基体起到"箍筋"的作用，其协同效应显著。因此，多相系统的复合材料受到中、高应变率作用时，其强度、韧性及相应的其他性能也得到提高。

7.3.3　纤维阻裂、增强和增韧作用

在应变率作用下，均匀分布在混凝土基体中的纤维形成网状结构将混凝土分割成许多小单元，二者共同组成框架结构，降低了混凝土受损伤的面积和程度。从图 7.16 试件的典型破坏形态来看，A1 和 A2 组试件分别掺入聚丙烯细纤维 FF2 和 FF4，破坏后碎粒由纤维相连成絮状；而 A0 组试件则破碎为松散的颗粒。而聚丙烯粗纤维与聚丙烯细纤维相比，主要特点是尺度（直径、长度）、弹性模量均有提高，与混凝土黏结性能更好，当混凝土破坏时，纤维仍具备一定的荷载传递功能，在纤维被拔出或被拉断的过程中，吸收了大量的能量，能够更好地在混凝土中发挥吸能作用，使能量慢慢释放，韧性大幅度提高。A3 组试件加载后，试件的整体性相对较好。A4、A5 和 A6 组试件加载后，试件破坏形态表现为沿试件长度方向裂开，留小锥形芯。A7 和 A8 组试件加载后，试件的整体性最好，破坏形态表现为边缘裂开、脱落破坏。由图 7.11 和图 7.14 可知，在试验应变率范围内，单掺聚丙烯细纤维混凝土 A1 与 A2 组试件动态抗压强度最高为 60.92MPa，动态极限韧性 809.11kJ/m³；单掺聚丙烯粗纤维混凝土 A3 组试件动态抗压强度最高为 92.9MPa，动态极限韧性 998.13kJ/m³；粗、细混掺时的多尺度聚丙烯纤维混凝土 A7 和 A8 组试件动态抗压强度最高为 90.07MPa，动态极限韧性 1149.38kJ/m³，当细纤维掺量为 0.9kg/m³ 时（A7），动态极限韧性增幅 128.01%，细纤维掺量为 1.2kg/m³ 时（A8），动态极限韧性增幅 109.97%。综合以上数据分析表明，聚丙烯粗纤维混凝土的阻裂、增强和增韧作用相对聚丙烯细纤维混凝土优势更明显；多尺度聚丙烯纤维混凝土中粗、细纤维之间的协同作用充分发挥，增韧效果较单掺粗纤维时好，增强作用两者差别不

大。总体来说，聚丙烯纤维的掺入可以提高混凝土的抗冲击性能。

7.4　本章小结

本章通过对 8 组不同掺量的聚丙烯纤维混凝土试件和 1 组素混凝土试件进行 SHPB 试验研究，得到以下主要结论：

（1）在动荷载下，同组试件应力-应变曲线所围面积随应变率的增加而增加；在相同应变率下，多尺度聚丙烯纤维试件应力-应变曲线形态与素混凝土组试件相比较为饱满；所有组试件应力-应变曲线上升段形状类似。

（2）聚丙烯纤维混凝土试件和素混凝土试件的动态抗压强度和动态强度增长因子随应变率的增加而不断提高，表现出显著的应变率强化效应。

（3）在试验应变率范围内，多尺度聚丙烯纤维混凝土试件（A7、A8）和混掺聚丙烯纤维混凝土试件（A4、A5、A6）动态抗压强度较高；聚丙烯粗纤维混凝土试件（A3）动态强度增长因子最高，在应变率为 106.3s^{-1} 时，动态强度增长因子为 2.77。

（4）A8 组试件峰值应变与应变率相关性较高，表现出显著的应变率强化效应。聚丙烯纤维的加入可以有效增大混凝土在不同应变率下的动态峰值应变和动态极限应变，混掺聚丙烯粗、细纤维混凝土组试件（A4、A5、A6）与多尺度聚丙烯纤维混凝土组试件（A8）优势较明显。

（5）多尺度聚丙烯纤维混凝土组试件（A7、A8）的动态极限韧性最优，其中聚丙烯细纤维掺量为 1.2kg/m^3 时混凝土（A8）动态极限韧性最高；素混凝土组试件动态极限韧性最低。聚丙烯纤维混凝土组试件的动态峰值韧性均高于素混凝土组试件。

第8章 多尺度聚丙烯纤维混凝土
抗冻融性试验研究

当混凝土建(构)筑物处于正负温度交替的环境且混凝土内部含较多水时，混凝土会受到冻融循环作用，经过冻融循环后，混凝土内部结构将产生一定的损伤，从而导致混凝土结构强度下降甚至丧失。因此，对混凝土的抗冻融性以及冻融循环前后的宏观力学性能进行试验研究很重要。

混凝土室内冻融循环试验主要利用冻融循环试验机，并通过设置特定的试验条件，如冻融次数、每次循环时间等，对试件进行反复的冻结与融化，以此来模拟高寒地区工程结构在低温环境下所产生的冻融破坏情况。

目前，对于素混凝土、单掺纤维混凝土以及混掺两种不同类型纤维混凝土的抗冻融性研究较多，结果表明，混掺纤维混凝土的抗冻融性要优于单掺纤维及素混凝土，但对于相同类型、不同几何尺寸的纤维进行混掺的混凝土抗冻融性研究相对较少。本章通过对多尺度聚丙烯纤维混凝土试件进行冻融循环试验以及对 200 次冻融循环前、后的混凝土试件展开了一系列的力学性能试验，研究冻融循环对其质量损失、表面破坏以及动弹性模量的影响，探讨冻融循环后不同纤维掺量试件强度的变化规律，并分析多尺度聚丙烯纤维混凝土的冻融破坏机理。

8.1 冻融循环试验

8.1.1 试验装置、原材料及配合比

1. 试验装置

本次试验的装置主要有：天津高铁仪器有限公司生产的双卧轴混凝土试验用搅拌机；北京大地路业仪器有限公司生产的 HZJ-1 型混凝土振动台；北京耐恒检测设备科技发展有限公司生产的 NJW-HDK-9 型微机全自动混凝土快速冻融试验系统；天津市建筑仪器厂生产的 DT-10W 动弹仪。试验装置如图 8.1 所示。

2. 原材料与配合比

本章选用的原材料与配合比与第 7 章相同，此处不再赘述。

(a) 搅拌机

(b) 振动台

(c) 冻融循环试验机

(d) 动弹仪

图 8.1　试验装置

8.1.2　试验过程

1. 试件制作

根据 GB/T 50082—2009《普通混凝土长期性能和耐久性能试验方法标准》的有关规定，在本次冻融循环试验中，试件采用 100mm × 100mm × 400mm 棱柱体和 100mm × 100mm × 100mm 立方体。混凝土棱柱体试件共 9 组，每组 3 个试件，用于做冻融循环试验。混凝土立方体试件共 9 组，每组 7 个，不进行冻融循环，用于测试未进行冻融循环试验试件的抗压以及劈裂抗拉强度，其中一个用于核磁共振试验取芯。

对于纤维混凝土，纤维必须较为分散地分布于混凝土中，才能在混凝土中发挥作用[118,174]，应尽量避免纤维结团或成束。在本次试验中，浇筑纤维混凝土试件时，采用强制式搅拌机拌和。为了保证纤维搅拌均匀，试验采用先掺法。具体的搅拌流程如下：①首先将砂、石子倒入表面湿润的搅拌筒内搅拌 1min 左右，之后将聚丙烯纤维特别是细纤维人工搓散后，均匀撒入搅拌筒内，继续搅拌约 2min；②将水泥缓慢倒入搅拌筒，搅拌约 1min，此时可见细纤维均匀漂浮于搅拌筒上方；③将水缓慢均匀倒入，搅拌约 2min，搅拌完成后在振动台上均匀振捣，并及时清理表面浮浆，直至试件表面不再有气泡冒出。搅拌过程如图 8.2 所示。

图 8.2　混凝土搅拌过程

2. 坍落度测试

混凝土良好的和易性使其易于施工并能获得密实、质量均匀的混凝土[175]。为了研究本试验所浇筑混凝土的和易性，本试验采用坍落度法来测定多尺度聚丙烯纤维混凝土的坍落度，测得的每批次混凝土坍落度见表 8.1，坍落度测试过程如图 8.3 所示。

表 8.1　混凝土坍落度

试件编号	A0	A1	A2	A3	A4	A5	A6	A7	A8
坍落度/mm	180	160	160	140	120	130	110	120	110

图 8.3　混凝土坍落度测试

由表 8.1 可以看出，随着聚丙烯纤维掺量的增大，混凝土的坍落度逐渐变小。其中坍落度最小的为试件 A8，其坍落度仅为 110mm，但均满足设计及施工要求。

3. 试件养护

试件振捣完毕后，将模具放至表面平整的地面，24h 后拆模、编号。拆模过程中尽量避免磕碰，以免破坏试件的棱角。拆模完成后及时将试件放入温度为 20℃，湿度为 90%左右的标准养护室中进行养护，如图 8.4 所示。

图 8.4　试件养护

4. 试验过程

试件在标准养护室内养护 24d 后，将试件放入水中浸泡 4d，使试件饱水，如图 8.5 所示。正式试验前，需将试件放入试件槽内，并且在试件槽中倒入水，为了保证在整个冻融试验过程中试件都处于饱水状态，水位需要高于试件的上表面 10mm 左右，如图 8.6 所示。

图 8.5　试件饱水

冻融试验开始前需对冻融循环试验机进行设置，每次冻融循环时间设置为 4h 左右，冻结与融化状态的转换时间不能超过 10min。将试件中心的最低温度控制在 −17℃左右，最高温度控制在 8℃左右。试验过程中，每冻融循环 25 次，将试件取出，用布将试件表面水分擦拭干净后，采用感量为 0.5g 的电子秤测量质量损失，利用动弹仪测试试件动弹性模量，如图 8.7 所示。观察试件剥落情况，拍照记录，并且每隔 50 次冻融循环，将试件上下颠倒一次，以保证试件受冻均匀。

图 8.6　试件槽内注水

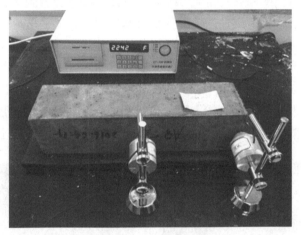

图 8.7　动弹性模量测试

本次试验中动弹性模量测量采用天津市建筑仪器厂生产的 DT-10W 动弹仪，测试过程如下：①测试前首先将动弹仪安装就位并调试，使其达到最佳工作状态。②每组 3 个试件均需要测试，测试之前称质量，精确至 5g。③测量试件需放置在厚度约 20mm 的海绵垫上，拾振器和激振器的测杆应轻轻地压在试件表面，压力大小以将侧杆放上后动弹仪不产生噪声为宜。对于表面不平整的试件，需要在其表面涂抹一层耦合介质，本次试验选用的耦合介质为凡士林。④对每个试件测量动弹性模量时，应反复测量至少 3 次，当数据波动范围为 ±0.5% 时即可结束测量。

5. 快速冻融试验破坏条件

根据 GB/T 50082—2009《普通混凝土长期性能和耐久性能试验方法标准》的规定，在冻融过程中，出现以下三种情况中任何一种即可停止试验：①冻融循环次数达到 200 次；②混凝土试件的相对动弹性模量下降到 60%以下；③混凝土试件的质量损失达 5%。

8.1.3　试验结果及分析

1. 冻融循环试验现象

在试验过程中，可以观察到各组混凝土试件经过不同冻融循环次数后，其表面剥落程度不同。25 次冻融循环下，9 组混凝土试件外表面仅部分试件浮浆面有脱落，如图 8.8（a）所示。随着冻融循环次数的增加，混凝土试件的外表面开始有一定程度的脱落，如图 8.8（b）所示。掺入聚丙烯细纤维的试件表面混凝土颗粒通过纤维与基体相连，脱而不落。当冻融循环达到 125 次左右时，表面脱落开始加剧，部分试件粗骨料暴露，纤维外露，并伴有一定的角部脱落现象，特别是试件 A0、A3，如图 8.8（c）所示。试件 A6、A7、A8 表面仅浮浆面有轻微脱落，如图 8.8（d）所示。冻融循环末期，多组试件外表面保护层基本脱落，几乎呈现全麻面状，有裸露的粗骨料，试件 A1～A5 均出现大量纤维外露的情况，如图 8.8（e）所示，但多尺度聚丙烯纤维混凝土试件 A8 表面仅轻微脱落，如图 8.8（f）所示，表现出极好的抗剥落性能。

本次试验还发现，特别是掺入聚丙烯粗纤维的试件，在冻融循环初期，表面脱落将沿着浮于混凝土表面的粗纤维展开。覆盖于粗纤维上的混凝土块脱落，粗纤维

(a) 试件A0-2冻融循环25次

(b) 试件A5-3冻融循环50次

(c) 试件A3-1冻融循环125次

(d) 试件A7-3冻融循环125次

(e) 试件A5-1冻融循环200次　　　　　(f) 试件A8-3冻融循环200次

图 8.8　部分试件表面剥落情况

及骨料外露，分析其原因主要是因为聚丙烯粗纤维与混凝土基体的热膨胀系数不同，进而导致在冻融循环中聚丙烯粗纤维与混凝土基体变形不协调。分布于混凝土试块表面的粗纤维变形较大，导致覆盖于粗纤维上的混凝土块体破坏并掉落，粗纤维外露，如图 8.9 所示。聚丙烯细纤维由于其直径相对较小，热膨胀系数引起的变形对混凝土影响很小。

图 8.9　混凝土表面破坏

　　图 8.10 为 9 组试件 200 次冻融循环后各组试件的表面剥落情况。从图中可以发现，经过 200 次冻融循环后，试件 A0 的表面出现大面积脱落，骨料外露。单掺纤维的试件 A1～A3 中，试件 A3 破坏最为严重，水泥浆大面积脱落，粗纤维外露，剥落现象比素混凝土更严重，说明单掺粗纤维不能抵抗混凝土剥落，反而对抗剥落能力起负效应，单掺细纤维的两组试件表面也严重剥落，但表层部分混凝土颗粒由于有纤维连接，脱而不落。试件 A4～A6 中，仅 A6 试件剥落情况略轻，试件表面仅部分纤维外露，部分区域骨料可见。多尺度聚丙烯纤维混凝土试件 A7、A8 均很好地控制了混凝土的表层剥落，试件表面仅有极少处沿着浮于混凝土表面的粗纤维出现剥落，特别是细纤维占比较多的试件 A8，效果更好。

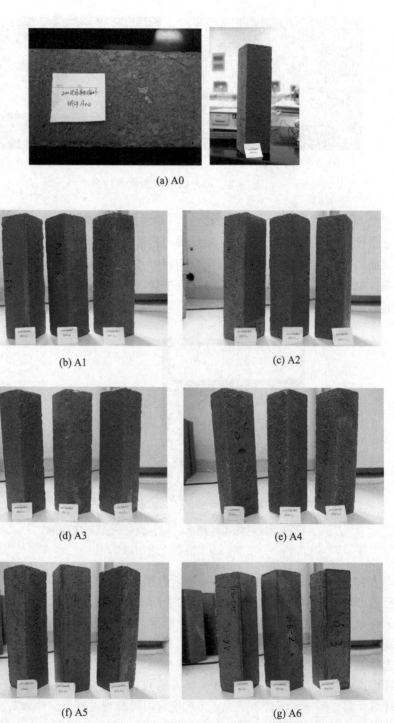

(a) A0

(b) A1

(c) A2

(d) A3

(e) A4

(f) A5

(g) A6

(h) A7　　　　　　　　　　　　　(i) A8

图 8.10　200 次冻融循环后混凝土外观损伤图

综上所述,聚丙烯粗纤维不能约束混凝土表面的脱落,位于混凝土表面的粗纤维反而会增加试件表面的缺陷,使得其抗剥落性能更差。混凝土表面脱落首先是表层水泥浆解体,浆体颗粒随之脱落,进而导致稍大块的混凝土块体脱落。而聚丙烯细纤维由于直径相对较小且与混凝土的黏结能力较好,可以有效约束混凝土表面的剥落情况,使混凝土颗粒脱而不落。所以,在纤维总掺量相同的试件 A4～A6 中,细纤维比例较多的试件 A6 抗剥落性能更好;试件 A7 和 A8 中,A8 试件抗剥落性能更好。

2. 质量损失

经过一定的冻融循环次数后,随着混凝土试件表面发生脱落,试件的质量将发生变化。质量损失率是反映混凝土试件在冻融条件下抗剥落性能的重要指标之一。本试验采用感量为 0.5g 的中国凯丰集团 KF-H2 型电子秤,对不同冻融循环次数下的混凝土试件进行质量测试,研究其质量变化规律。定义经过 n 次冻融循环后,试件质量损失率为

$$K_n = \frac{M_0 - M_n}{M_0} \times 100\% \tag{8.1}$$

式中,K_n 为经过 n 次冻融循环后试件质量损失率,%;M_n 为试件经过 n 次冻融循环后的质量,kg;M_0 为试件的初始质量,kg。

测得的不同冻融循环次数下各组试件的质量损失率见表 8.2。

根据表 8.2 得到的试件在不同冻融循环次数下的质量损失率,绘制两者关系图,如图 8.11 所示。

聚丙烯纤维混凝土试件质量损失,主要是由于随着冻融循环试验的进行,试件表面的水泥浆逐渐发生解体,出现微裂缝,并且试件内部结构不断出现裂化裂缝,进一步导致混凝土表面剥落,质量损失不断加重。

从图 8.11 中可以看出,在冻融循环作用下,部分试件在 25 次冻融循环后,质量有略微增加。这主要是由于随着冻融循环次数的增加,混凝土试件内部产生裂缝,

在饱水状态下裂缝吸水饱和，使质量轻微增加。但随着冻融循环试验继续进行，试件表面剥落情况加剧，质量损失率再次增加。

表 8.2　聚丙烯纤维混凝土试件质量损失率　　　（单位：%）

试件编号	冻融循环次数								
	0	25	50	75	100	125	150	175	200
A0	0.0000	0.1085	0.1182	0.1247	0.1844	0.2169	0.3471	0.5043	0.6562
A1	0.0000	−0.0169	0.0563	0.0619	0.0732	0.1126	0.1802	0.3829	0.5349
A2	0.0000	0.0111	0.0445	0.0556	0.0890	0.1335	0.2781	0.3615	0.4894
A3	0.0000	0.1322	0.1542	0.1762	0.2423	0.2588	0.3855	0.5672	0.7324
A4	0.0000	−0.0442	0.0664	0.0719	0.1438	0.1770	0.2212	0.3319	0.4369
A5	0.0000	0.0645	0.0860	0.1075	0.1290	0.1613	0.2118	0.3000	0.3548
A6	0.0000	0.0936	0.1285	0.1573	0.1748	0.2005	0.2108	0.2211	0.2797
A7	0.0000	−0.0363	0.0104	0.0623	0.1101	0.1485	0.2025	0.2586	0.3063
A8	0.0000	0.0629	0.0943	0.1048	0.0890	0.0953	0.1069	0.1309	0.1529

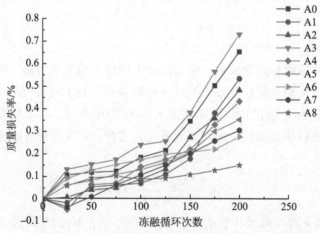

图 8.11　各组试件质量损失率与冻融循环次数的关系曲线

　　分析各试件质量损失率曲线的变化规律可见，在 125 次冻融循环前，各组试件的质量损失率曲线均较平缓，125 次后曲线变化率加剧，尤其是试件 A0～A4，但试件 A8 仍然保持较平缓的变化趋势。

　　200 次冻融循环作用下，单掺粗纤维的试件 A3 质量损失率最大，达到 0.7324%，素混凝土 A0 次之，达到 0.6562%，多尺度聚丙烯纤维混凝土试件 A8 质量损失率最低，仅为 0.1215%；混掺两种及两种以上聚丙烯纤维的试件 A4～A8 的质量损失率均小于不掺或单掺聚丙烯纤维混凝土的试件 A0～A3；分析总掺量相同的试件 A4～A6 可见，随着聚丙烯细纤维比例的增加，其抗剥落性能越来越好；在纤维总掺量相同的试件 A4～A8 里，细纤维掺量比例较多的试件 A6 及 A8，其抗剥落性能更优，尤其是多尺度聚丙烯纤维混凝土试件 A8，表面几乎无脱落。

3. 动弹性模量损失

随着冻融循环次数的增加，混凝土试件逐渐产生微裂缝，内部结构出现损伤，动弹性模量变化情况可以反映试件内部的冻融损伤情况[176-178]，本试验使用天津市建筑仪器厂 DT-10W 动弹仪测量试件的相对动弹性模量。相对动弹性模量按式（8.2）计算：

$$P_n = \frac{f_n^2}{f_0^2} \times 100\% \qquad (8.2)$$

式中，P_n 为经过 n 次冻融循环后试件的相对动弹性模量，%；f_n 为 n 次冻融循环后试件的横向共振频率，Hz；f_0 为冻融循环前试件的横向共振频率，Hz。

试件相对动弹性模量与冻融循环次数的关系如图 8.12 所示。

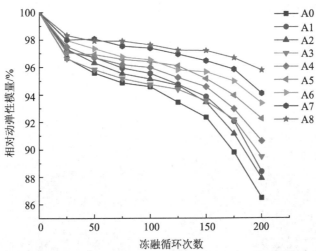

图 8.12　试件相对动弹性模量与冻融循环次数的关系

从图 8.12 中可以看出，9 组试件的相对动弹性模量均随冻融循环次数的增加不断降低。其相对动弹性模量变化均呈现 3 个阶段：冻融初期的快速下降阶段、中期的缓慢下降阶段和后期的再次快速下降阶段。在 25 次冻融循环前相对动弹性模量变化速率较高，之后变缓，约 100 次冻融循环后变化速率再次增加。这主要原因在于：在冻融循环前期，微裂缝开始产生，相对动弹性模量开始快速下降。随着冻融循环试验的进行，微裂缝不断扩展，混凝土基体内部的纤维开始产生作用，约束微裂缝的扩展，相对动弹性模量下降减缓。但随着冻融循环试验继续进行，混凝土内部产生更多微裂缝并克服了纤维的约束力，开始不断贯通，内部结构破坏加剧，相对动弹性模量迅速下降。

整体来看，未掺入纤维的试件 A0 的相对动弹性模量损失最大，200 次冻融循环后相对动弹性模量仅为 86%，并且变化速率较高；而多尺度聚丙烯纤维混凝土试件 A8 200 次冻融循环后相对动弹性模量高达 96.7%，掺入纤维能有效抑制试件内部因冻融循环而产生的损伤。

掺入了纤维的试件 A1～A8 中，混掺两种及两种以上纤维的试件 A4～A8，其相对动弹性模量明显高于单掺纤维试件 A1～A3；而在试件 A4～A8 中，多尺度聚丙烯纤维混凝土试件 A7、A8 的相对动弹性模量明显高于混掺两种纤维的试件 A4～A6，并且其变化速率较低，具有非常好的抗冻融性，特别是细纤维比例较多的试件 A8。综上所述，抗冻融性能排序为：多尺度聚丙烯纤维混凝土>混掺两种聚丙烯纤维混凝土>单掺聚丙烯纤维混凝土>素混凝土，并且在混掺聚丙烯纤维混凝土试件中，细纤维比例较高的试件其抗冻融性较好。

8.2　冻融前后抗压性能试验

8.2.1　试验装置及过程

1. 试验装置

本次抗压试验装置采用 YAW-1000 型压力试验机，试件加工采用岩石切割机以及磨平机，如图 8.13 所示。

(a) 压力试验机　　　　　　　　　　　　　　(b) 岩石切割机

图 8.13　试验装置

2. 试验过程

为研究不同纤维掺量条件下混凝土试件的抗压强度，依据 GB/T 50081—2019《混凝土物理力学性能试验方法标准》的有关规定进行抗压力学性能试验。本次试验使用 100mm×100mm×100mm 试件，冻融前混凝土抗压试验试件直接浇筑而成，分为一组素混凝土试件以及 8 组掺入聚丙烯纤维的混凝土试件，每组浇筑 3 个。

冻融后混凝土抗压试验试件由经过冻融后的 100mm×100mm×400mm 棱柱体加工而成。200 次冻融循环后将 100mm×100mm×400mm 棱柱体试件两端分别加工为 2个 100mm×100mm×100mm 正方体试件，采用岩石切割机切割完成后，使用先科机电设备公司的双端面磨平机将切割面磨平，并用游标卡尺测量其截面尺寸，直到满足要求。加工好的立方体标准试件如图 8.14 所示。

　　试件立方体抗压强度试验在重庆大学材料学院实验楼进行，采用 YAW-1000 型压力试验机。步骤如下：①用布将试件的表面以及压力机上下承压面擦净；②将试件放于压力机下承压板中心区域，为了避免浇筑时试件浮浆面凹凸不平对试验的影响，将试件成型时的顶面朝向正前方；③试验过程中需要均匀连续地加载，本次立方体抗压试验采用应力控制方式，加载速度为 0.5MPa/s，沿轴向均匀加载；④观察并记录试件抗压破坏形态；⑤对试验数据进行整理。

图 8.14　加工好的立方体试件

8.2.2　冻融前抗压性能试验结果与分析

　　在试验过程中，随着加载过程的进行，试件上不断出现沿着竖直方向的微裂缝，并且逐渐增多，随后微裂缝开始逐渐变长变宽。试件破坏后，可以看到在试件四周均出现了不同大小和长度的裂缝，有的裂缝贯穿上下端。试验中还发现，掺入纤维的混凝土试块受压时，大部分为缓慢压坏，没有明显的压碎响声，且混凝土碎屑不会崩出，不同于素混凝土试件。

　　仔细观察各组混凝土试件抗压破坏形态可知，素混凝土试块受压后，微裂缝首先是不规则地发展，之后裂缝朝着与应力平行的方向扩展，此时垂直于应力方向的裂缝则会逐渐闭合，由于受压引起了次生拉应力和剪应力作用，而试件中部环箍效应较低，最终导致四周大量混凝土块脱落而破坏。

　　对于纤维混凝土试件，试件在受压时，随着基体内部微裂缝的不断发展，纤维将吸收一部分能量，阻碍内部微裂缝的扩展，剩余部分能量以新裂纹的形式释放，能量分布变得普遍化，进而形成了裂而不碎的破坏形态。

素混凝土试件破坏形态如图 8.15 所示,部分纤维混凝土试件破坏形态如图 8.16 所示。本次试验采用计算机控制并采集数据,当达到峰值荷载后,程序自动关闭油门,所以素混凝土从表面看并未完全裂开破坏。

图 8.15　未冻融素混凝土受压破坏形态

图 8.16　未冻融纤维混凝土受压破坏形态

混凝土试件立方体抗压强度按式（8.3）计算:

$$f_c = 0.95 \frac{F}{A} \tag{8.3}$$

式中, f_c 为混凝土试件立方体抗压强度,MPa; F 为混凝土试件破坏荷载,N; A 为立方体试件承压面积,mm²。

本次抗压试验采用的是 100mm×100mm×100mm 非标准试件,测得的抗压强度值需乘以尺寸换算系数 0.95。未冻融混凝土平均抗压强度见表 8.3,柱形图如图 8.17 所示。

从图 8.17 可见:①纤维的加入一定程度上提高了混凝土的抗压强度,与素混凝土相比,抗压强度提高 2.0%~63.5%。②单掺聚丙烯细纤维对混凝土抗压强度提高幅度较小,与 A0 相比,试件 A1、A2 抗压强度仅分别提高了 2.4%和 2.0%。而单掺聚丙烯粗纤维对其抗压强度提高较大,达到了 20.3%。③A4~A6 均为混掺聚丙烯纤维的试件,纤维总掺量相同的情况下,细纤维比例越高,混凝土的抗压强度提高越大。与 A4 相比,试件 A5 抗压强度提高 18.4%,试件 A6 抗压强度提高 21.2%。

表 8.3　冻融前混凝土抗压试验数据

试件编号	试样尺寸 /(mm×mm×mm)	破坏荷载/kN	平均抗压强度 /MPa	增幅/%
A0-1	100×100×100	324.81		
A0-2	100×100×100	312.05	29.6	0
A0-3	100×100×100	263.71		
A1-1	100×100×100	307.22		
A1-2	100×100×100	318.16	30.3	2.4
A1-3	100×100×100	331.46		
A2-1	100×100×100	320.12		
A2-2	100×100×100	304.90	30.2	2.0
A2-3	100×100×100	328.66		
A3-1	100×100×100	386.77		
A3-2	100×100×100	360.50	35.6	20.3
A3-3	100×100×100	307.22		
A4-1	100×100×100	343.35		
A4-2	100×100×100	321.55	32.6	10.1
A4-3	100×100×100	364.52		
A5-1	100×100×100	397.82		
A5-2	100×100×100	407.50	38.6	30.4
A5-3	100×100×100	410.36		
A6-1	100×100×100	406.67		
A6-2	100×100×100	436.37	39.5	33.4
A6-3	100×100×100	405.36		
A7-1	100×100×100	464.31		
A7-2	100×100×100	450.66	43.3	46.3
A7-3	100×100×100	452.99		
A8-1	100×100×100	510.00		
A8-2	100×100×100	499.16	48.4	63.5
A8-3	100×100×100	452.99		

④ 试件 A7、A8 为两种尺寸细纤维与一种粗纤维混掺的试件，从结果也可以看出，总掺量相同的条件下，细纤维比例较高的试件 A8 抗压强度比细纤维比例较低的试件 A7 提高 11.8%。⑤对比纤维掺量及粗、细纤维比例均相同的试件 A5 和 A7 以及试件 A6 和 A8，与试件 A5 相比，试件 A7 抗压强度提高 12.2%；与试件 A6 相比，试件 A8 抗压强度提高 22.5%。

综上所述，多尺度聚丙烯纤维混凝土的抗压强度明显高于两种纤维混掺混凝土的抗压强度。在混凝土试件受压过程中，数以万计的聚丙烯纤维形成三维乱向支撑体系，增加了混凝土结构的整体性，使得混凝土裂而不坏，提高了混凝土试件的抗压强度。此外，乱向分布的纤维与混凝土基体共同受力，协同变形。在混凝土试件开始产生裂缝时，不同尺寸的纤维能在不同阶段协同作用，抑制裂缝的开展。

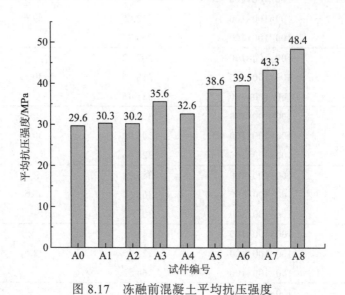

图 8.17　冻融前混凝土平均抗压强度

8.2.3　冻融后抗压性能试验结果与分析

为研究纤维混凝土受到冻融循环作用后立方体抗压强度的变化情况，对加工好的经过 200 次冻融循环后的试件进行立方体抗压强度试验，部分试件破坏形态如图 8.18 所示，其基本破坏形态与未冻融混凝土抗压强度试验类似。

试验得到的 200 次冻融循环后混凝土试件平均抗压强度见表 8.4，柱形图如图 8.19 所示。

混凝土抗压强度损失率采用式（8.4）计算：

$$S_n = \frac{f_c - f_{c200}}{f_c} \times 100\% \qquad (8.4)$$

图 8.18　冻融后混凝土抗压破坏形态

表 8.4　冻融后混凝土抗压试验数据

试件编号	试样尺寸/(mm×mm×mm)	破坏荷载/kN	平均抗压强度/MPa	增幅/%
D0-1	100×100×100	250.12		
D0-2	100×100×100	252.60	23.4	0
D0-3	100×100×100	236.23		
D1-1	100×100×100	260.35		
D1-2	100×100×100	245.64	24.4	4.3
D1-3	100×100×100	264.54		
D2-1	100×100×100	259.00		
D2-2	100×100×100	243.18	24.1	3.0
D2-3	100×100×100	258.87		
D3-1	100×100×100	313.30		
D3-2	100×100×100	299.80	29.4	25.6
D3-3	100×100×100	315.82		
D4-1	100×100×100	299.10		
D4-2	100×100×100	271.38	26.8	14.5
D4-3	100×100×100	275.84		
D5-1	100×100×100	340.55		
D5-2	100×100×100	331.05	31.9	36.3
D5-3	100×100×100	335.77		
D6-1	100×100×100	348.28		
D6-2	100×100×100	350.23	32.9	40.6
D6-3	100×100×100	340.17		
D7-1	100×100×100	412.53		
D7-2	100×100×100	399.22	38.0	62.4
D7-3	100×100×100	388.50		
D8-1	100×100×100	460.69		
D8-2	100×100×100	452.96	43.3	85.0
D8-3	100×100×100	453.72		

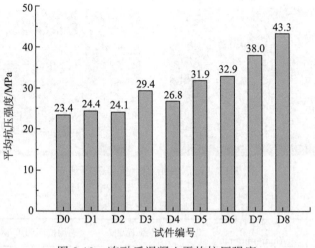

图 8.19　冻融后混凝土平均抗压强度

式中，S_n 为经过 200 次冻融循环后试件立方体抗压强度损失率，%；f_{c200} 为试件经过 200 次冻融循环后试件立方体抗压强度，MPa；f_c 为试件冻融前立方体抗压强度，MPa。

冻融后各试件抗压强度损失率如图 8.20 所示。

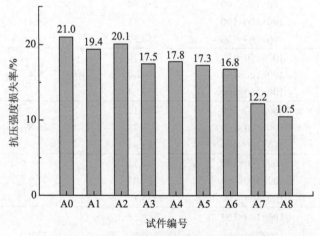

图 8.20　冻融后混凝土抗压强度损失率

由图 8.20 可知：①掺入纤维的混凝土试件抗压强度损失率均低于素混凝土试件；②对于单掺聚丙烯细纤维的试件 A1、A2，其抗压强度损失率仅略低于素混凝土，单掺聚丙烯粗纤维抗压强度损失率比单掺细纤维低；③对比纤维总掺量相同的试件 A4~A8，多尺度聚丙烯纤维混凝土试件 A7、A8 的抗压强度损失率均低于混掺两种纤维的试件 A4~A6；④对比粗、细纤维掺量均相同的试件 A5 和 A7 以及试件 A6 和 A8，多尺度聚丙烯纤维混凝土试件 A7 抗压强度损失率为 12.2%，远低于

A5 的 17.3%，而试件 A8 抗压强度损失率仅为 10.5%，远低于试件 A6 的 16.8%；
⑤对比 A7、A8 两种多尺度聚丙烯纤维混凝土试件，细纤维比例较高的试件 A8，
其抗压强度损失率仅为 10.5%，抗压强度损失率低于试件 A7，说明其抗冻性最好。

8.3 冻融前后劈裂抗拉性能试验

8.3.1 试验装置及过程

混凝土劈裂抗拉强度试验与 8.2 节所采用的装置相同，均为 YAW-1000 型压力
试验机。具体试验步骤如下：①用布将试件的表面以及压力机上下承压面擦净；②将
试件放于压力试验机下承压板中心区域，为了保证劈裂承压面和劈裂面的平整度，
选用浇筑试件时除开浮浆面与底面的任意两面；③圆弧垫块和三合板垫条各一条分
别放于压力试验机上、下压板与试件之间，并对准中心线；④开动压力试验机，当
上压板与圆弧垫块接近时，人工调整球座使其接触均衡，按照规范，本次试验加荷
速度为 0.05MPa/s；⑤当试件接近破坏时，停止调整试验机油门，当试件完全破坏
后记录破坏荷载。试验过程如图 8.21 所示。

试验中可以发现，劈裂抗拉破坏面主要位于试件的中部受拉区域，且试件的破
坏面基本上与加载方向重合。试件受拉破坏后，从破坏面上可以看到被拉断的水泥
砂浆，部分粗骨料也被拉坏，属于典型的脆性破坏。

图 8.21 混凝土劈裂抗拉性能试验

素混凝土的劈裂抗拉破坏形态与纤维混凝土有一定区别，素混凝土试件如
图 8.22 所示，纤维混凝土试件如图 8.23 所示。对于素混凝土试件，当荷载达到破
坏荷载后，随着"砰"的一声，试件从中部直接断开，分成两半。而纤维混凝土，

特别是掺入聚丙烯粗纤维的混凝土试件，当达到破坏荷载后，逐渐在中部形成裂缝，并不断延展，直到贯穿整个试件。在整个过程中，纤维混凝土试件仍然通过纤维连接，形成一个裂而不断的整体。

图 8.22　未冻融素混凝土劈裂抗拉破坏形态

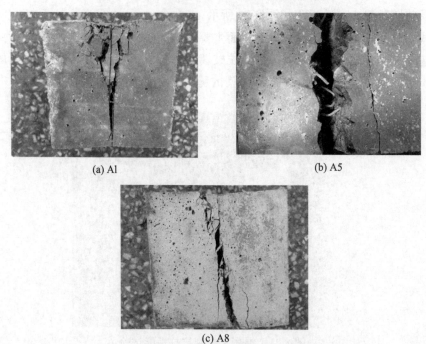

(a) A1　　　　　　　　　　　　　(b) A5

(c) A8

图 8.23　未冻融纤维混凝土劈裂抗拉破坏形态

8.3.2　冻融前劈裂抗拉性能试验结果与分析

混凝土立方体劈裂抗拉强度按式(8.5)计算：

$$f_t = \frac{2F_p}{\pi A} = 0.637\frac{F_p}{A} \qquad (8.5)$$

式中，f_t 为混凝土立方体劈裂抗拉强度，MPa；F_p 为劈裂抗拉极限荷载，N；A 为试件劈裂面面积，mm^2。

本次试验采用 100mm×100mm×100mm 的非标准试件，所以得到的劈裂抗压强度需乘以 0.85 的尺寸换算系数，冻融前混凝土试件平均劈裂抗拉强度见表 8.5，柱形图如图 8.24 所示。

表 8.5　冻融前混凝土试件劈裂抗拉试验数据

试件编号	试样尺寸 /(mm×mm×mm)	破坏荷载/kN	平均劈裂抗拉强度 /MPa	增幅/%
A0-1	100×100×100	57.6		
A0-2	100×100×100	50.4	2.92	0
A0-3	100×100×100	54.1		
A1-1	100×100×100	57.0		
A1-2	100×100×100	60.8	3.14	7.5
A1-3	100×100×100	56.0		
A2-1	100×100×100	52.3		
A2-2	100×100×100	56.3	3.11	6.5
A2-3	100×100×100	63.9		
A3-1	100×100×100	64.4		
A3-2	100×100×100	64.7	3.31	13.4
A3-3	100×100×100	54.4		
A4-1	100×100×100	53.3		
A4-2	100×100×100	62.0	3.12	6.8
A4-3	100×100×100	57.7		
A5-1	100×100×100	62.5		
A5-2	100×100×100	68.9	3.47	18.8
A5-3	100×100×100	60.7		
A6-1	100×100×100	62.3		
A6-2	100×100×100	69.3	3.50	19.9
A6-3	100×100×100	62.4		
A7-1	100×100×100	67.5		
A7-2	100×100×100	68.9	3.65	25.0
A7-3	100×100×100	66.1		
A8-1	100×100×100	67.7		
A8-2	100×100×100	70.8	3.77	29.1
A8-3	100×100×100	70.3		

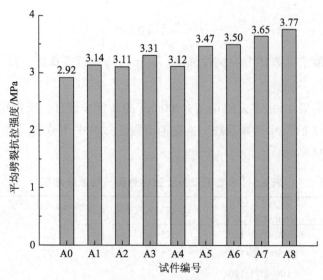

图 8.24　冻融前混凝土平均劈裂抗拉强度

从图 8.24 可以看出：①在混凝土基体中加入纤维后，劈裂抗拉强度有所提高，与素混凝土相比，劈裂抗拉强度提高 6.5%～29.1%。②单掺聚丙烯细纤维对混凝土劈裂抗拉强度提高较小，而单掺聚丙烯粗纤维对其劈裂抗拉强度提高较大。③A4～A6 均为混掺聚丙烯纤维混凝土试件，纤维总掺量相同的情况下，细纤维比例越多，混凝土的劈裂抗拉强度提高越大。与 A4 相比，试件 A5 劈裂抗拉强度提高 11.2%，A6 试件劈裂抗拉强度提高 12.2%。④试件 A7、A8 为两种尺寸细纤维与一种粗纤维混掺的试件，从结果也可以看出，在总掺量相同条件下，细纤维比例较多的试件 A8 劈裂抗拉强度比细纤维比例较少的试件 A7 提高 3.3%。⑤对比纤维掺量及粗、细纤维比例均相同的试件 A5 和 A7 以及试件 A6 和 A8，与试件 A5 相比，试件 A7 劈裂抗拉强度提高 5.2%；与试件 A6 相比，试件 A8 劈裂抗拉强度提高 7.7%。可以看出，多尺度聚丙烯纤维混凝土的劈裂抗拉强度明显高于两种纤维混掺聚丙烯纤维混凝土的劈裂抗拉强度。

8.3.3　冻融后劈裂抗拉性能试验结果与分析

200 次冻融循环后混凝土立方体平均劈裂抗拉强度见表 8.6，柱形图如图 8.25 所示，其基本规律与未冻融混凝土类似。混凝土劈裂抗拉强度损失率采用式(8.6)计算：

$$P_{tn} = \frac{f_t - f_{t200}}{f_t} \times 100\% \qquad (8.6)$$

式中，P_{tn} 为经过 200 次冻融循环后试件立方体劈裂抗拉强度损失率，%；f_{t200} 为试件经过 200 次冻融循环后试件立方体劈裂抗拉强度，MPa；f_t 为试件冻融前立方体劈裂抗拉强度，MPa。

冻融后各试件劈裂抗拉强度损失率如图 8.26 所示。

表 8.6　冻融后混凝土劈裂抗拉性能试验数据

试件编号	试样尺寸/(mm×mm×mm)	破坏荷载/kN	平均劈裂抗拉强度/MPa	增幅/%
D0-1	100×100×100	45.2		
D0-2	100×100×100	44.6	2.43	0
D0-3	100×100×100	44.8		
D1-1	100×100×100	51.9		
D1-2	100×100×100	46.6	2.67	9.9
D1-3	100×100×100	49.3		
D2-1	100×100×100	40.0		
D2-2	100×100×100	54.1	2.63	8.2
D2-3	100×100×100	51.8		
D3-1	100×100×100	52.6		
D3-2	100×100×100	54.0	2.89	18.9
D3-3	100×100×100	53.3		
D4-1	100×100×100	49.7		
D4-2	100×100×100	50.5	2.71	11.5
D4-3	100×100×100	50.2		
D5-1	100×100×100	55.9		
D5-2	100×100×100	57.4	3.07	26.3
D5-3	100×100×100	56.7		
D6-1	100×100×100	56.4		
D6-2	100×100×100	58.1	3.10	27.6
D6-3	100×100×100	57.4		
D7-1	100×100×100	60.5		
D7-2	100×100×100	61.2	3.30	35.8
D7-3	100×100×100	60.9		
D8-1	100×100×100	60.9		
D8-2	100×100×100	66.4	3.45	42.0
D8-3	100×100×100	63.8		

从图 8.26 可以发现：①掺入纤维后，混凝土试件的劈裂抗拉强度损失率均低于素混凝土；②单掺聚丙烯细纤维的试件 A1、A2 劈裂抗拉强度损失率仅略低于素混凝土，单掺粗纤维的试件劈裂抗拉强度损失率比单掺细纤维的低；③对比纤维总掺量相同的试件 A4～A8，多尺度聚丙烯纤维混凝土试件 A7、A8 的劈裂抗拉强度损

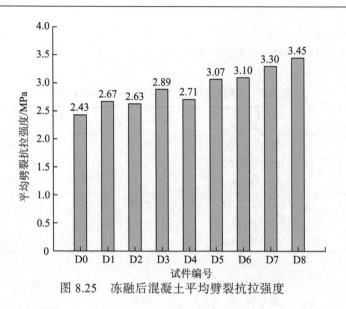

图 8.25　冻融后混凝土平均劈裂抗拉强度

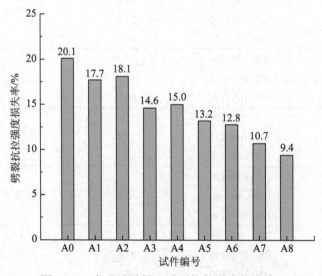

图 8.26　冻融后混凝土劈裂抗拉强度损失率

失率均低于混掺两种纤维的试件 A4~A6；④对比粗、细纤维掺量均相同的试件 A5 和 A7 以及试件 A6 和 A8，多尺度聚丙烯纤维混凝土试件 A7 劈裂抗拉强度损失率 为 10.7%，远低于 A5 的 13.2%，而试件 A8 劈裂抗拉强度损失率仅为 9.4%，远低 于试件 A6 的 12.8%；⑤对比 A7、A8 两种多尺度聚丙烯纤维混凝土试件，细纤维 比例较多的试件 A8，其劈裂抗拉强度损失率仅为 9.4%，低于试件 A7，说明其抗冻 性最好。

8.4 冻融破坏机理分析

8.4.1 混凝土冻融破坏理论及纤维增强理论

1. 混凝土冻融破坏理论

在混凝土中水分主要以四种形式存在：毛细孔水、游离水、结晶水、吸附水。其中仅有毛细孔水和游离水为可冻水，所以混凝土的冻融破坏主要是由基体内的游离水和毛细孔水结冰导致的[179]。混凝土冻融破坏主要表现在表面脱落和内部的冻胀破坏，特别是冻胀破坏会在混凝土中产生损伤应力。而混凝土内部损伤应力产生的机理和混凝土内部冻胀破坏的机理都非常复杂，学者经过大量试验研究提出了一系列理论，比较有代表性的是静水压力理论、渗透压理论、临界饱水度理论和温度应力理论。

1）静水压力理论

Powers 等提出了比较经典的混凝土冻融破坏静水压力假说[180,181]。作者认为，混凝土主要由水泥浆体、粗细骨料以及水等组成。混凝土硬化后，其内部的孔隙主要有凝胶孔、毛细孔和空气泡等，并且各种孔隙的孔径大小不一。由于孔隙表面张力的作用，对于不同的孔径，其孔内水的饱和蒸气压以及冰点不完全相同。孔径越小的孔隙，孔内水的饱和蒸气压以及冰点越低。因此，对于孔径最小的凝胶孔，其内部的水是不能结冰的，而只有孔径较大的毛细孔对混凝土抗冻性有害。

当水达到冰点时，其体积会由于结冰而膨胀，进而导致未结冰的孔溶液从结冰区域向外流动，对混凝土产生损伤应力。当该应力超过混凝土的抗拉强度后，混凝土的内部结构就会受到破坏。但在正常情况下，由于混凝土内部除毛细孔外，还有一定量的含有空气的凝胶孔和空气泡。当混凝土内的水结冰体积膨胀后，这些气泡将起到缓冲作用，减小损伤应力，降低其对混凝土内部结构的破坏。因此，混凝土基体毛细孔内的水结冰并不至于导致混凝土内部结构严重破坏。

Fagerlund[182]在 Powers 理论的基础上做了进一步研究，他提出了一个用于描述静水压力理论的物理模型，如图 8.27 所示。

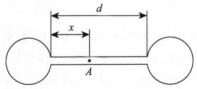

图 8.27 静水压力理论的物理模型

定义混凝土内两个气泡外壁间的平均距离为 d。在冻融过程中，两个气泡之间的毛细孔吸水饱和并部分结冰。位于两个气泡之间的 A 点与一侧空气泡的距离为 x，毛细孔内水结冰产生的静水压力为 p，由达西定律可知：

$$\frac{\mathrm{d}p}{\mathrm{d}x} = \frac{\eta}{k} \cdot \frac{\mathrm{d}v}{\mathrm{d}t} \qquad （8.7）$$

式中，p 为毛细孔内水结冰产生的静水压力，N/m^2；v 为孔溶液流速，m^3/m^2；k 为孔溶液在水泥浆体中的渗透系数；x 为孔溶液沿渗透方向的坐标；η 为孔溶液的动力黏滞系数；$\frac{\mathrm{d}p}{\mathrm{d}x}$ 为水压力梯度；$\frac{\mathrm{d}v}{\mathrm{d}t}$ 为冰水混合物流量。

在混凝土中，将厚度为 x 的薄片在单位时间内由于毛细孔水结冰而产生的体积增量定义为冰水混合物流量，即

$$\frac{\mathrm{d}v}{\mathrm{d}t} = 0.09 \frac{\mathrm{d}\omega_f}{\mathrm{d}t} \cdot x = 0.09 \frac{\mathrm{d}\omega_f}{\mathrm{d}\theta} \cdot \frac{\mathrm{d}\theta}{\mathrm{d}t} \cdot x \qquad （8.8）$$

式中，$\frac{\mathrm{d}\omega_f}{\mathrm{d}t}$ 为单位时间内的结冰量；$\frac{\mathrm{d}\omega_f}{\mathrm{d}\theta}$ 为结冰速度；$\frac{\mathrm{d}\theta}{\mathrm{d}t}$ 为降温速度。

将式(8.8)代入式(8.7)，积分可得

$$p = \frac{0.09k}{2\eta} \cdot \frac{\mathrm{d}\omega_f}{\mathrm{d}\theta} \cdot \frac{\mathrm{d}\theta}{\mathrm{d}t} \cdot x^2 \qquad （8.9）$$

从式（8.9）中可以看出，水结冰产生的静水压力与孔溶液在水泥基体中的渗透系数呈比例关系，与降温速度和结冰速度也呈比例关系。

2）渗透压理论

虽然降温速度和结冰速度对混凝土抗冻性的影响以及混凝土中引气剂的作用等已经能够用静水压力理论成功解释，但是对于苯、三氯甲烷等溶液，由于其在结冰过程中体积不会发生较大的改变，采用静水压力理论不能较好地解释其冻融破坏机理。

基于此，Powers 和 Helmuth[181]又提出了渗透压理论来解释混凝土冻融破坏机理。渗透压理论认为，混凝土在冰点条件下，内部的大孔以及毛细孔中的溶液先部分冻结，从而导致未结冰溶液中盐浓度上升。而周围较小孔隙中的溶液还未结冰，因此与之形成了盐溶液浓度差。由于这个浓度差，较小孔隙中的溶液将向已部分冻结的大孔中移动。

此外，对于部分不含离子的孔溶液，由于在相同温度下，水的饱和蒸气压高于冰的饱和蒸气压，位于小孔隙内的溶液也将向已部分冻结的大孔迁移。

综上所述，孔溶液的浓度差和饱和蒸气压差共同引起了渗透压，并且渗透压的产生导致混凝土结构毛细孔孔壁受到压力作用而产生破坏。

由物理化学理论可知，水和冰两相之间的渗透压为

$$P = RT\left(\frac{1}{V_\text{w}} - \frac{1}{V_\text{i}}\right)\ln\frac{P_\text{w}}{P_\text{i}} \tag{8.10}$$

式中，R 为气体常数；T 为热力学温度；P 为渗透压；P_w 为水在温度 T 时的蒸气压；P_i 为冰在温度 T 时的蒸气压；V_w 为水的体积；V_i 为冰的体积。

3）临界饱和度理论

Fagerlund[182]为了进一步完善混凝土的冻融破坏机理，提出了临界饱和度理论。该理论认为，混凝土是否会受到冻融破坏，主要取决于混凝土基体内是否含有水以及水在冻结过程中是否会产生足以使混凝土基体内部结构破坏的应力。例如，若将完全干燥的混凝土试件进行冻融循环试验，试件几乎不会破坏。因此可以说明，混凝土冻融时存在一个临界饱和度，小于该临界饱和度时，混凝土不会受到冻融破坏，反之将受到破坏。

4）温度应力理论

张士萍等[183]对高性能混凝土冻融破坏进行了研究，并根据其破坏现象提出了温度应力理论。该理论认为，高性能混凝土冻融破坏的主要原因是胶凝材料与骨料之间的热膨胀系数相差较大。由于热膨胀系数不同，两种材料在温度变化过程中变形不同，从而产生温度疲劳应力，进而导致结构破坏。根据温度应力理论，试件内外温差也是引起冻融破坏的一个因素。因此，根据该理论，要提高混凝土的抗冻性，需要提高混凝土的导热系数，即采用低水灰比以及热膨胀系数相差较小的材料。

2. 纤维增强理论

在混凝土中掺入纤维，对混凝土性能的改善作用可以归结为三种：阻裂作用、增强作用和增韧作用[184]。目前，主流的纤维增强理论有两种，即复合材料理论和纤维间距理论，其中复合材料理论如 1.3.1 节所述。

如 1.3.2 节所述，纤维间距理论是由 Romualdi、Batson 和 Mandel[101,102]提出的。关于该理论的解释是：当纤维均匀分布在混凝土基体中时，可以起到阻止基体内微裂缝发展的作用。假定混凝土基体内部存在发生微裂缝的倾向，当任何一条微裂缝发生，并且可能向任意方向发展时，在最远距离不超过混凝土基体内纤维平均间距 s 的范围内，该裂缝将遇到横亘在它前方的一根纤维。由于这根纤维的存在，使裂缝发展受阻，只能在混凝土基体内形成类似于无害孔洞的封闭空腔或内径非常细小的孔洞。

基于此概念，在纤维间距理论中，对于平行排列的纤维，垂直于纤维方向上单位面积的平均间距可以近似表达为

$$s = \frac{1}{\sqrt{n}} \qquad\qquad (8.11)$$

式中，s 为纤维间距；n 为单位面积内的纤维根数。

考虑到纤维方向随机分布，Krenchel[185]进一步导出了一维、二维和三维纤维间距与体积分数的关系。

当纤维为一维分布时：

$$\eta_\theta = 1$$

$$s = 8.86 d_f \sqrt{\frac{1}{\rho_f}} \qquad\qquad (8.12)$$

当纤维为二维分布时：

$$\eta_\theta = 0.641$$

$$s = 11.1 d_f \sqrt{\frac{1}{\rho_f}} \qquad\qquad (8.13)$$

当纤维为三维分布时：

$$\eta_\theta = 0.5$$

$$s = 12.5 d_f \sqrt{\frac{1}{\rho_f}} \qquad\qquad (8.14)$$

当纤维为三维乱向分布时：

$$\eta_\theta = 0.41$$

$$s = 13.8 d_f \sqrt{\frac{1}{\rho_f}} \qquad\qquad (8.15)$$

式中，η_θ 为纤维方向系数；s 为纤维间距；d_f 为纤维直径；ρ_f 为纤维体积分数。

8.4.2　核磁共振试验

1. 核磁共振原理

试件浇筑过程中会产生微孔隙，经过饱水后，水会进入孔隙。而核磁共振主要通过检测试件中的氢质子，从而检测出孔隙。主要过程是：将试件放入核磁共振仪内的磁场后，核磁共振仪内的采集仪会放射出射频脉冲，试件中的氢质子受到射频脉冲的影响出现共振现象，并且会吸收采集仪放射出的脉冲能量。当采集仪停止放射射频脉冲后，氢质子会将吸收的脉冲能量释放出去，这时核磁共振仪中的专用线圈就能够将这一过程完整的检测到。

研究表明，对于不同试件，内部孔隙率不同，能量释放时间有长有短。通过记录这一差别，就可以从中获得相应的规律，从而对试件内部孔隙等进行研究。

1）核磁共振弛豫机制

在混凝土等多孔介质的物理信息中，如孔隙率、渗透率、孔径分布等都可以从核磁共振弛豫测量中获得，所以认识核磁共振弛豫特征是很重要的。

由前人研究可知，对于混凝土孔隙中的流体，主要有三种弛豫机制：分子自扩散弛豫机制、自由流体的弛豫机制和表面流体的弛豫机制[186]。

这三种作用同时存在，因此孔隙中流体的弛豫时间 T_1 和 T_2 可以表示为

$$\frac{1}{T_1} = \frac{1}{T_{1自由}} + \frac{1}{T_{1表面}} \tag{8.16}$$

$$\frac{1}{T_2} = \frac{1}{T_{2自由}} + \frac{1}{T_{2表面}} \tag{8.17}$$

式中，$\frac{1}{T_{1自由}}$ 和 $\frac{1}{T_{2自由}}$ 分别为在一个足够大的容器中测到的孔隙流体的 T_1 和 T_2 弛豫时间；$\frac{1}{T_{1表面}}$ 和 $\frac{1}{T_{2表面}}$ 分别为由表面弛豫引起的孔隙流体弛豫时间。

（1）表面弛豫。

表面弛豫主要发生在固液接触面上，当混凝土性质发生变化时，表面弛豫的强度也随之变化。在理想的快扩散极限条件下，对 T_1 和 T_2 表面弛豫的主要贡献为

$$
\begin{aligned}
\frac{1}{T_{1表面}} &= \rho_1 \left(\frac{S}{V} \right)_{孔隙} \\
\frac{1}{T_{2表面}} &= \rho_2 \left(\frac{S}{V} \right)_{孔隙}
\end{aligned}
\tag{8.18}
$$

式中，$\left(\frac{S}{V} \right)_{孔隙}$ 为孔隙表面积和孔隙体积之比；ρ_1 为 T_1 表面弛豫强度；ρ_2 为 T_2 表面弛豫强度。

对于表面弛豫，当介质的比表面面积越大时，即孔隙表面积 S 与孔隙体积 V 之比越大，则弛豫越强，反之亦然。

（2）自由弛豫。

液体固有的弛豫特征就是自由弛豫，自由弛豫通常是由液体的化学成分、黏度、温度等决定的。

（3）扩散弛豫。

在梯度磁场中，当采用较长回波间隔脉冲序列时，一些流体会表现出明显的扩散弛豫特征。对这些流体来说，与扩散机制有关的弛豫时间常数 $T_{扩散}$ 就成为流体探

测的主要参数。所以，若磁场中存在明显的梯度时，分子扩散就会引起额外的扩散相，导致 T_2 弛豫速率增加。这一现象是分子移动到一个磁场强度不同区域而引起的，扩散对 T_1 弛豫速率是没有影响的。

扩散弛豫的计算公式为

$$\frac{1}{T_{2扩散}} = \frac{D(\gamma G T_E)^2}{12}$$（8.19）

式中，$\dfrac{1}{T_{2扩散}}$ 为梯度磁场下扩散引起的孔隙流体弛豫时间；D 为扩散系数；G 为磁场梯度；γ 为旋磁比；T_E 为回波时间。

对于一般流体，多孔介质中流体本身的弛豫与表面弛豫相比弱很多，因此在多孔介质的研究中一般忽略不计。

对多孔介质的弛豫特征进行研究时，需要对得到的弛豫信号进行反演计算，从而获得弛豫时间谱。反演计算即从总衰减曲线中求出各弛豫分量 T_{2i} 及其对应的份额。从反演的结果中可以得到孔隙中的流体含量、孔径分布和弛豫特征等信息。

2）核磁共振孔隙率测量

核磁共振技术主要用于探测多孔介质孔隙内的流体。当流体充满多孔介质内的孔隙时，流体量就等同于孔隙体积，所以通过核磁共振测得的孔隙率能准确反演出介质的实际孔隙率。

（1）核磁共振孔隙率测量方法。

孔隙率是介质中孔隙空间的量度，是介质孔隙体积与介质总体积的比值。核磁共振测量孔隙率的方法如下：先采用核磁共振测量标定样，根据标定样核磁共振测量结果建立孔隙率与核磁共振单位体积之间的关系曲线，再利用核磁共振测量未知多孔介质，将其单位体积的信号幅度代入已经获得的关系式，就可以得到所需多孔介质的核磁共振孔隙率。

（2）核磁共振 T_2 分布。

利用核磁共振，通过对完全饱水的多孔介质进行脉冲序列测试，可以得到自旋回波串的衰减信号，该衰减信号是不同大小孔隙里水信号的叠加。而自旋回波串衰减的幅度可以用指数衰减曲线来进行拟合，每个指数衰减曲线有不同的衰减常数，所有衰减常数的集合就形成核磁共振的 T_2 分布。

研究表明，与单孔隙有关的指数衰减曲线是一个单指数函数，衰减常数和孔隙尺寸成正比，即孔隙越小，T_2 值越小；孔隙越大，那么 T_2 值也越大。

对于 T_2 曲线，当其形态偏左，即弛豫时间短时，则表明该介质内部比较密实，流体基本处于束缚状态；反之，若 T_2 形态偏右，流体弛豫时间长，则表明其中大、中型孔隙发育较好，甚至有裂缝，可动流体较多。

（3）孔径分布。

多孔介质完全饱水时，单一孔隙的 T_2 值与孔隙的表面积与体积之比成正比，因此得到的 T_2 分布通过一定的换算就可以得到多孔介质的孔径分布[187]。

2. 试验过程

1）试验装置

本次试验采用重庆大学资源及环境科学学院采购的纽迈科技有限公司的大口径核磁共振分析与成像系统来对混凝土进行核磁共振分析，核磁共振仪为 MacroMR12-150H-I 型，如图 8.28 所示。

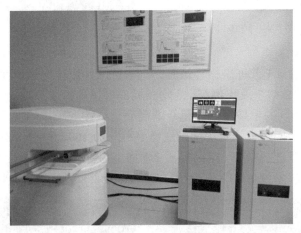

图 8.28　核磁共振仪

混凝土真空饱水采用北京首瑞公司生产的智能混凝土真空饱水机，如图 8.29 所示。

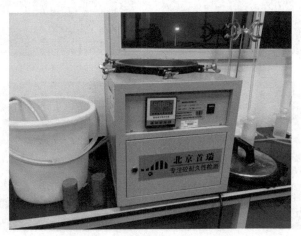

图 8.29　智能混凝土真空饱水机

混凝土取样采用上海飞速机电设备有限公司生产的金刚石钻孔机，如图 8.30 所示。混凝土取芯后还需利用磨平机将圆柱体试件两端磨平，如图 8.31 所示。

图 8.30　钻孔机　　　　　　　　　　图 8.31　磨平机

2）试件制备

本次试验结合 8.1 节冻融循环试验，选取抗冻性最佳的多尺度聚丙烯纤维混凝土试件 A8，纤维总掺量及比例与 A8 均相同的混掺聚丙烯纤维混凝土试件 A6，纤维总掺量与 A8 相同的单掺聚丙烯粗纤维混凝土试件 A3，以及素混凝土试件 A0。

每组选取一个同一批浇筑的未经过冻融循环的 100mm×100mm×100mm 试件，利用金刚石钻孔机进行取芯，按高径比 2:1 加工为直径 50mm、长度 100mm 的标准圆柱体试件，依次编号 A0、A3、A6、A8，如图 8.32 所示。

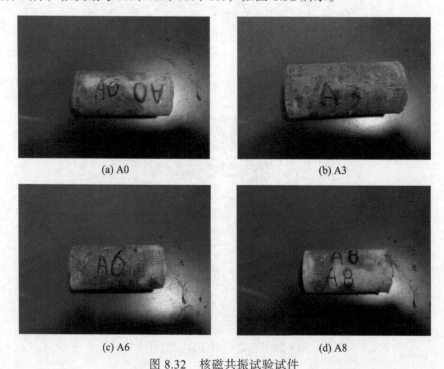

(a) A0　　　　　　　　　　　　　　(b) A3

(c) A6　　　　　　　　　　　　　　(d) A8

图 8.32　核磁共振试验试件

3）试验步骤

具体试验步骤如下：①采用智能混凝土真空饱水机对试样进行抽真空饱和水，抽气时间为 4h，抽完后在蒸馏水中浸泡 24h，如图 8.33 所示；②设置试验参数；③将试件放入线圈中，利用 MacroMR12-150H-I 型核磁共振分析与成像系统进行核磁共振弛豫测量，如图 8.34 所示；④采集到 CPMG 序列衰减信号数据后，再利用仪器自带软件进行反演，得到 T_2 谱曲线，并转化为孔径分布图。

图 8.33　试件饱水过程

图 8.34　将试件放入线圈中进行试验

3. 试验结果及分析

混凝土主要是由粗、细骨料及水泥水化产物等组成的，是一种内部结构非常复杂的多孔材料。混凝土内部的孔结构对基体的耐久性能和力学性能都有较大的影响[188]。

混凝土的孔结构主要包括以下三个方面：孔隙率、孔径分布和孔形貌[189]。定义孔隙在整个混凝土结构中占的体积分数为孔隙率；孔径分布是指不同孔径的分布情况，孔径分布的差异会显著影响混凝土的各种性能[190]；孔形貌主要是指混凝土中孔的形态特征。

在混凝土中，根据孔隙尺寸的不同主要分为以下四种[191]：孔径小于 10nm 的凝胶孔；孔径位于 10～100nm 的过渡孔；孔径位于 100～1000nm 的毛细孔；大孔主要是指孔径大于 1000nm 的孔隙。吴中伟和廉慧珍[192]经过对混凝土孔结构多年的研究，将混凝土孔径分为以下四类：无害孔，孔径<20nm；少害孔，孔径 20～100nm；有害孔，孔径 100～200nm；多害孔，孔径>200nm。为了便于比较分析，按照吴中伟的孔径分级方法，将混凝土孔径划分为四个范围。

本次混凝土核磁共振试验结果中，主要包括核磁共振系统直接给出的孔隙率测试结果、孔径分布图及最可几孔径等参数。

1）孔隙率测试结果及分析

通过核磁共振试验得到各组试件孔隙率、束缚流体饱和度和自由流体饱和度等，见表 8.7。只有孔隙率不能全面分析试件孔隙的发育情况，但可以结合束缚流体饱和度和自由流体饱和度来定性分析试件的孔隙发育情况。T_2 截止值为混凝土试件中束缚流体和自由流体的分界值。束缚流体主要存在于小孔隙中，而自由流体主要存在于大孔隙中。

表 8.7　纤维混凝土孔隙情况

试件编号	状态	体积/mL	孔隙率/%	束缚流体饱和度/%	自由流体饱和度/%	T_2 截止值/ms
A0	饱水	195.69	1.314	69.599	30.401	10
A3	饱水	194.95	1.282	70.331	29.669	10
A6	饱水	195.89	1.504	84.459	15.542	10
A8	饱水	196.31	1.649	78.384	21.616	10

从表 8.7 可以看出，单掺聚丙烯粗纤维混凝土试件 A3 孔隙率最小，素混凝土试件 A0 孔隙率仅比其稍大，混掺聚丙烯纤维混凝土试件 A6 以及多尺度聚丙烯纤维混凝土试件 A8 的孔隙率均较大，说明单掺粗纤维不能提高混凝土孔隙率，混掺两种或三种纤维均能提高混凝土孔隙率。再结合束缚流体饱和度和自由流体饱和度可以看出，试件 A0、A3 的束缚流体饱和度均较低，即小孔隙较少，大孔隙较多；而试件 A6 和 A8 束缚流体饱和度较高，即小孔隙较多，大孔隙较少。又由于试件 A6、A8 孔隙率增加，说明所增加的孔隙中，主要是小孔隙的增加。

2）孔径分布及分析

通过核磁共振试验得到的各个试件孔径分布如图 8.35 所示。可以看出，除试件

A3 仅有两个峰值外，其余试件的孔径分布均有三个峰值，并且主要的孔径分布均集中于第一个峰。

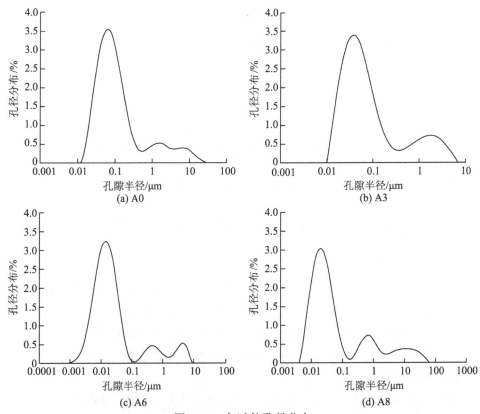

图 8.35　各试件孔径分布

为了便于比较分析,按吴中伟的方法将混凝土孔径划分为四个范围,利用 Origin 8.0 软件分别计算出每个孔径范围所占的面积百分比。

目前,描述孔结构形态最常用的参数为最可几孔径,其物理意义为出现概率最大的孔径。表 8.8 为各组试件每个孔径范围的面积百分比以及最可几孔径值。四组试件孔径分布对比如图 8.36 所示。

表 8.8　混凝土孔径参数

试件编号	最可几孔径 /nm	孔径分布/%					
		<20nm	20～100nm	100～200nm	>200nm	无害孔	有害孔
A0	63	2.06	54.72	19.43	23.79	56.78	43.22
A3	39	10.58	58.15	10.27	21.00	68.73	31.27
A6	15	56.71	27.29	0.74	15.26	84.00	16.00
A8	19	34.37	41.31	1.71	22.61	75.68	24.32

注：100nm 以下的孔视为无害孔；100nm 以上的孔视为有害孔。

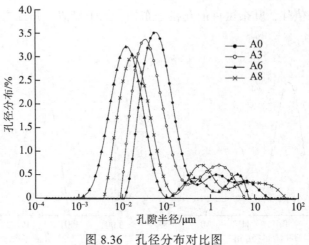

图 8.36　孔径分布对比图

从表 8.8 和图 8.36 可以看出，在混凝土中加入纤维后，混凝土的孔结构有了较大改善。

加入纤维后混凝土的最可几孔径大幅度减小，素混凝土试件 A0 最可几孔径为 63nm，位于少害孔的范围内；单掺聚丙烯粗纤维混凝土试件 A3 最可几孔径为 39nm，虽然与素混凝土相比有所降低，但仍然位于少害孔的范围内；混掺聚丙烯纤维混凝土试件 A6 最可几孔径最小，仅为 15nm，位于无害孔的范围内；多尺度聚丙烯纤维混凝土试件 A8 最可几孔径为 19nm，也位于无害孔的范围内。

按照吴中伟划分的孔径范围：

（1）对于孔径小于 20nm 的无害孔，素混凝土无害孔的孔径分布率仅为 2.06%，掺入聚丙烯纤维后，无害孔所占比例均有所提高，其中试件 A6 提高最大，达到 56.71%；试件 A8 次之，达到 34.37%；单掺粗纤维的试件 A3 仅有小幅度提高，为 10.58%。

（2）对于 20～100nm 的少害孔，素混凝土和单掺聚丙烯粗纤维混凝土试件所占比例较大，而混掺两种纤维的 A6 以及混掺 3 种纤维的 A8 试件少害孔比例较小，其中，试件 A6 仅为 27.29%。

（3）对于 100～200nm 的有害孔，和少害孔有类似的规律，素混凝土试件 A0 孔径分布率高达 19.43%，而试件 A6 和 A8 分别仅为 0.74%和 1.71%。

（4）对于>200nm 的多害孔，4 组试件差别不大，即掺入纤维不能有效改善混凝土的多害孔。

一般认为无害孔和少害孔对混凝土抗冻性、力学性能等没有明显危害，所以也可以将孔径 100nm 以下的孔定义为对混凝土抗冻性没有影响的无害孔；孔径大于 100nm 的定义为有害孔。可以看出，试件 A6 无害孔的比例最大，高达 84%，试件 A8 次之，为 75.68%，素混凝土无害孔的比例最低，仅为 56.78%。总体趋势为：细纤维比例越大，纤维直径越小，其无害孔的比例越大。

综上所述，掺入纤维后，主要通过提高混凝土基体内部无害孔的百分比，并且减少无害孔和有害孔的百分比来改善混凝土的孔结构，但对于多害孔，却没有很明显的改善。并且细纤维比例较大，纤维直径较小的试件 A6，其孔结构改善效果最明显。

8.4.3　纤维混凝土冻融破坏机理分析

为了从微观上认识纤维混凝土内部纤维与基体的黏结情况、纤维的分布情况、孔隙与微裂缝分布情况等，进行了扫描电镜试验，采用英国 TESCAN-7718 型扫描电子显微镜，如图 8.37 所示。结合冻融循环试验、拉压力学性能试验、核磁共振试验和扫描电镜试验，本节对多尺度聚丙烯纤维混凝土抗剥落机理、冻融破坏机理和力学性能增强机理等进行探讨。

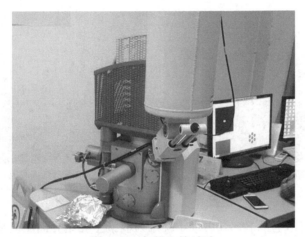

图 8.37　扫描电镜试验

1. 纤维混凝土表面抗剥落分析

试验发现，200 次冻融循环作用下，单掺聚丙烯粗纤维混凝土试件 A3 质量损失率最大，达到 0.7324%，素混凝土 A0 次之，达到 0.6562%，多尺度聚丙烯纤维混凝土试件 A8 质量损失率最低，仅为 0.1529%；混掺了两种及两种以上纤维的试件 A4～A8 的质量损失率均小于不掺或单掺纤维混凝土的试件 A0～A3；分析总掺量相同的试件 A4～A6，可见随着聚丙烯细纤维比例的增加，其抗剥落性能越来越好；在纤维总掺量相同的试件 A4～A8 中，细纤维掺量比例较多的试件 A6 及 A8，其抗剥落性能更优，尤其是多尺度聚丙烯纤维混凝土试件 A8，表面几乎无脱落。

研究表明[193,194]，混凝土在冻融循环降温过程中，位于混凝土表面的大孔先结冰，此时，相邻的未冻结小孔中的水将向大孔移动。而在冻融升温过程中，小孔先解冻，由于孔内存在负压作用，外部的水分将被吸入小孔中。随着温度的持续升高，大孔解冻，周围小孔内以及外部的水将流入大孔内，即在冻融循环过程中水分均由小孔向大孔移动。

根据该理论，随着冻融循环的进行，表层的大孔不断饱水，经过一定的冻融循环次数后将达到最不利饱水度，最后这些孔隙内的压力将不断增加，进而引起周围孔隙的拉应力不断增加，导致基体开裂。又因为表层的大孔很容易高度饱水，所以混凝土的冻融破坏起始于表面。

（1）对于掺入聚丙烯粗纤维的混凝土试件，聚丙烯粗纤维与混凝土基体的热膨胀系数不同，导致两者在冻融循环中变形不协调，特别是位于试件表层的粗纤维，随着冻融循环的进行，覆盖其上的混凝土逐渐开裂并掉落，如 8.1.3 节图 8.10 所示。又由于粗纤维与混凝土颗粒黏结能力差，剥落的混凝土颗粒直接掉落，导致试件质量损失率较高，如图 8.38（a）所示。

(a) 粗纤维混凝土表面　　　　　　　　(b) 细纤维混凝土表面

图 8.38　混凝土表面脱落

图 8.39 为扫描电镜下，聚丙烯粗纤维与混凝土黏结界面图。从图中可以看出，纤维表面凹凸不平，表面水化物黏附较少。考虑到粗纤维直径较大，且呈波浪状，说明粗纤维与混凝土基体黏结界面不够密实，进而导致界面过渡区孔隙增加。特别是位于试件表层的粗纤维，有害孔增加且表层大孔很容易高度饱水，进而导致混凝土抗剥落性能降低。

（2）对于掺入聚丙烯细纤维的混凝土试件，虽然其热膨胀系数与混凝土不同，但由于其直径较小，在温度变化时纤维的变形远小于聚丙烯粗纤维。从图 8.40 聚丙烯细纤维与混凝土基体黏结界面图可以看出，细纤维表面光滑，且黏附有大量水化物，说明聚丙烯细纤维与水泥基体的黏结界面较为密实，界面过渡区孔隙较少。从8.4.1 节孔结构分析可知，掺入细纤维后，能有效改善孔结构，所以其抗剥落性能较强。又因为细纤维还能将剥落后的混凝土颗粒与基体相连，剥落而不掉落，如图 8.38（b）所示。扫描电镜下与基体连接的混凝土块微观图如图 8.41 所示。

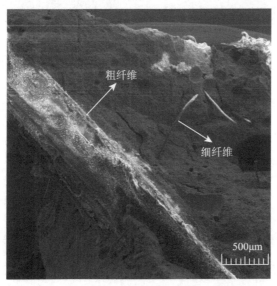

图 8.39　聚丙烯粗纤维与混凝土黏结

图 8.40　聚丙烯细纤维与混凝土黏结

　　综上所述，细纤维由于温度变化引起的变形小于粗纤维；细纤维界面过渡区孔隙少于粗纤维；细纤维与混凝土颗粒黏结较好；细纤维对基体孔结构改善效果优于粗纤维。这几方面的原因导致了单掺聚丙烯粗纤维混凝土试件 A3 抗剥落性能最差。对于多尺度聚丙烯纤维混凝土，从 8.4.2 节孔结构结果可以看出，多尺度聚丙烯纤维能够有效地改善孔结构，细化孔径，这是其抗剥落性能较强的主要原因。

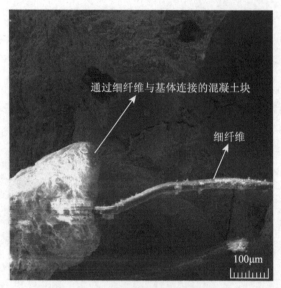

图 8.41　与基体连接的混凝土块

2. 纤维混凝土抗冻机理分析

图 8.42 为扫描电镜下混凝土的内部微观结构。可以看出，混凝土内部充满了孔径不一的孔隙以及贯通的微裂缝。当混凝土饱水时，水分将沿着各种微裂缝渗入基体内部，使得孔隙饱水。受到冻融循环作用后，孔隙内的水由于结冰，体积膨胀，产生的应力将对基体内部造成损伤，随着内部损伤的不断积累，内部结构将受到破坏，最终导致混凝土耐久性和力学性能等下降。

图 8.42　混凝土内部微观结构

图 8.43 为扫描电镜下，作用于混凝土微裂缝上的纤维。通过分析可以发现，纤维在混凝土中的作用类似于钢筋在混凝土基体中的作用。在冻融循环过程中，随着有害孔的不断贯通，逐渐形成微裂缝，微裂缝的发展必然需要克服纤维与基体之间各种力，如摩擦阻力、机械咬合力和化学胶结力等，这个过程中纤维将吸收部分能量并阻止裂缝继续扩大，发挥桥接作用。

图 8.44 为扫描电镜下，混凝土基体内的粗、细纤维相互搭接。通过分析可以发

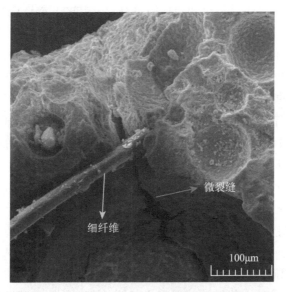

图 8.43　作用于混凝土微裂缝上的纤维

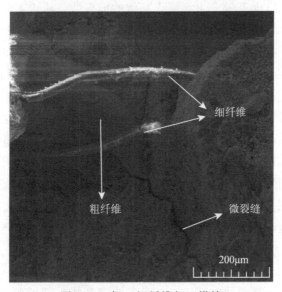

图 8.44　粗、细纤维相互搭接

现，粗、细纤维混杂能起到相互支撑和补足的作用，形成整体性较佳的空间网架结构。这种空间网架结构一方面能够在混凝土搅拌过程中阻碍空气的溢出，增加含气量，并且细化孔径；另一方面，能够在混凝土受到各种外界应力作用时，吸收更多的能量，阻裂增韧效果更加明显。

从 8.1 节中可知，本次试验中，未掺入纤维的试件 A0 相对动弹性模量损失最大，200 次冻融循环后仅为 86%，并且变化速率较高；而多尺度聚丙烯纤维混凝土试件 A8 200 次冻融循环后相对动弹性模量高达 95.7%。掺入了纤维的试件 A1～A8 中，混掺两种及两种以上纤维的试件 A4～A8，其相对动弹性模量明显高于单掺纤维试件 A1～A3；而在混掺纤维的试件 A4～A8 中，多尺度聚丙烯纤维混凝土试件 A7、A8 的相对动弹性模量高于混掺两种纤维的试件 A4～A6，并且其变化速率较低，具有非常好的抗冻性，特别是细纤维比例较高的试件 A8。

但根据 8.4.2 节核磁共振试验结果发现，混掺粗、细聚丙烯纤维混凝土试件 A6，其孔结构与多尺度聚丙烯纤维混凝土试件 A8 相比更好，即抗冻融性更好，这与冻融试验的结果不符。

对于纤维混凝土冻融循环破坏，目前大量文献仅从孔结构分析其冻融破坏机理，却忽略了冻融循环过程中纤维的作用。

对此，本节结合快速冻融循环试验、核磁共振孔结构分析以及扫描电镜分析对聚丙烯纤维混凝土冻融破坏机理进行分析，可知在混凝土中掺入纤维后，纤维主要起到以下两个作用：

（1）加入纤维后，能够改善混凝土基体的孔结构。如减少有害孔的比例，增加无害孔的比例，进而有效改善混凝土基体的抗冻性。从 8.4.1 节可以看出，单掺粗纤维，其无害孔增加幅度和有害孔降低幅度均不大，说明粗纤维改善孔结构的效果不是很好；但混掺粗、细两种纤维或者三种纤维后，无害孔大幅度增加，有害孔大幅度减少，孔径分布更加合理。对比 A6 和 A8 两个粗、细纤维掺量均相同的试件可知，细纤维直径越小，其改善孔结构的效果更好。从表 8.8 混凝土的孔隙率可以看出，加入聚丙烯细纤维以及混掺粗、细纤维后混凝土的孔隙率将增加，但主要是无害孔或者少害孔的增加，在混凝土搅拌和成型过程中，内部空气的溢出将受到纤维空间网架结构的阻碍，使得混凝土含气量增加，并且细化孔径。

（2）纤维在混凝土中还有个重要作用，就是形成整体性较好的空间网架结构，起到阻裂增韧作用。在混凝土浇筑初期，阻止混凝土的早期开裂；在冻融循环过程中，内部无害孔逐渐减少，有害孔逐渐增多，并不断贯通，进而形成微裂缝，在此过程中，纤维将阻止微裂缝的形成及贯通，从而降低其动弹性模量的降低速度，提高抗冻性。

对于多尺度聚丙烯纤维混凝土，三种纤维混杂能起到相互支撑与补足的作用。

首先，从孔隙率可以看出，试件 A8 的孔隙率大于两种纤维混掺的试件 A6，这是由于三种不同尺寸的纤维能相互搭接，阻碍搅拌和成型过程中空气溢出的效果更好。其次，从最可几孔径和孔径分布图可以看出，试件 A8 和试件 A6 的最可几孔径均位于无害孔范围内，相差不大，并且无害孔和少害孔所占的比例均较大。虽然单从孔结构分析时，试件 A6 的抗冻性稍好，但是从抗冻融循环试验可以发现，A8 的抗冻性更好。主要原因是三种纤维混杂起到了相互支撑和补足作用，形成了整体性更佳的空间网架结构，在冻融循环过程中，比两种纤维混掺的试件 A6 能更好地阻裂、吸收能量。

3. 纤维混凝土力学性能增强机理分析

从 8.2 节和 8.3 节有关多尺度聚丙烯纤维混凝土的力学性能试验中可以发现，在混凝土中加入纤维能提高其力学性能。与素混凝土相比，纤维混凝土的抗压强度提高 2.0%～63.5%。单掺聚丙烯细纤维对混凝土抗压强度提高较小，而单掺聚丙烯粗纤维对其抗压强度提高较大。A4～A6 均为混掺聚丙烯纤维混凝土试件，纤维总掺量相同的情况下，细纤维比例越高，混凝土的抗压强度提高幅度越大。多尺度聚丙烯纤维混凝土的抗压强度明显高于两种纤维混掺混凝土的抗压强度。劈裂抗拉强度有类似的规律。

和纤维混凝土抗冻机理类似，在分析纤维对混凝土力学性能的增强机理时，也应该同时考虑纤维对孔结构的改善作用以及纤维的阻裂增韧作用。

通过宏观力学性能试验和微观孔结构试验可以发现：首先，加入纤维后，最可几孔径减小，无害孔和少害孔增加，有害孔和多害孔减少，孔径分布得到优化，混凝土更加密实，所以其力学性能呈上升趋势；并且混掺两种纤维或者三种纤维，其孔结构改善效果更好。其次，加入纤维后，每立方米数以千万计的纤维将形成空间网架结构，吸收大量能量阻止微裂缝的发展，进而提高混凝土抗裂能力。并且在单掺粗纤维或者混掺粗、细纤维的混凝土中，粗纤维的作用类似于微细钢筋，除阻裂增韧作用外，在受压过程中，均匀分布于试件内的粗纤维还会产生"箍筋效应"，进一步提高混凝土强度[195]。

对于多尺度聚丙烯纤维混凝土试件 A8：一方面其孔结构得到很好的改善，虽然改善程度稍微弱于混掺两种纤维的试件 A6；但另一方面，三种纤维混掺时，能形成整体性更佳的空间网架结构，在抗压、劈裂抗拉时能比试件 A6 更好地阻裂增韧、吸收能量，从而使混凝土强度提高幅度最大。

8.5　本　章　小　结

本章进行了多尺度聚丙烯纤维混凝土抗冻性试验，分析了冻融循环作用下不同纤维掺量试件的抗剥落性能，以及质量、动弹性模量随冻融循环次数的变化规律等；对 200 次冻融循环前后的混凝土试件展开了抗压性能、劈裂抗拉性能试验，以此来研究不同纤维掺量条件下混凝土的抗压强度、劈裂抗拉强度，寻找最优的纤维掺量，探讨冻融循环对不同掺量条件下试件强度的影响情况；进行了核磁共振试验和扫描电镜试验，得到了多尺度聚丙烯纤维混凝土的孔径分布、最可几孔径、孔隙率等结果，并结合多尺度聚丙烯纤维混凝土抗冻性和拉压力学性能试验数据，探讨了纤维混凝土的冻融循环破坏机理和力学性能增强机理，得到如下主要结论。

（1）单掺粗纤维对混凝土抗剥落性能产生负效应，单掺细纤维或混掺粗、细纤维均能提高混凝土抗剥落性能，并且在总掺量相同的条件下，细纤维比例越多，抗剥落性能越好。

（2）对于冻融循环后混凝土的强度损失率：混凝土中加入纤维后，其抗压强度、劈裂抗拉强度损失率均低于素混凝土试件。单掺聚丙烯纤维的试件抗压强度、劈裂抗拉强度损失率仅略低于素混凝土。对于纤维总掺量相同的混掺试件，其强度损失率均低于素混凝土和单掺纤维混凝土试件。而多尺度聚丙烯纤维混凝土试件的抗压强度、劈裂抗拉强度损失率均低于混掺两种纤维的混凝土试件，并且细纤维比例越大，其强度损失率越低。抗冻性能排序为：多尺度聚丙烯纤维混凝土>混掺两种聚丙烯纤维混凝土>单掺聚丙烯纤维混凝土>素混凝土。

（3）掺入纤维后，主要通过提高混凝土基体内部无害孔的百分比，减少少害孔和有害孔的百分比，来改善混凝土基体的孔结构，但对于多害孔，却没有很明显的改善。并且相同纤维掺量条件下，细纤维比例越高，纤维直径越小，其孔结构改善效果越明显。

第9章　多尺度聚丙烯纤维混凝土抗渗性试验研究

混凝土强度一直是工程设计的关键指标，而抗渗性是影响混凝土耐久性最主要的因素。国内外应用纤维混凝土进行抗裂防水的新技术得到了较快发展，并在防水工程中得到成功应用，其中应用最多的是聚丙烯纤维混凝土[196]。

目前，对于素混凝土、单掺纤维混凝土以及混掺两种不同类型纤维混凝土力学性能和抗渗性能研究较多。多数学者认为，在混凝土中掺入少量纤维，纤维在混凝土中均匀分布且和混凝土有很好的黏结性，能够增加基体内约束力，从而减少裂缝的产生与发展，提高混凝土的抗压强度和抗渗性能。但也有学者提出，纤维与水泥基体之间的不良黏结会降低混凝土基体质量，增加混凝土连通性，从而增加混凝土的渗透性。同时，纤维的不均匀与结团现象会显著削弱混凝土的密实性，降低其抗压强度和抗渗性能，而多种纤维的掺入更容易出现该现象。

混凝土的渗水性可归结为两种情况的组合：①由混凝土中直径较小的微毛细孔产生的微渗水；②由混凝土中直径较大的孔隙和裂隙产生的宏渗水。而混凝土的抗渗性能主要由后者影响。在服役的过程中，混凝土结构不可避免地会受到各种荷载以及环境等外界因素的影响，尤其以荷载影响最为显著。混凝土的内部裂缝在外部荷载作用下，直径较小的微毛细孔会逐步扩张成渗水性高的较大孔隙，而大孔隙在继续扩展的同时又产生逐渐贯通的趋势，从而导致混凝土渗透性增强。而聚丙烯纤维在混凝土基体中主要起到增韧阻裂的作用，因此在混凝土结构受到外荷载作用时会发挥重要作用，并影响混凝土基体孔结构，进而影响其抗渗性能。由此可见，混凝土孔隙和裂隙的尺寸、形态等孔结构特征直接影响混凝土抗渗性能。

本章根据 GB/T 50107—2010《混凝土强度检验评定标准》、GB/T 50082—2009《普通混凝土长期性能和耐久性能试验方法标准》等相关规范，通过改变聚丙烯纤维的尺寸、掺量以及混掺比例，设计了 8 组聚丙烯纤维混凝土试件和一组素混凝土试件，分别通过渗水高度法和逐级加压法来探究聚丙烯纤维是否能够提高混凝土的抗渗性能，两种甚至三种尺寸的聚丙烯纤维混掺起到的是正混杂效应还是负混杂效应，以及聚丙烯纤维的尺寸、掺量以及混掺比例对混凝土抗渗性能的影响，并寻找一种最优的混掺方式。通过 NEL 法测量氯离子扩散系数试验、毛细吸水试验、饱水法测定孔隙率试验来研究荷载大小、作用时间、吸水时间对多尺度聚丙烯纤维混凝土抗渗性能、吸水量、吸水系数、孔隙率等影响。由试验结果，可以得到多尺度聚丙烯纤维以及荷载等因素对混凝土宏观性能的影响规律。为进一步从微观层面研究掺入纤维对混凝土基体结构的影响，以及荷载对纤维混凝土破坏本质，探究多尺度聚丙烯纤维改善混凝土力学性能和抗渗性能的本质，本章结合现有的纤维增强理论，并通过核磁共振、压汞以及扫描电镜试验，在微观层面上研究荷载与纤维对混凝土孔结构的影响规律，对多尺度聚丙烯纤维混凝土增强机理进行探讨。

9.1　混凝土抗渗性试验

抗水渗透法在原理上遵循达西定律。达西定律的适用条件为：①压力水为渗流运动，不存在湍流现象；②材料在无初始外荷载的情况下进行标准浇筑养护，即混凝土内部无较大的贯穿裂缝等严重的内部缺陷，材料是均匀的；③试验过程中温度恒定。

9.1.1　试件制作与试验方案

1. 试件制作

试件原料及配合比设计如第 7 章所示，不再赘述。

2. 试验方案

试验设备为天津三思试验仪器制造有限公司 HS-4.0A 型混凝土抗渗仪，如图 9.1 所示。

图 9.1　混凝土抗渗仪

1）试验过程

按照 GB/T 50082—2009《普通混凝土长期性能和耐久性能试验方法标准》规定，试件采用上端直径为 175mm、下端直径为 185mm、高度为 150mm 的圆台体混凝土试件，共 9 组，每组 14 个试件（2 个为备用试件），其中 6 个试件用于渗水高度试验，测量在特定压力和时间的情况下试件平均渗水高度，并时刻观察记录试件上表面渗水情况，另外 6 个试件做逐级加压试验，测量试件上表面渗水时刻对应的压力值以及试验时间。

试件在标准养护室养护 28d 后取出，清理试件表面并自然晾干。按照试件组号分批次进行如下操作：

（1）使用半圆形截面的橡胶密封圈密封试件，如图 9.2 所示。根据试验经验，密封圈位置设置在试件距顶面约 1/3 处，以便在压入试模时，密封圈挤压滑动至试件中部，起到更好的密封效果。且半圆形密封圈应使其平面贴合试件，不应出现密封圈扭转偏向。

图 9.2　半圆形密封圈

（2）将套有密封圈的试件缓慢压入试模，尽量避免密封圈因滚动而影响密封效果。

（3）打开阀门，启动抗渗仪，当水填充满坑位后安装试模。

（4）试模与抗渗仪由 6 个螺丝连接，在安装时应对称多次拧紧螺丝，切不可一次性拧紧到位，以保证试件底面与试模底面齐平。

2）试验方法

（1）渗水高度法。

启动抗渗仪，水压恒定控制在(1.5±0.05)MPa。在试验过程中试件端面出现渗水时，对该试件进行重新密封安装。24h 后取下所有试件，利用压力试验机将试件沿纵断面劈裂成两半，如图 9.3 所示，描水痕并测量等间距的 10 个测点的渗水高度。

本试验未采用 GB/T 50082—2009《普通混凝土长期性能和耐久性能试验方法标准》中规定的水压应恒定控制在(1.2±0.05)MPa。主要原因：第一，本试验结果主要用于组间对比；第二，减小试验结果因渗透深度小而导致的较大误差，使试验结果更为合理、可靠。试验前，为了熟悉及调试设备，先对备用试件按照规范规定的(1.2±0.05)MPa 水压值进行试验，发现几组抗渗性较高试件的渗水高度集中于 5～

20mm。

图 9.3　渗水高度试验中试件纵断面水痕（A8-6）

（2）逐级加压法。

启动抗渗仪，设置初始水压为 0.1MPa，每隔 8h 水压增加 0.1MPa，并随时观察试件端面渗水情况。试件中有 3 个试件表面出现渗水或水压加至 3.0MPa 时，停止试验，记录时间与水压值，然后劈裂试件，测量渗水高度。

9.1.2　试验现象与分析

现象一：逐级加压试验下，素混凝土 A0 组试件和单掺聚丙烯细纤维混凝土 A1 组试件，在持续水压力作用下，部分试件底部出现了较为严重的混凝土剥落性渗透破坏现象，如图 9.4 所示。

图 9.4　试件渗透破坏

分析：由于渗透阻力的存在，试件底部水压力值比上部大，下部微裂缝在水压力的作用下持续扩展，并不断贯通，最终造成混凝土渗透破坏。而相比单掺粗纤维，细纤维虽对混凝土抗渗性能提升效果更为明显，但在较高渗水压力、较长持续作用时间时，单掺细纤维混凝土和素混凝土一样，当裂缝扩展到一定宽度后，便无法有效阻止裂缝的持续扩展和贯通。

现象二：逐级加压试验下，A4-4 试件在一根粗纤维处出现了渗水情况，如

图 9.5 所示。

图 9.5　粗纤维处渗水现象

　　分析：由于该粗纤维与混凝土基体之间出现了不良的黏结情况，且该处最终发展为渗水通道，这种情况会增加混凝土的渗透性[197]。但此现象为个例，暂未发现更多纤维与混凝土基体出现不良的黏结情况。

9.1.3　渗水高度试验结果与分析

　　根据达西定律计算渗透系数[198]，计算公式为

$$K_p = \frac{\alpha D_m}{2TH} \tag{9.1}$$

式中，K_p 为渗透系数，cm/s；α 为混凝土吸水率，一般取估算值 0.03；D_m 为渗水高度，cm；T 为加载时间，s；H 为水压对应的水柱高度，1MPa 对应 10200cm 水柱高度。

　　渗水高度试验结果，见表 9.1。

表 9.1　渗水高度试验结果

试件编号	平均渗水高度/mm	渗水高度方差/mm²	渗透高度比/%	渗透系数/($\times10^{-8}$cm/s)
A0	109.4	38.44	100.0	13.5850
A1	73.7	55.06	67.4	6.1630
A2	79.7	38.44	72.9	7.2080
A3	97.4	114.70	89.0	10.7600
A4	62.1	231.04	56.8	4.3760
A5	50.2	187.14	45.9	2.8610
A6	41.3	396.41	37.8	1.9350
A7	45.4	215.21	41.5	2.3390
A8	29.5	378.41	27.0	0.9875

由渗水高度试验结果可得以下结论：

（1）掺入聚丙烯纤维能明显提高混凝土的抗渗性能。与素混凝土相比，聚丙烯纤维混凝土渗透系数 K_p 均有不同程度的降低，两种和三种纤维混掺的 A4～A8 试件降低效果最明显，其渗透系数由 10^{-7}cm/s 降低到 10^{-9}cm/s，降低了 1～2 个数量级，而渗透系数与平均渗水高度存在正相关关系。

（2）A0 试件平均渗水高度为 109.4mm，其抗渗性能效果最差。A1～A3 为单掺纤维试件，与 A0 试件相比，A1、A2 试件平均渗水高度分别降低了 32.6%和 27.1%。纤维掺量相同时，直径较小的 FF2 纤维对混凝土抗渗性能提升更为明显；而单掺聚丙烯粗纤维混凝土 A3 试件平均渗水高度仅降低 11%，对混凝土抗渗性能提升较小。

（3）A4～A6 均为混掺聚丙烯粗、细纤维混凝土试件，与 A4 相比，A5 试件平均渗水高度降低了 19.2%，A6 试件降低了 33.5%。纤维总掺量相同（6kg/m³）的情况下，细纤维比例越多，混凝土的抗渗性能越好；但较单掺纤维混凝土，混掺粗、细两种纤维对混凝土抗渗性能提升更为明显，主要因为粗、细纤维协同桥接作用效果明显，对混凝土抗渗性能起到了正混杂效应。

（4）A7、A8 作为两种细纤维与一种粗纤维混掺试件，纤维总掺量相同（6kg/m³）的情况下，细纤维比例较多的 A8 试件抗渗性能远优于细纤维比例较少的 A7 试件，A8 试件平均渗水高度比 A7 降低了 35.0%。对比纤维掺量以及粗、细纤维比例均相同的 A5 和 A7、A6 和 A8 试件，与 A5 试件对比，A7 试件平均渗水高度降低了 9.6%；与 A6 试件相比，A8 试件平均渗水高度降低了 28.6%。由此可以看出，相同粗、细纤维配合比下，多尺度聚丙烯纤维混凝土抗渗性能明显高于混掺聚丙烯纤维混凝土的抗渗性能。

（5）A8 试件渗透系数 K_p 最小，平均渗水高度也低于其余 8 组试件，其抗渗性能最好。A8 试件的三种纤维配合比最有利于纤维协同作用，能最大限度提高混凝土的抗渗性能。

（6）掺入纤维后，试件渗水高度方差均增加，纵断面上的渗水高度不均匀，尤其是混掺聚丙烯纤维混凝土和多尺度聚丙烯纤维混凝土，水痕线高低波折更为明显，如图 9.6 所示。这在一定程度上说明纤维的掺入降低了混凝土局部均匀性，混掺对其均匀性影响更大，但混凝土的均匀性并不能完全决定其抗渗性能。

9.1.4　逐级加压试验结果与分析

混凝土的抗渗等级计算公式为

$$P = 10H - 1 \tag{9.2}$$

式中，P 为混凝土抗渗等级；H 为 6 个试件中 3 个试件渗水时的水压力，MPa。

逐级加压试验结果，见表 9.2。

图 9.6　渗水高度试验中试件纵断面水痕

表 9.2　逐级加压试验结果

试件编号	渗水压强/MPa	最大渗透压/MPa	加载时间/h	抗渗等级	平均渗水高度/mm
A0	1.4	1.5	115	>P12	150
A1	2.9	3.0	236	>P12	150
A2	2.6	2.7	210	>P12	150
A3	2.0	2.1	167	>P12	150
A4	>3.0	>3.0	>240	>P12	129.2
A5	>3.0	>3.0	>240	>P12	104.6
A6	>3.0	>3.0	>240	>P12	79.5
A7	>3.0	>3.0	>240	>P12	95.2
A8	>3.0	>3.0	>240	>P12	55.7

由逐级加压试验结果可得：

（1）本次试验的设计抗渗等级为 P12。由表 9.2 可以看出，试验所制备的混凝土试件抗渗等级均大于 P12，满足试验要求，试件抗渗性能良好。端面渗水及水痕线如图 9.7 所示。

（2）单掺聚丙烯纤维混凝土与素混凝土的最大渗水压强均未超过 3.0MPa，但掺入纤维能大幅度提高混凝土最大渗水压强。其中，A1、A2、A3 试件渗水压强分别为 2.9MPa、2.6MPa、2.0MPa，且直径较细的聚丙烯纤维对混凝土抗渗性能提升更为明显。

（3）A4～A8 为混掺聚丙烯纤维混凝土和多尺度聚丙烯纤维混凝土试件，渗水压强均超过 3.0MPa，且加载时间均超过本试验设定的 240h。A5、A6、A7、A8 试件较 A4 试件平均渗水高度分别降低 24.6mm、49.7mm、34mm、73.5mm。

图 9.7　端面渗水及水痕线

　　结合上述两组试验结果可以看出共同规律：掺入聚丙烯纤维可以提高混凝土抗渗性能。掺入一种纤维时，直径较细的纤维对混凝土抗渗性能提升更大；掺入两种或三种纤维时，细纤维比例较多的混凝土抗渗性能更好。但掺入一定量的粗纤维有助于和细纤维协同作用，产生优于单一纤维的混杂效应，对混凝土抗渗性提升更为明显，且 A8 试件的三种纤维配合比最有利于纤维发挥协同作用，对混凝土抗渗性能提升最为显著。

9.2　混凝土抗压试验

9.2.1　试验方案

1. 试验设备

本次混凝土抗压试验装置采用济南中路昌试验机制造有限公司 YAW-1000 型压力试验机，如图 9.8 所示。

2. 试验过程

为探究聚丙烯纤维对混凝土试件抗压强度的影响，同时为后续试件加载试验提供数据支持，依据 GB/T 50081—2002《普通混凝土力学性能试验方法标准》等有关规范进行抗压力学性能试验。本次试验选用尺寸为 100mm×100mm×100mm 的非标准试件，试件及试验加载示意图如图 9.9 所示。

图 9.8　压力试验机

图 9.9　试件及试验加载示意图

　　试验步骤如下：①清理试件表面及压力试验机承压面，以保持洁净；②将试件放置于压力试验机下承压板中心区域，为避免浇筑时浮浆面对试验结果的影响，有浮浆的一面放置时朝向侧方；③本次混凝土立方体抗压试验采用应力控制方式，加载速度为 0.5MPa/s，沿试件轴向均匀加载；④观察试件抗压破坏形态，并记录试验数据。

9.2.2　试验现象与分析

　　在试验过程中，随着加载的进行，试件边缘沿竖直方向最先出现裂缝（图 9.10），并逐渐增多，最终发展到全侧面上。之后，微裂缝逐步扩展，变长变宽，最终一些较大的裂缝贯穿整个试件上下端。

　　（1）A0 组为素混凝土试件，在加载过程中试件上下表面未涂抹润滑剂，垫板通过与试件接触面上的摩擦力来约束其横向变形，致使 A0 试件在破坏时形成了两个对顶角锥形破坏面，且四周混凝土块大量脱落，如图 9.11 所示。

　　（2）掺入纤维的混凝土块在试验时，大部分为缓慢压坏，没有明显的压碎声音，且未出现素混凝土崩裂和大量混凝土块脱落的现象，破坏后试件整体性较好。

其中，单掺细纤维的 A1 和 A2 试件的破坏形态相似，会出现较宽的裂缝；而单掺粗纤维和混掺有粗纤维的试件，裂缝宽度明显小很多，如图 9.12 所示。

图 9.10　混凝土破坏前裂缝的分布情况

图 9.11　素混凝土受压破坏形态

图 9.12　纤维混凝土受压破坏形态

（3）在混凝土结构破坏后，粗、细纤维均能表现出较好的连接作用，使混凝土块形成裂而不碎、碎而不落的形态，如图 9.13（a）、（b）所示。试件在受压时，基体内部微裂缝不断发展，纤维将吸收一部分能量，阻碍裂缝的扩展，不同尺寸的纤维能在混凝土裂缝扩展的不同阶段起到作用。因聚丙烯细纤维 FF2 直径为 0.026mm，与微裂缝宽度相差不大，长径比为 730，能够保证与混凝土足够的黏结长度，所以细纤维能在微裂缝扩展阶段阻碍其继续扩展。但当微裂缝宽度发展到一定程度后，单根细纤维承载力和黏结力较小，将被拔断或拔出，失去连接作用，无法继续抑制较宽裂缝的发展，如图 9.13（c）所示。粗纤维对宏观裂缝起到抑制作用，阻碍较宽裂缝的发展，直到其被完全拔出而退出工作。

（4）试验观察发现，因为粗纤维抗拉承载力大于与砂浆的黏结力，所以粗纤维均是被拔出而失效，暂未发现被拔断的情况。如图 9.13（d）所示，粗纤维横穿多条裂缝，其中左半段被完全拔出，丧失对左侧较大裂缝的抑制作用，而另一边直至混凝土抗压破坏，粗纤维依然连接着裂缝两端的基体。

(a) 细纤维连接作用

(b) 粗纤维连接作用

(c) 细纤维失效

(d) 粗纤维横穿裂缝

图 9.13　纤维在混凝土破坏中的状态

（5）在混凝土破坏中，基体受到轴向压力，因受压而引起次生拉应力及剪应力等作用，裂缝主要分布于水泥浆体、水泥浆体与粗骨料之间、粗骨料以及纤维与水泥浆体的黏结界面等，如图 9.14 所示。

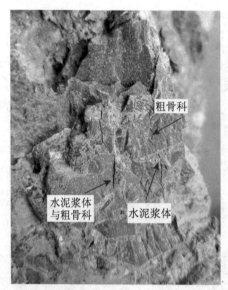

图 9.14　裂缝分布示意图

9.2.3　抗压试验结果与分析

聚丙烯纤维混凝土抗压试验结果见表 9.3。

非标准试件 100mm×100mm×100mm 立方体抗压强度按式（9.3）计算：

$$f_c = 0.95 \times \frac{F}{A} \tag{9.3}$$

式中，f_c 为混凝土试件立方体抗压强度，MPa；F 为混凝土试件破坏荷载，N；A 为立方体试件承压面积，mm^2；0.95 为换算系数。

由表 9.3、图 9.15 可见：①加入聚丙烯纤维均能提高混凝土的抗压强度，与素混凝土相比，抗压强度提高了 4.9%～48.5%。②单掺聚丙烯细纤维对混凝土抗压强度提高的幅度较小，而单掺聚丙烯粗纤维则提升明显，达到了 18.4%。③A4～A6 均为两种尺寸聚丙烯纤维混掺试件，纤维掺量相同的情况下，细纤维比例越高，混凝土单位体积内纤维数量越多，间距越小，增强效果越好，符合纤维间距理论。A4～A6 试件相比素混凝土抗压强度分别提高了 21.2%、29.1%、32.8%，其中 A6 试件对混凝土抗压强度提高最大。④A7、A8 为三种纤维混掺试件，在总掺量相同的条件下，细纤维比例较多的 A8 试件抗压强度比细纤维比例较小的 A7 试件提高更多。A7 试件相比素混凝土抗压强度提高了 42.6%，而 A8 试件在所有组中抗压强度提升幅度最高，为 48.5%。⑤通过对比纤维掺量和粗、细纤维混掺比例相同的 A5 和 A7 试件以及 A6 和 A8 试件，与 A5 试件相比，A7 试件抗压强度增大了 10.5%；与 A6 试件相比，A8 试件抗压强度增大了 11.8%。

表 9.3　聚丙烯纤维混凝土抗压试验结果

试件编号	试样尺寸/(mm×mm×mm)	破坏荷载/kN	平均抗压强度/MPa	增幅/%
A0-1	100×100×100	343.35		
A0-2	100×100×100	321.55	32.6	0
A0-3	100×100×100	364.52		
A1-1	100×100×100	320.12		
A1-2	100×100×100	364.90	34.2	4.9
A1-3	100×100×100	378.66		
A2-1	100×100×100	386.77		
A2-2	100×100×100	360.50	35.6	9.2
A2-3	100×100×100	307.22		
A3-1	100×100×100	397.82		
A3-2	100×100×100	407.50	38.6	18.4
A3-3	100×100×100	410.36		
A4-1	100×100×100	406.67		
A4-2	100×100×100	436.37	39.5	21.2
A4-3	100×100×100	405.36		
A5-1	100×100×100	455.23		
A5-2	100×100×100	443.16	42.1	29.1
A5-3	100×100×100	431.07		
A6-1	100×100×100	464.31		
A6-2	100×100×100	450.66	43.3	32.8
A6-3	100×100×100	452.99		
A7-1	100×100×100	477.21		
A7-2	100×100×100	501.47	46.5	42.6
A7-3	100×100×100	489.47		
A8-1	100×100×100	510.00		
A8-2	100×100×100	499.16	48.4	48.5
A8-3	100×100×100	452.99		

　　综上所述，对于混凝土抗压强度，不同尺寸的纤维混掺方式更有利于其发挥增强作用。且在本试验采用的纤维混掺比例下，三种纤维混掺的增强效果明显优于两种纤维混掺，而两种纤维混掺明显优于单掺，得出了与多尺度聚丙烯纤维对混凝土抗渗性能提升效果较为相似的结果。

　　在混凝土受压过程中，不同尺寸的纤维能在不同阶段协同作用：数量更多，尺寸更小的细纤维阻碍微裂缝的产生与发展，而粗纤维主要作用于宏观裂缝阶段，抑制裂缝继续扩展。粗、细纤维协同作用，形成三维乱向支撑体系，在结构受到荷载作用下，纤维与混凝土基体共同受力，内部受力更为均匀，增加了混凝土结构的整体性，从而提高了混凝土试件的抗压强度。

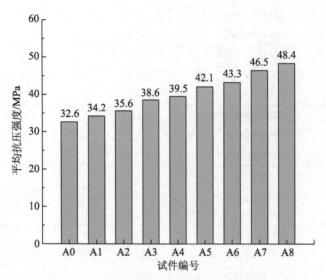

图 9.15　聚丙烯纤维混凝土平均抗压强度

9.2.4　混凝土抗压强度与渗透系数的关系

杨钱荣等[199-201]对四组不同水胶比的混凝土试件进行了抗压强度和渗透系数（水渗透法）之间关系的研究，分别测得 28d 和 90d 龄期的抗压强度和渗透系数，见表 9.4。分析发现，普通混凝土抗压强度与渗透系数之间有很强的线性相关性，如图 9.16 所示。

表 9.4　混凝土抗压强度与渗透系数之间的关系

试件编号	抗压强度/MPa	渗透系数/($\times 10^{-8}$cm/s)
A0	32.6	13.5850
A1	34.2	6.1630
A2	35.6	7.2080
A3	38.6	10.7600
A4	39.5	4.3760
A5	42.1	2.8610
A6	43.3	1.9350
A7	46.5	2.3390
A8	48.4	0.9875

结合 9.1 节抗渗性试验结果与本节抗压强度试验结果可得，混凝土试件抗压强度越高，其渗透系数越小。经过数据拟合发现，试件抗压强度与渗透系数的对数存在线性函数关系，如图 9.16 所示，相关系数为 0.9453。

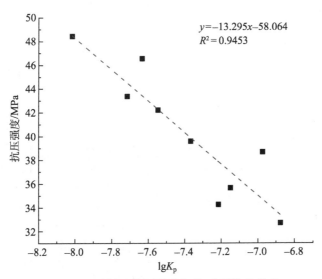

图 9.16　混凝土抗压强度与渗透系数的关系

聚丙烯纤维对混凝土主要起到增强、增韧和阻裂的作用，这样的作用不仅会在一定程度上增强混凝土的抗压强度，同时也会增强混凝土的抗渗性能。

9.3　荷载对多尺度聚丙烯纤维混凝土抗渗性的影响

9.3.1　NEL 法测量氯离子扩散系数试验

本次试验通过 NEL 法在低电压下测量氯离子扩散系数，从而探究多尺度聚丙烯纤维混凝土在卸载后抵抗氯离子渗透的能力。试验前分别对试件施加其抗压强度 0%、20%、40%、60%、80%的轴压荷载，持荷时间设置为 10min、30min 和 50min，以研究荷载大小、荷载作用时间以及掺入纤维对混凝土临界应力、氯离子渗透性的影响。

1. 试验方案

1）试验方法

本次采用的氯离子扩散系数测试法为 NEL 法，该方法试验装置如图 9.17 所示，是由路新瀛和李翠玲[202-204]根据 Nernst-Einstein 方程建立起来的混凝土渗透性快速测定方法，适用于高性能混凝土[205-207]，且测试时间较短、结果可靠性较高、稳定性较好。

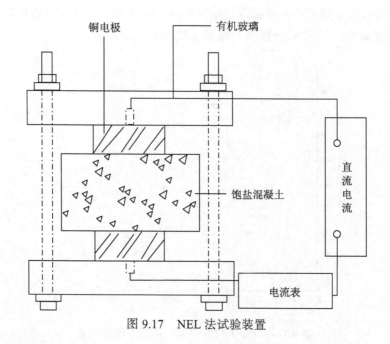

图 9.17　NEL 法试验装置

2）试验设备

如图 9.18 所示，试验所用设备如下：

（1）济南中路昌试验机制造有限公司 YAW-1000 型压力试验机。

（2）北京首瑞测控技术有限公司 UJA 型智能混凝土真空饱水机。

（3）北京耐尔得仪器设备有限公司 NEL-PEU 型混凝土渗透性电测仪。

（4）泰州市海飞速公司的金刚石钻孔机。

（5）泰州市新宇仪器设备厂 SHM-2000 型双端面磨平机。

3）试验过程

（1）本次试验选用尺寸为 150mm×150mm×150mm 的标准混凝土试件，试件分三批，分别为批次一、批次二和批次三，每批均为 A0～A8 试件。

（2）为模拟混凝土结构在实际工程中承受荷载的情况，结合现有试验设备条件，采用压力试验机以单轴加载的方式，给每个试件施加其抗压强度的 0%、20%、40%、60%、80%的轴压荷载，见表 9.5。在加载过程中保持 0.5MPa/s 的速率，当达到预定轴压荷载时，维持预定轴压荷载，批次一试件静置 10min，批次二试件静置 30min，批次三试件静置 50min。

（3）混凝土试件在轴压荷载作用下，其裂缝的产生与发展基本沿轴压方向，在这个方向上混凝土试件抗渗性能最差，因此沿垂直于试件受压方向用钻孔机进行取芯，并使用磨平机打磨试件，得到 $\phi100\text{mm}\times50\text{mm}$ 的试样。在钻芯打磨过程中取试件中间部分，避免表面浮浆层的影响，保证上下表面平整，同时使用千分尺量取试件中心厚度。

(a) 混凝土真空饱水机

(b) 压力试验机

(c) 混凝土渗透性电测仪

(d) 试件夹具

(e) 钻孔机

(f) 磨平机

图 9.18　试验设备

（4）配制 4mol/L 的 NaCl 溶液并静置 8h，利用真空饱盐设备对混凝土试件进行真空饱盐处理。

（5）饱盐后，使用 NEL-PEU 型混凝土渗透性电测仪进行量测。混凝土渗透仪在低电压下，15min 后给出混凝土氯离子扩散系数值。根据表 9.6 对混凝土渗透性分级。

表 9.5　预定轴压荷载

| 试件编号 | 预定轴压荷载/kN | | | | |
	$f/f_{cu}=0\%$	$f/f_{cu}=20\%$	$f/f_{cu}=40\%$	$f/f_{cu}=60\%$	$f/f_{cu}=80\%$
A0	343.14	68.63	137.26	205.88	274.51
A1	354.56	70.91	141.82	212.74	283.65
A2	351.50	70.30	140.60	210.90	281.20
A3	406.32	81.26	162.53	243.79	325.06
A4	415.79	83.16	166.32	249.47	332.63
A5	443.16	88.63	177.26	265.90	354.53
A6	455.79	91.16	182.32	273.47	364.63
A7	489.47	97.89	195.79	293.68	391.58
A8	509.47	101.89	203.79	305.68	407.58

表 9.6　NEL 法混凝土渗透性的评价标准

氯离子扩散系数/($\times10^{-9}$cm^2/s)	混凝土渗透性等级	混凝土渗透性评价
>100	I	非常高
50~100	II	高
10~50	III	中
5~10	IV	低
1~5	V	非常低
<1	VI	可以忽略

2. 试验结果与分析

批次一为维持预定轴压荷载 10min 的试件，试验结果如表 9.7 和图 9.19 所示。

表 9.7　荷载作用 10min 后混凝土氯离子扩散系数

| 试件编号 | 氯离子扩散系数/($\times10^{-9}$cm^2/s) | | | | |
	$f/f_{cu}=0\%$	$f/f_{cu}=20\%$	$f/f_{cu}=40\%$	$f/f_{cu}=60\%$	$f/f_{cu}=80\%$
A0	29.46	31.32	35.36	50.32	89.47
A1	19.85	21.37	29.52	37.08	79.63
A2	21.52	23.00	31.93	45.05	83.82
A3	26.30	28.11	36.75	47.52	77.07
A4	11.15	12.93	22.14	31.42	60.26
A5	7.97	10.58	17.67	24.82	56.51
A6	1.96	1.52	7.96	18.54	46.15
A7	3.51	5.01	8.74	18.22	35.01
A8	1.80	2.97	6.23	14.64	30.96

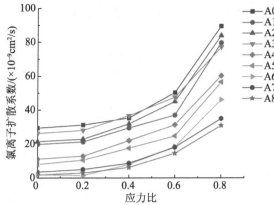

图 9.19　荷载作用 10min 后混凝土氯离子扩散系数变化曲线

批次二为维持预定轴压荷载 30min 的试件，试验结果如表 9.8 和图 9.20 所示。

表 9.8　荷载作用 30min 后混凝土氯离子扩散系数

试件编号	氯离子扩散系数/($\times 10^{-9}$cm^2/s)				
	f/f_{cu}=0%	f/f_{cu}=20%	f/f_{cu}=40%	f/f_{cu}=60%	f/f_{cu}=80%
A0	29.46	32.23	38.36	49.99	94.12
A1	19.85	22.19	31.32	39.12	83.07
A2	21.52	23.89	34.53	48.25	87.62
A3	26.30	29.51	37.65	43.51	80.31
A4	11.15	13.51	24.21	36.32	62.26
A5	7.97	10.98	19.57	27.32	58.49
A6	1.96	1.51	8.46	23.24	47.54
A7	3.51	5.12	10.24	23.52	35.76
A8	1.80	2.95	8.63	18.24	31.55

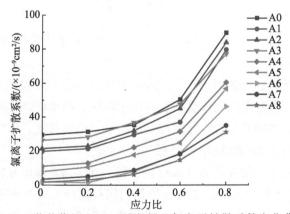

图 9.20　荷载作用 30min 后混凝土氯离子扩散系数变化曲线

批次三为维持预定轴压荷载 50min 的试件，试验结果如表 9.9 和图 9.21 所示。

表 9.9　荷载作用 50min 后混凝土氯离子扩散系数

试件编号	氯离子扩散系数/($\times 10^{-9} cm^2/s$)				
	f/f_{cu}=0%	f/f_{cu}=20%	f/f_{cu}=40%	f/f_{cu}=60%	f/f_{cu}=80%
A0	29.46	33.03	40.66	53.32	95.74
A1	19.85	23.07	32.42	41.38	85.13
A2	21.52	24.23	35.93	49.85	89.02
A3	26.30	30.01	38.05	49.32	82.07
A4	11.15	13.97	25.14	38.52	63.16
A5	7.97	11.58	20.97	29.42	59.42
A6	1.96	4.72	12.96	25.54	47.85
A7	3.51	5.51	11.73	24.22	36.01
A8	1.80	3.27	9.53	20.44	31.96

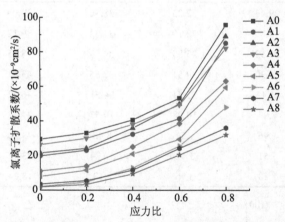

图 9.21　荷载作用 50min 后混凝土氯离子扩散系数变化曲线

由于混凝土试件在浇筑时离析、振捣不密实以及养护过程中干缩等原因，基体内部已存在裂缝。当混凝土试件受荷载作用影响时，内部将产生新的裂缝。随着荷载的增加以及作用时间的延长，裂缝将继续扩展，逐步贯通，形成渗透通道，从而导致混凝土抗氯离子渗透性能增幅降低。

批次二为维持预定轴压荷载 30min 的试件，由表 9.8 和图 9.20 可得以下结论。

（1）在未加载的情况下，掺入纤维均能提高混凝土抗氯离子渗透能力，混掺纤维较单掺纤维对混凝土抗渗性能的提升效果更为显著。混掺聚丙烯纤维混凝土氯离子扩散系数比素混凝土低一个数量级，其中多尺度聚丙烯纤维混凝土 A8 试件抗氯离子渗透效果最为明显，其混凝土渗透性评价为"非常低"。

（2）氯离子扩散系数总体上随着荷载的增大而增大。当应力比小于 0.4 时，9组试件氯离子扩散系数增长幅度较小，整体表现为平缓增长，说明当应力水平小于极限抗压荷载的 40% 时，其对混凝土抗渗性能影响很小。同时 A6 试件在应力比为 0.2 时出现了氯离子扩散系数反而降低的现象，如图 9.22 所示，作者认为混凝土受到轴压荷载作用时会出现压实和压裂两种趋势。压实主要是由于混凝土内部存在孔隙，在轴压荷载作用下使混凝土更加密实，从而渗透性降低，而此处压实占据主导地位。

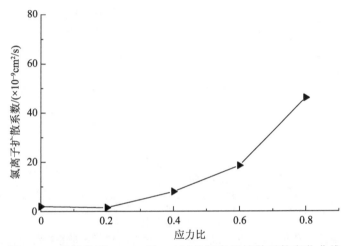

图 9.22　荷载作用 30min 后 A6 试件氯离子扩散系数变化曲线

（3）在 0.6 的应力比下，A0～A4 试件氯离子抗渗性能提升较大。其中 A0 试件的氯离子扩散系数相对于未加载试件提高了 69.7%，而 A6～A8 试件氯离子抗渗性能虽有提升，但效果不如前者明显。在应力比为 0.6～0.8 时，A0～A5 试件的氯离子扩散系数出现了陡增的现象。以 A0 为例，相对于未加载试件，应力比为 0.2、0.4、0.6、0.8 时所对应的氯离子扩散系数增长率分别为 9.4%、30.2%、69.7%、219.5%。在应力比为 0.8 时氯离子扩散系数呈倍数增长，出现了如文献[208]～[214]所提到的临界应力现象。而本试验中 A0～A5 的临界应力出现在应力比 0.6～0.8，与同类研究的结果一致，需要在今后试验中增加应力对比组数，从而可以得到更准确的应力比值。

Sugiyama 等[215]对素混凝土出现临界应力现象的原因进行了解释：当荷载较小时，荷载产生的裂缝主要是界面裂缝，且裂缝宽度较小，贯通性较低，对混凝土的渗透性影响是微弱的。而当应力比达到 0.75 时，砂浆中出现裂缝，界面处的裂缝与砂浆中的裂缝相互连通，裂缝的发展变得很不稳定，且呈加速扩展趋势，在此区间裂缝贯通性显著提高，从而影响混凝土抗渗性能大幅度提升。

但从图 9.23 中发现，三组试件随着荷载的增大，氯离子扩散系数并无陡增段，没有出现临界应力现象，尤其是多尺度聚丙烯纤维混凝土 A7 和 A8 试件，渗透性随着荷载的增大而线性增大。作者推测了两种可能性：①临界应力可能会出现在本试验未设置的应力比 0.8～1.0；②混掺的聚丙烯纤维改善了混凝土基体结构，在应力较大时，抑制了较大裂缝的继续发展，并阻碍裂缝相互贯通，有效地改善了混凝土在某个应力阶段大量有害裂缝的集结、集中产生和无限制发展。

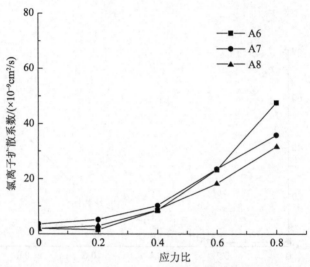

图 9.23　荷载作用 30min 后 A6～A8 试件氯离子扩散系数变化曲线

（4）图 9.24 为单掺一种聚丙烯纤维的混凝土氯离子扩散系数。可以发现，在低应力比（＜0.4）时，由于此时基体内主要以微裂缝的产生和发展为主，单掺粗纤维对混凝土抗渗性的提升不如细纤维。但当达到高应力比（0.8）时，微裂缝数量较多，扩展较快，且裂缝开口相比低应力更大。此时，细纤维的阻裂效果不如粗纤维，粗纤维对混凝土抗渗性的提升大于细纤维。

如图 9.20 所示，加入聚丙烯纤维的混凝土在各个应力比下的抗渗性能均优于素混凝土。图中存在折线交叉，交叉点主要出现在应力比小于 0.6 部分。未达到临界应力，氯离子扩散系数增幅较小。总体而言，抗渗性能在不同荷载作用下表现为：多尺度聚丙烯纤维混凝土＞混掺聚丙烯纤维混凝土＞单掺聚丙烯纤维混凝土＞素混凝土。其中多尺度聚丙烯纤维混凝土 A8 试件在试验设置的 5 种应力水平下，均表现出最好的抗渗效果，其氯离子扩散系数在各个应力比下，分别是素混凝土的 6.11%、9.15%、22.50%、36.48%、33.52%。

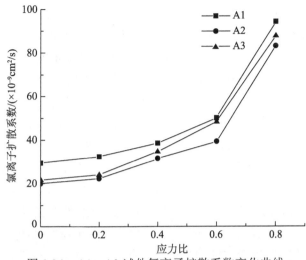

图 9.24　A1～A3 试件氯离子扩散系数变化曲线

（5）通过对比可以看出，批次二为维持预定轴压荷载 30min 的试件，该试验在研究荷载对混凝土抗渗性能影响规律上与批次一和批次三大体相同，此处不再重复分析。

9.3.2　卸载后毛细吸水试验

毛细吸水主要是指在混凝土构件处于非饱和状态下，介质在毛细管力、重力等作用下侵入混凝土结构。因混凝土结构中均存在毛细吸水，吸水速度快、危害性大，所以混凝土抗毛细吸水能力直接影响混凝土结构的耐久性[216]。毛细吸水系数是单位面积的吸收量随着时间开平方的关系曲线过原点切线的斜率[217-219]。

1. 试验方案

Hall 和 Hoff[220,221]在考虑重力的影响下提出了三种一层维度的毛细吸水方式，如图 9.25 所示。

(a) 水平吸水法　　　　　　(b) 重力渗透法　　　　　　(c) 毛细上升法

图 9.25　混凝土毛细吸水试验装置

图 9.25（a）需考虑静水压力的影响；图 9.25（b）是毛细管力和重力共同向下作用；图 9.25（c）是重力与毛细吸附力作用方向相反。考虑到静水压力、重力和毛细管力的影响，为减少试验误差及提高试验的可操作性，本节采用图 9.25（c）

所示的方法进行毛细吸水试验。

　　根据之前试验结果可以发现，单掺、混掺及三掺的方式对混凝土抗渗性能影响较大，而略微调整粗、细纤维比例相比前者对混凝土性能影响较小。为减少工作量，本次试验选取抗渗性能和抗压强度最佳的多尺度聚丙烯纤维混凝土 A8 试件；纤维总掺量及比例均与 A8 试件相同，且在混掺聚丙烯纤维混凝土 A4～A6 中抗渗性能表现最优异的 A6 试件；纤维总掺量与 A8 相同的单掺粗纤维试件 A3；素混凝土试件 A0 作为对比组。本试验共选取 A0、A3、A6、A8 四组试件。

　　本试验主要通过测定毛细吸水量来衡量卸载后多尺度聚丙烯纤维混凝土的抗渗性能。其中，选取具有代表性的 A0、A3、A6、A8 四组试件，应力比为 0、0.2、0.4、0.6、0.8。有研究发现，荷载作用时间对混凝土抗渗性能影响较大，所以本试验在荷载作用时间上设置了 5 个时间点。分别探究了荷载大小、荷载作用时间、吸水时间对混凝土抗毛细吸水能力的影响。同时，增加 A8 试件在应力比为 0.9 时的吸水试验，以研究 9.3.1 节未解决的 A8 试件未出现临界应力现象的原因。

　　（1）每组选用尺寸为 100mm×100mm×100mm 的混凝土试件，其原料、混凝土配合比、纤维掺入方式、浇筑及养护方法与第 2 章混凝土试件的制作完全一致，试验过程如图 9.26 所示。

(a) 试件加载　　　　　　　　(b) 烘干　　　　　　　　(c) 吸水

图 9.26　试验过程

　　（2）采用压力试验机以单轴加载的方式，给每个试件施加其抗压强度的 0%、20%、40%、60%、80% 的应力，见表 9.5。在加载过程中保持 0.5MPa/s 的加载速度，当达到预定轴压荷载时，维持预定轴压荷载。四组试件分别分为 5 个批次，即批次一试件静置 10min；批次二试件静置 30min；批次三试件静置 60min；批次四试件静置 120min；批次五试件静置 240min。

　　（3）试件加载后，将其放入烘干机中以 70℃烘干 24h 以上，将与受压面垂直的四个面用石蜡密封，以保证水分的一维扩散。

　　（4）使用精度为 0.01g 的电子秤称重各个试件质量后，将试件放入水槽中，试件底部放置小垫块，然后向容器中缓慢加入水，高出试件底面约 10mm。每隔

30min、60min、120min、240min、360min、480min、600min、720min 将试件从水槽中取出，擦掉表面浮水称重。

2. 试验结果与分析

本试验选用 A0、A3、A6、A8 四组试件，在其抗压强度 0%、20%、40%、60%、80%的应力水平下，分别持荷 10min、30min、60min、120min、240min。

1）吸水时间对毛细吸水量的影响

图 9.27 为持荷 240min 时，A0、A3、A6、A8 四组试件在不同应力比下单位体积毛细吸水量随吸水时间的变化曲线。

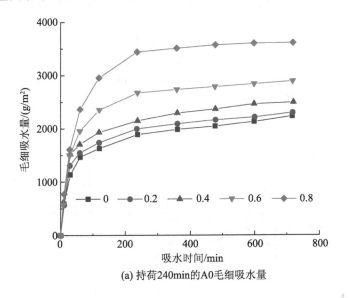

(a) 持荷240min的A0毛细吸水量

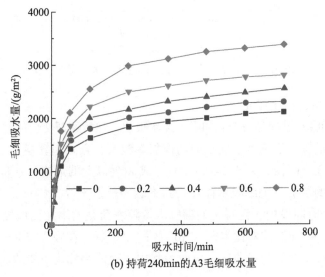

(b) 持荷240min的A3毛细吸水量

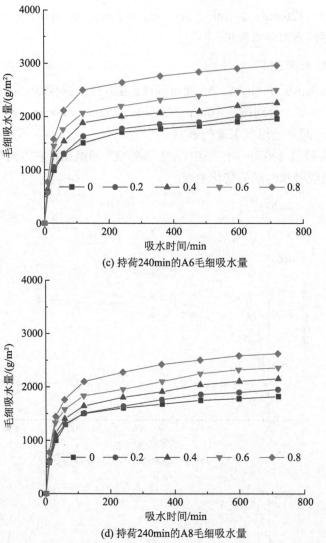

(c) 持荷240min的A6毛细吸水量

(d) 持荷240min的A8毛细吸水量

图 9.27　持荷 240min 试件在不同应力比下毛细吸水量随吸水时间的变化曲线

由图 9.27 可得以下结论。

（1）毛细吸水过程是一个起初吸水速率很快，然后逐渐变慢的过程。在 120min 之前吸水速率很快，毛细吸水曲线的切线斜率较大，且减小缓慢。在 120～240min 毛细吸水速率逐步降低，并于 240min 时完成 80% 以上的最终吸水量。此后，随着毛细吸水时间的增加，毛细吸水曲线的斜率缓慢趋近于 0。

（2）各个时间段内，混凝土毛细吸水量随着荷载的增加而增加。通过图 9.27 （a）、（b）、（c）、（d）的对比发现，A0、A3、A6 试件在吸水 500min 后，应力比为 0、0.2、0.4、0.6 的四条曲线位置较为集中，而应力比为 0.8 的曲线在图中位置最高且较远，即应力比小于 0.6 时，毛细吸水量随荷载的增大而逐渐增大，当应力比达到 0.8 时，会出现毛细吸水量随荷载增大而陡增的临界应力现象。而 A8 试件五条曲线分布则相对均匀，未出现该现象，得到了与氯离子渗透试验相似的结论。

为验证 A8 试件未出现临界应力现象的两个假设：①临界应力出现在本试验未设置的 80%～100%；②多尺度聚丙烯纤维改善了混凝土基体结构，在应力较大时，抑制了较大裂缝的继续发展，并阻碍裂缝相互贯通，有效地改善了混凝土在某个应力阶段大量有害裂缝的集中产生与之后的无限制发展。

增加一组试验，即施加 A8 试件抗压强度 90%和 95%的预定轴压荷载，维持240min 后做毛细吸水试验，测试吸水时间为 720min 时的毛细吸水量。

在试件加载过程中，当应力比达 0.9 时，A8 试件在卸载后表面出现了肉眼可观察到的宏观裂缝，且边角出现了脱落现象，如图 9.28 所示。加载到抗压强度 95%时，试件受压破坏，无法进行后续试验。主要原因在于抗压强度采用的是三个时间的平均值，由于试验离散性，该试件未达到所计算的抗压强度，出现了在 0.95 的应力比水平下的破坏现象。

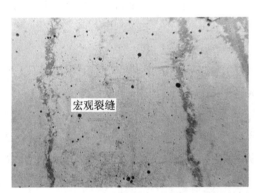

图 9.28　A8 试件加载（应力比为 0.9）

选取持荷 240min，吸水 720min 时的四组试件的毛细吸水量做对比，如图 9.29所示。

研究结果发现，A0、A3、A6 的毛细吸水量在应力比为 0.6～0.8 时出现了陡增，其临界应力比依旧在 0.6～0.8。而 A8 试件在荷载达到 90%的抗压强度时依旧未出现临界应力现象，其毛细吸水量随荷载的增大呈线性增长，未出现在某个应力阶段陡增的现象。

据此推断，多尺度聚丙烯纤维改善了混凝土基体质量，有效地改善了混凝土在某个应力阶段大量有害裂缝的集中产生与之后的无限制发展，阻碍裂缝相互贯通，显著提高了混凝土的韧性，使混凝土破坏过程更为平缓。

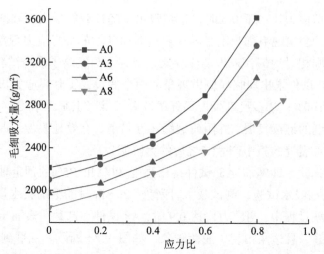

图 9.29　持荷 240min 试件在不同应力比下毛细吸水量随吸水时间的变化曲线

以上仅列举持荷时间为 240min，四组试件毛细吸水量在荷载和吸水时间影响下的规律。而四组试件在另外四个持荷时间上，表现出与试件持荷 240min 大体相同的规律，此处不再全部列出。

2）荷载作用时间对毛细吸水量的影响

通过提取试件在吸水时间 720min 时的毛细吸水量来探究荷载作用时间以及聚丙烯纤维对其的影响规律，如图 9.30 所示。

由图 9.30 可得以下结论。

（1）四组试件在相同的持荷时间下，毛细吸水量由大到小分别为：A0 > A3 > A6 > A8。掺入纤维能明显提高不同应力水平下混凝土的抗毛细吸水能力，且混掺粗、细纤维对混凝土抗渗性的提升更为明显，多尺度聚丙烯纤维混凝土 A8 试件在各个持荷时间下均表现出最好的抗毛细吸水能力。

（2）总体而言，荷载大小对混凝土毛细吸水量的影响远大于荷载作用时间。在同一荷载作用下，毛细吸水量随持荷时间的增加而增加。当持荷时间小于 60min 时，持荷时间对毛细吸水量影响很大，之后逐渐减小；当持荷时间达到 120～240min 时，毛细吸水量增长幅度已经很小。

毛细吸水量与荷载作用下裂缝展开程度有直接关系。持荷时间较短时，裂缝发展并不充分，混凝土弹性变形大，卸载后裂缝收缩量较大。随着持荷时间的增加，混凝土塑性变形增大。当持荷时间达到 120min 时，裂缝发展较为充分，卸载后，依旧会发生裂缝闭合现象，但此时裂缝收缩量较之前大大减小，残余应变大幅度提高。因裂缝闭合现象，卸载后和持荷时的试验数据会有一定差值，而差值随着持荷时间的增加而降低。

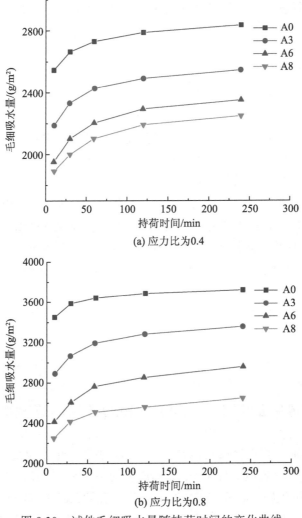

(a) 应力比为0.4

(b) 应力比为0.8

图 9.30　试件毛细吸水量随持荷时间的变化曲线

　　A0 试件在持荷时间为 120min 时，在 0.4 和 0.8 两个应力比下毛细吸水量分别占 240min 吸水量的 91.1%、89.3%，且之后增长幅度很小。所以推荐毛细吸水试验持荷时间选择 120min。

　　对比 10～60min 曲线段发现，纤维混凝土斜率大小对持荷时间长短更为敏感。计算应力比 0.8 时的四组曲线斜率分别为 6.65、9.15、8.90、9.61。当荷载作用时间较短时纤维混凝土曲线斜率比素混凝土大。

　　聚丙烯纤维的加入增加了混凝土的韧性。在荷载作用下，纤维吸收部分能量，对裂缝的产生和发展都起到了抑制作用，并减少其塑性变形。卸载后，裂缝收缩量因纤维的掺入而增加，残余应变减小。直观理解为纤维的掺入增加了混凝土的"弹性"。荷载作用时间较短时，素混凝土裂缝产生和发展的充分程度大于纤维混凝土。

9.3.3　持荷时毛细吸水试验

　　试件在无荷载作用下的渗透性研究往往不能代表实际结构所处的状态，荷载对混凝土抗渗性影响的大部分研究都是在卸载后进行的。虽然研究引入了荷载因素，但研究表明[209,214]，卸载后裂缝会发生闭合现象，使用卸载后的混凝土渗透性研究结果直接反映加载时的渗透性是不准确的。为尽可能贴近工程实际情况，研究持荷时荷载和纤维对混凝土渗透性的影响，本节进行持荷时毛细吸水试验。

　　之前章节的试验对预定轴压荷载大小、作用时间、吸水时间以及纤维对混凝土抗渗性影响做了较为详细的研究，共同规律不再重复论证。所以本次试验仅选取具有代表性的影响因素：选取应力比为 0.8 和 0.4，持荷时间也选取吸水速率较大的 30min 和裂缝发展较充分、卸载裂缝收缩闭合对混凝土抗渗性影响相对较小的 120min。

　　结合相同试验条件下卸载后的试验结果，对比卸载后和持荷中两个荷载条件对混凝土抗渗性的影响，并寻找最贴近混凝土服役时实际情况，同时简化试验过程的加载方案。

　　1. 试验概况

　　试验原理和试验过程同 9.3.2 节卸载后毛细吸水试验。只改变试验过程中试件加载步骤。

　　在施加荷载前，将试件放入容器中，一起放置于压力试验机上施加轴向压力，如图 9.31 所示。当达到预定荷载时，立即向容器中注水。荷载选取抗压强度的 40% 和 80%，持荷时间定为 30min 和 120min，用于和卸载后毛细吸水试验作对比。持荷时间到时，立即取下试件并擦去表面浮水，然后测量该时间下的毛细吸水量。

　　2. 试验结果与分析

　　本试验对象为 A0、A3、A6、A8 四组试件，试验结果见表 9.10～表 9.11。试件持荷大小为抗压强度的 40% 和 80%，毛细吸水时间分别为 30min 和 120min，同时其加载时间也为 30min 和 120min。对应选取卸载后毛细吸水试验数据中持荷大小为抗压强度 40% 和 80%，持荷时间为 30min 和 120min 的试件，毛细吸水时间分别为 30min 和 120min 时的毛细吸水量，做对比研究。

　　（1）混凝土毛细吸水量随荷载大小和作用时间的增加而增加，混凝土毛细吸水性对荷载大小的敏感度大于荷载作用时间。根据表 9.10 和表 9.11 发现，应力比 0.4 和吸水时间为 120min 时试件的毛细吸水量明显高于应力比 0.8 和吸水时间为

30min 时。毛细吸水性对吸水时间的敏感度大于荷载大小及作用时间。混凝土抗毛细吸水性能提升效果：多尺度聚丙烯纤维混凝土＞混掺聚丙烯纤维混凝土＞单掺聚丙烯纤维混凝土＞素混凝土。与卸载后毛细吸水试验的规律相似。

图 9.31　试验过程

表 9.10　试件毛细吸水量（应力比为 0.4）

试件编号	状态	时间/min	毛细吸水量/(g/m²)
A0	卸载后	30	575
		120	1523
	持荷中	30	599
		120	1572
A3	卸载后	30	506
		120	1206
	持荷中	30	521
		120	1242
A6	卸载后	30	444
		120	1052
	持荷中	30	476
		120	1093
A8	卸载后	30	403
		120	1001
	持荷中	30	543
		120	1096

表 9.11　试件毛细吸水量（应力比为 0.8）

试件编号	状态	时间/min	毛细吸水量/(g/m²)
A0	卸载后	30	1150
		120	3047
	持荷中	30	1334
		120	3261
A3	卸载后	30	1012
		120	2412
	持荷中	30	1106
		120	2554
A6	卸载后	30	888
		120	1910
	持荷中	30	952
		120	1990
A8	卸载后	30	798
		120	1701
	持荷中	30	852
		120	1762

（2）相比卸载后研究混凝土的毛细吸水，持荷时的加载条件更贴近实际工程。而预定轴压荷载为 80%抗压强度，作用时间为 120min 时，四组试件的毛细吸水量分别已达到对应持荷中毛细吸水量的 93.4%、94.4%、96.0%、96.5%，试验结果较接近持荷中毛细吸水试验结果。此时，卸载后裂缝闭合对混凝土渗透性影响较小。

9.3.4　饱水法测定孔隙率试验

对混凝土孔隙率的研究属于材料的细观层次。混凝土材料在细观层次上为多相复合材料，主要由混凝土基质、粗骨料、细骨料、过渡区界面以及孔隙组成。混凝土材料的孔隙分为开口连通孔隙和闭口孔隙，两者孔隙率之和为总孔隙率，但影响混凝土抗渗性能的主要为开口孔隙。在荷载作用下，随着裂缝的产生与发展，部分闭口孔隙会被裂隙连通成为开口孔隙，从而增大了混凝土的开口孔隙。

在试验过程中使用真空饱水机抽取真空，此处主要是抽取混凝土中孔隙内的空气，便于之后开口孔隙被水填充。所以本次试验基于饱水法测定混凝土孔隙率，主要是指测量混凝土的开口孔隙率，即假定闭口孔隙不参与作用。

饱水法测定混凝土孔隙率的计算公式[222]如下：

$$\varepsilon_1 = \frac{V_V}{V} = \frac{(W_2 - W_3)/\rho_w}{(W_2 - W_1)/\rho_w} = \frac{W_2 - W_3}{W_2 - W_1} \tag{9.4}$$

式中，ε_1 为混凝土试件的饱水孔隙率；W_1 为试件饱和状态时悬吊在水中的质量；W_2 为试件饱和面干时的质量；W_3 为试件烘干后的质量；V_V 为试件孔隙的总体积；V 为试件的总体积；ρ_w 为水的密度。

通过饱水法来测量卸载后混凝土的孔隙率，以研究荷载大小对孔隙率的影响，分析孔隙率与多尺度聚丙烯纤维混凝土的抗渗性能之间的关系。

1. 试验概况

1）试验装置

（1）北京首瑞测控技术有限公司 UJA 型智能混凝土真空饱水机。

（2）常州市幸运电子设备有限公司静水天平。

（3）耐美特工业设备有限公司 NMT-2005 标准型烘干箱。

（4）济南中路昌试验机制造有限公司 YAW-1000 型压力试验机，其中部分试验装置如图 9.32 所示。

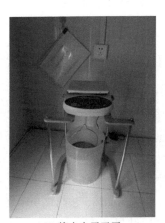

(a) 混凝土真空饱水机　　　　　　　(b) 静水电子天平

图 9.32　试验设备

2）试验过程

（1）选取 A0、A3、A6、A8 四组尺寸为 100mm×100mm×100mm 的混凝土试件。

（2）采用压力试验机以单轴加载的方式，给每个试件施加其抗压强度的 0%、20%、40%、60%、80%、90%的应力。在加载过程中保持 0.5MPa/s 的加载速度，当达到预定轴压荷载时，维持预定轴压荷载，试件静置 120min。

（3）利用真空饱水机对混凝土试件进行真空饱水处理。

（4）饱水后，采用静水天平测量试件饱和状态时悬吊在水中的质量 W_1、饱和面干时的质量 W_2，将试件移入烘干箱中以 60℃ 的温度烘干 24h 以上，测量试件烘干后质量 W_3，如图 9.33 所示。

　(a) 试件悬吊在水中的质量　　　(b) 试件饱和面干质量　　　(c) 试件烘干后质量

图 9.33　试件称重

（5）利用式（9.4）计算试件的孔隙率。

2. 试验结果与分析

孔隙率是研究混凝土的重要指标之一，它对混凝土的强度、渗透性能、耐久性能有重要影响。但混凝土的渗透性能并不完全取决于孔隙率，还与孔径分布、孔几何特征有密切的联系。

本试验选择 A0、A3、A6、A8 四组试件，给每个试件施加其抗压强度的 0%、20%、40%、60%、80%、90% 的应力。维持荷载 120min 后卸载，测量试件的孔隙率。试验结果如表 9.12、图 9.34 所示。

表 9.12　不同应力比下试件的孔隙率　　　　　　（单位：%）

试件编号	应力比					
	0	0.2	0.4	0.6	0.8	0.9
A0	3.131	3.252	3.666	4.281	6.283	8.863
A3	3.157	3.167	3.496	3.887	5.686	7.562
A6	3.330	3.270	3.489	3.795	5.045	6.763
A8	3.551	3.560	3.784	3.953	4.796	5.932

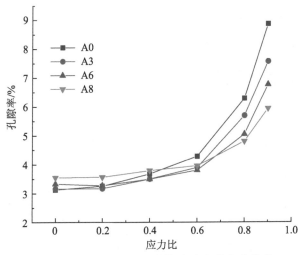

图 9.34　不同应力比下试件孔隙率的变化曲线

由此可得以下结论。

（1）在不施加荷载的情况下，四组混凝土试件 A0、A3、A6、A8 的孔隙率分别为 3.131%、3.157%、3.330%、3.551%。在不考虑测量误差的情况下，相比素混凝土，单掺粗纤维对孔隙率的提升效果很小，而混掺两种和三种纤维均能提高混凝土的孔隙率。但总体而言，四组混凝土试件的孔隙率相差不大，说明均匀分散在混凝土中的聚丙烯纤维对孔隙率影响不大。

（2）随着荷载的增加，四组试件的孔隙率逐渐增加。在应力比小于 0.6 时，增加幅度较为缓慢。而应力比超过 0.6 之后，试件孔隙率的增长速度突然增大，孔隙率大幅度提高，其中以素混凝土提升幅度最为明显。当应力比达到 0.8 时，四组试件 A0、A3、A6、A8 的孔隙率分别为 6.283%、5.686%、5.045%、4.796%，素混凝土孔隙率相比无荷载作用时提高了 100.7%，而 A8 试件仅提高了 35.1%。荷载对素混凝土孔隙率的影响较纤维混凝土大很多。

对比试验条件相同的吸水试验结果（图 9.35）发现，在应力比达到 0.8 时，孔隙率与混凝土的渗透性呈正线性相关，相关系数为 0.9343。

而应力比小于 0.6 时，孔隙率与渗透性并无明显相关性。表明当荷载较小时，孔隙率与混凝土渗透性并无直接关联。当荷载达到抗压强度 80%以上时，孔隙率与渗透性呈正线性相关，即孔隙率越高，渗透性越高。

分析原因，作者认为在无荷载或较低应力水平下，影响混凝土抗渗性的主要因素为孔径分布和孔几何特征。而当应力比达到 0.8，超过试件的临界应力时，裂缝产生与发展水平较高，基体内的裂缝多为对抗渗性影响很大的直径较大裂缝，且连通性较高。此时，孔隙率越大，混凝土基体内部的渗水通道越多，混凝土的渗透性也越高。

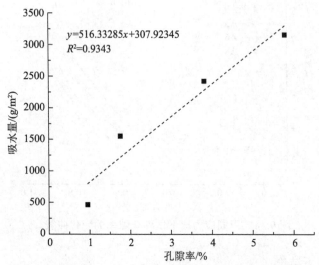

图 9.35　应力比为 0.8 时试件毛细吸水量与孔隙率的关系

9.4　多尺度聚丙烯纤维混凝土抗渗机理研究

由于纤维对混凝土基体的增强作用，纤维混凝土与普通混凝土的渗透特性并不相同，而荷载对纤维混凝土和普通混凝土的破坏情况也不一样。本节研究纤维混凝土的增强机理，从本质上改变混凝土收缩性大、抗拉强度低以及韧性差等固有缺陷，提高混凝土力学及耐久性能，为混凝土性能改善、结构设计提供理论基础。

9.4.1　核磁共振和卸载后压汞试验

混凝土主要是由粗、细骨料以及水泥水化产物等组成的，是一种内部结构非常复杂的多孔材料。混凝土内部的孔结构对基体的耐久性能和力学性能都有较大的影响。混凝土的孔结构主要包括以下三个方面：孔隙率、孔径分布和孔几何特征。

本节通过核磁共振和压汞试验来测量混凝土的孔隙率、临界孔径、孔径分布等来研究聚丙烯纤维和荷载对混凝土内部孔结构的影响。

核磁共振试验选取 A0、A3、A6、A8 四组无荷载作用的混凝土试件，由于后期实验室设备维修调试，核磁共振仪器无法使用，改为压汞试验。测量 A0、A3、A6、A8 四组混凝土试件，在预定轴压荷载为抗压强度 40% 和 80%，荷载作用时间为 120min 时，得出卸载后的孔隙率、临界孔径、孔径分布等数据。

1. 试验概况

1）核磁共振所需设备

（1）纽迈科技有限公司的大口径核磁共振分析与成像系统，型号为 MacroMR12-150H-I 型。

（2）北京首瑞测控技术有限公司生产的智能混凝土真空饱水机。

（3）上海飞速机电设备有限公司的金刚石钻孔机。

（4）泰州市新宇仪器设备厂磨平机。

本次试验选取未加荷载的 A0、A3、A6、A8 四组试件，试件尺寸为直径 50mm、长度 100mm 的标准圆柱体试件，如图 8.32 所示。

试验步骤如下：①采用智能混凝土真空饱水机对试样进行抽真空饱和水；②将试件放入线圈中，利用 MacroMR12-150H-I 型核磁共振分析与成像系统进行核磁共振测量，得到 T2 曲线，并转化为孔径分布图。

2）压汞试验所需设备

（1）美国康塔仪器公司生产的 PoreMaster 33 型全自动压汞仪，如图 9.36 所示。

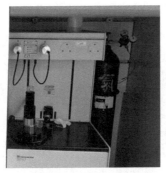

图 9.36　压汞仪

（2）沈阳深瑞真空工业有限公司生产的真空烘干箱，如图 9.37 所示。

图 9.37　真空烘干箱

2. 试验结果与分析

1）核磁共振数据处理

无荷载作用的 A0、A3、A6、A8 四组试件通过核磁共振试验得到 T_2 曲线，并转化为孔径分布图，如图 9.38 所示，孔隙数据见表 9.13。

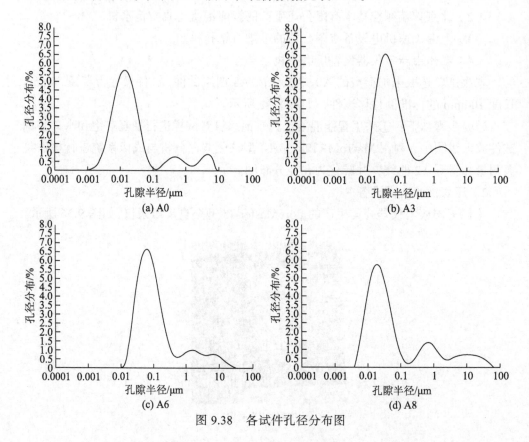

图 9.38　各试件孔径分布图

表 9.13　各试件孔隙数据

试件编号	状态	体积/mL	孔隙率/%	束缚流体饱和度/%	自由流体饱和度/%	T_2 截止值/ms
A0	饱水	195.69	3.314	69.599	30.401	10
A3	饱水	194.95	3.282	70.331	29.669	10
A6	饱水	195.89	3.504	84.459	15.542	10
A8	饱水	196.31	3.649	78.384	21.616	10

2）压汞试验数据处理

如图 9.39 和图 9.40 所示，本试验 A0、A3、A6、A8 四组试件在预定轴压荷载为抗压强度 40%和 80%，荷载作用时间为 120min，卸载后，做压汞试验，由压汞试验可以得到孔结构参数，包括孔隙率、最可几孔径、临界孔径、分形维数等。

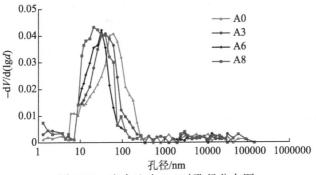

图 9.39　应力比为 0.4 时孔径分布图

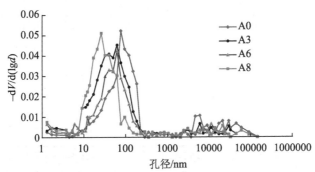

图 9.40　应力比为 0.8 时孔径分布图

为便于更直观地比较孔径参数和孔径分布，将核磁共振和压汞试验数据统计到表 9.14 和表 9.15 中。

表 9.14　孔结构试验参数

试件编号	应力比	孔隙率/%	最可几孔径/nm	临界孔径/nm	分形维数
	0	3.314	43.21	59.02	—
A0	0.4	4.084	60.34	72.32	2.432
	0.8	6.421	89.31	102.34	2.463
	0	3.282	40.12	54.15	—
A3	0.4	3.764	54.32	61.43	2.422
	0.8	5.765	76.32	86.45	2.301
	0	3.504	34.68	48.33	—
A6	0.4	3.678	47.34	53.34	2.386
	0.8	5.214	58.76	68.30	2.436
	0	3.649	32.32	42.42	—
A8	0.4	3.876	37.34	46.34	2.386
	0.8	4.989	42.14	62.20	2.382

在混凝土中，根据孔隙尺寸的大小对孔进行划分的方法有很多种，如超微孔（＜5nm）、微毛细孔（5～100nm）、毛细孔（100～1000nm）和大孔（＞1000nm）。为了便于比较分析，本节按照吴中伟和廉慧珍[192]的孔径分级方法，将混凝土孔径划分为三个范围。利用软件计算出每个孔径范围所占总孔隙的百分比，比较纤维和荷载对孔径分布的影响，得出表9.15。

表 9.15　孔径分布

试件编号	应力比	孔径分布/%		
		＜20nm	20～100nm	＞100nm
A0	0	2.06	54.72	43.22
	0.4	1.53	48.94	49.53
	0.8	1.03	34.52	64.45
A3	0	10.43	54.30	35.27
	0.4	8.33	49.13	42.54
	0.8	5.32	44.34	50.34
A6	0	14.37	55.96	29.67
	0.4	10.24	53.33	36.43
	0.8	8.24	49.33	42.43
A8	0	16.56	56.57	26.87
	0.4	14.01	52.43	33.56
	0.8	10.21	49.14	40.65

混凝土孔结构的优劣直接决定了混凝土抗渗性能大小，本节通过孔隙率、分形维数、孔径分布、孔几何特征等方面来分析纤维和荷载变化对混凝土抗渗性能的影响。

（1）孔隙率。孔隙率对混凝土抗渗性能的影响在9.3.4节已做分析。值得一提的是，通过核磁共振试验测得的孔隙率与饱水法基本相同，而压汞试验测得的孔隙率较饱水法略微偏大，见表9.16。分析原因，主要是核磁共振试验同饱水法一样都使用真空饱水机对试件饱水后测量孔隙率，所以基本相同。而压汞试验是通过压力将汞压入混凝土孔隙中，此过程难免会对孔隙造成一定的影响，但从试验结果来看，压汞试验孔隙率只是略有提高。

（2）分形维数。混凝土内部的孔隙通常并不规则，且无序分布，并非传统假设那样光滑、平直、等大、规则。孔隙分形维数则在一定程度上反映了孔隙的形态，分形维数越高，孔隙的表面越复杂，渗水通道更为复杂，混凝土的渗透性也越低。而本试验测得的分形维数相差不大，说明荷载大小、纤维掺入对混凝土渗透性影响较小。

表 9.16　混凝土孔隙率　　　　　　（单位：%）

试件编号	应力比 0		应力比 0.4		应力比 0.8	
	核磁共振	饱水法	压汞试验	饱水法	压汞试验	饱水法
A0	3.314	3.131	4.084	3.666	6.421	6.283
A3	3.282	3.157	3.764	3.496	5.765	5.686
A6	3.504	3.330	3.678	3.489	5.214	5.045
A8	3.649	3.551	3.876	3.784	4.989	4.796

（3）孔径分布、最可几孔径和临界孔径对混凝土渗透性影响很大。最可几孔径就是出现概率最大的，也就是孔径分布曲线峰位置的孔径。临界孔径是指能将较大的孔隙连通起来的各孔的最大孔级，反映了混凝土中孔隙的连通性和渗透路径的曲折性，对混凝土影响较大。

①在无荷载作用时，孔隙率大体相同。通过计算，A0、A3、A6、A8 四组试件孔径大于 100nm 的孔占比分别为：43.22%＞35.27%＞29.67%＞26.87%。孔径小于 50nm 的孔占比分别为：19.63%＜25.23%＜29.36%＜32.65%。Mehta[223]等众多学者研究表明，孔径大于 100nm 的孔含量严重影响混凝土强度，孔径小于 50nm 的凝胶孔数量反映凝胶数量的多少，而凝胶数量越多，混凝土强度越高。与 9.2 节混凝土抗压试验结果相吻合，纤维减少了混凝土中有害孔的占比，从而提高了混凝土强度，从孔结构角度解释了纤维改善混凝土强度的机理。

同理，纤维的掺入减少了影响混凝土抗渗性的有害孔占比，同时降低了最可几孔径和临界孔径。A0 试件临界孔径最大，A8 最小，仅为 A0 的 71.87%。在孔隙率大体相同的情况下，素混凝土的连通性大于纤维混凝土，导致其渗透性较高，因此掺入纤维可以提升混凝土的抗渗性能。其中多尺度聚丙烯纤维混凝土 A8 试件最可几孔径和临界孔径在四组试件中均最小，分别为 32.32nm、42.42nm，属于渗透性很低的凝胶孔。

②在荷载作用下，随着荷载的增大，四组试件的最可几孔径、临界孔径和有害孔占比也变大。素混凝土增幅最大，在应力比为 0.8 时，其临界孔径增大到 102.34nm，属于有害孔的范围，同时其有害孔占比已达到了 64.45%，此时混凝土的渗透性已经较大。A3 混凝土最可几孔径和临界孔径虽有提高，但增幅相比素混凝土小，且均位于少害孔的范围，其有害孔占比为 50.34%。而混掺聚丙烯纤维混凝土 A6 试件和多尺度聚丙烯纤维混凝土 A8 试件增幅要小很多，其临界孔径仅为素混凝土的 66.7%和 60.8%，而有害孔占比也仅为素混凝土的 65.8%和 63.1%。说明粗、细纤维混掺能够更好地改善荷载下混凝土的孔结构。

低应力比（0.4）时，四组试件孔径参数变化规律与高应力比（0.8）时相似。混凝土在荷载作用下，最可几孔径、临界孔径以及有害孔占比均增加，但纤维的掺入能够降低各孔径参数的增幅，削弱荷载对孔结构的破坏程度，从而提高混凝土的抗渗性能。

综上所述，纤维的掺入降低了混凝土的临界孔径，使混凝土基体连通性降低，同时减少透水性较高的有害孔占比，改善了混凝土的孔结构。并且三种纤维混掺对孔结构的改善效果优于两种纤维混掺，优于单掺粗纤维。

③通过图 9.39 和图 9.40 发现，在应力比为 0.8 时，混凝土内部会产生较大裂缝，即孔径分布中的大孔。A0 孔径在 7000～500000nm 的孔占比为 17.37%，三组纤维混凝土在此范围内的孔径占比分别为 9.83%、11.43%、11.28%。而在应力比为 0.4 时，四组试件孔径在 7000～500000nm 的孔占比仅为 3.93%、2.43%、1.987%、2.03%。说明荷载作用时间为 120min 时，在超过临界应力的 80%抗压强度荷载下会发展出较多的大孔裂缝，较大裂缝的渗透性很高，其成为混凝土重要的渗水通道，混凝土的连通性显著增加，从而影响了混凝土的抗渗性能。

而当粗纤维掺入后，在高应力比下，混凝土大孔径占比明显减少。对比三组纤维混凝土，在纤维掺量相同时，粗纤维比例最大的 A3 试件孔径在 7000～500000nm 的占比最小。减小粗纤维比例，换成细纤维后，该范围的大孔径占比提高，说明粗纤维对于孔径在 7000～500000nm 的裂隙的抑制作用明显，且优于细纤维。

对比三组纤维混凝土小于 100nm 的孔径占比，掺入细纤维的 A6 和 A8 分别比单掺粗纤维 A3 多了 7.91%和 10.91%，说明细纤维对孔径较小的孔隙影响较大。在粗纤维掺量相同时，两种细纤维的高低搭配对孔经分布的改善效果要优于一种细纤维。

9.4.2　纤维混凝土抗渗机理分析

为了研究聚丙烯纤维混凝土内部纤维与基体的黏结情况、纤维分布情况、孔隙分布情况、纤维与孔隙关系等，本节进行扫描电镜试验，试验选用 TESCAN-7718 型扫描电子显微镜，如图 9.41 所示，经过试件制作、烘干、喷金、电镜扫描等过程。

(a) 喷金　　　　　　　　　　　(b) 电镜扫描

图 9.41　扫描电镜试验

1. 纤维与混凝土基体的黏结

在聚丙烯纤维混凝土中，纤维与混凝土基体之间存在过渡层界面，该过渡层对混凝土基体和聚丙烯纤维之间的黏结强度有很大影响，如图 9.42 所示。界面层位于纤维与混凝土基体之间，厚度为 $10\sim80\mu m$ 不等。界面层主要由双层膜、CH 晶体富集区、多孔区三部分组成。

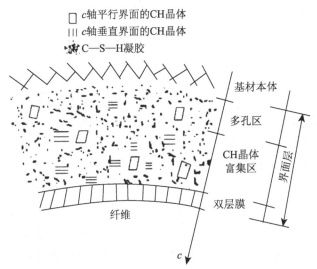

图 9.42　纤维与混凝土基体界面层

纤维与混凝土基体界面的黏结强度特征参数主要有化学黏结强度和摩擦黏结强度，其中摩擦黏结强度的提高有利于更好地发挥纤维的高强度、高弹性模量的特性[224]。如图 9.43 所示，纤维表面并不光滑，而是呈波浪状，显著提高了界面摩擦黏结强度，同时纤维表面附着大量水化产物，较为密实，且界面过渡层较为均匀、孔隙较少。说明聚丙烯纤维与混凝土基体之间有较高的黏结强度，有利于发挥纤维高强度、高弹性模量的特性。

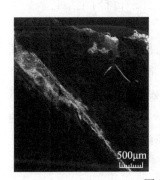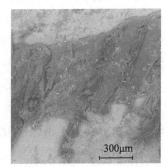

图 9.43　纤维与混凝土基体界面微观形貌

　　2. 纤维对无荷载作用时混凝土抗渗增强机理

　　混凝土无荷载作用时，在搅拌的过程中，掺入的纤维在搅拌机的作用下，会散开均匀分布于混凝土内。由于纤维与混凝土基体之间的黏结力较强，均匀分散的纤维在混凝土内部形成三维空间网架结构支撑体系，有效地加强了混凝土基体。

　　（1）混凝土塑性裂缝的产生主要发生在混凝土硬化前。水分的消耗、蒸发等，在混凝土内部产生塑性收缩，同时由于重力作用形成沉降裂缝。而均匀分散的纤维在混凝土内部形成三维空间网架结构，吸收部分收缩能量分散到无数纤维上。大量纤维在砂浆中产生很强的拉应力，限制微裂缝的产生和发展，从而有效地增强了混凝土的韧性，减少了混凝土初凝时收缩引起的裂缝。同时形成的网架结构支撑体系，像筛子一样，承托骨料，阻碍细骨料的离析，抑制其下沉，降低了混凝土早期的泌水，并保证其泌水的均匀性，从而抑制了沉降裂缝的形成与发展。另外，大量分布在砂浆中的纤维对毛细管产生了很强的挤压应力，使毛细管缩小，甚至将其阻塞分割成为渗透性极低封闭的孔隙[225]。

　　（2）当混凝土浇筑完成后，受温度、水分蒸发不一致等影响，造成体积收缩不均匀，而此时砂浆强度不高，难以抵抗这一收缩力，从而形成干缩裂缝。而纤维的存在可分散、抵抗、传递部分内应力，同时使得混凝土单体与单体之间的吸附力增大，并趋于一个整体，降低收缩的不均匀性，从而抑制此时微裂缝的产生与发展。

　　纤维对混凝土增强作用最直观的表现是：相比素混凝土有害孔占比为43.22%，掺入纤维后有害孔占比明显降低，A3、A6、A8试件有害孔占比分别为素混凝土的81.60%、68.65%和62.17%。而混凝土塑性收缩、沉降、干缩裂缝直径较大，均属于有害孔，所以纤维对混凝土服役前的增韧阻裂增强效果明显。

　　对比四组试件最可几孔径：43.21nm、40.12nm、34.68nm、32.32nm，纤维的掺入在一定程度上细化了孔径。A3试件最可几孔径相比素混凝土降低了7.15%，而掺入细纤维的A6和A8试件分别降低了19.74%、25.20%，对毛细孔产生了挤压应力，使毛细孔缩小，甚至将其阻塞，这主要由细纤维承担，细纤维对毛细孔级别的孔径细化作用效果远优于粗纤维。

　　临界孔径是指将较大的孔隙连通起来的各孔的最大孔径，在一定程度上反映了混凝土中孔隙的连通性和渗透路径的曲折性。在混凝土内部的无数纤维抑制裂缝产生与发展的同时，部分纤维横穿微裂缝，将其阻隔堵塞，如图9.44所示，大大降低了混凝土的连通性。从四组临界孔径59.02nm、54.15nm、48.33nm、42.42nm中也印证了纤维的掺入可以有效降低混凝土中孔隙的连通性和渗水路径的曲折性。

　　总体而言，纤维的掺入可以有效减少和缩小裂缝源的数量和尺度，改善混凝土孔结构，细化孔径，减少有害孔的百分比，提高其抗渗性能。

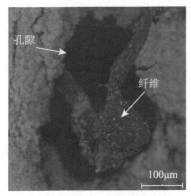
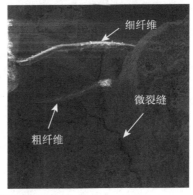

图 9.44　纤维阻隔堵塞孔隙

3. 纤维对荷载作用下混凝土抗渗增强机理

混凝土结构在服役的过程中不可避免地会受到荷载作用的影响。在荷载作用下，一旦裂缝形成，裂缝尖端会出现应力集中。因混凝土基体抗拉应力较低，无法抵抗此破坏应力，裂缝会继续发展。直径较小的微毛细孔逐步扩张成渗水性高的较大孔隙，而大孔隙在继续扩展的同时又产生逐渐贯通的趋势，如图 9.45 所示，从而导致混凝土渗透性增强。

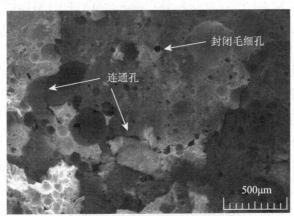

图 9.45　A0 试件连通孔和封闭毛细孔

由于混凝土基体中无数纤维均匀分散，而纤维可降低裂缝尖端的应力集中程度，裂缝在扩展过程中必将遇到纤维周围的低应力场影响，继续扩张的趋势被遏制。但外部荷载较大时，裂缝将跨越纤维继续扩展，横穿裂缝的纤维将应力传递给裂缝的上下表面，如图 9.46 所示。裂缝继续扩大，必须要克服纤维与混凝土基体之间的黏结力，其发展受到无数纤维限制，直至纤维被拔出或拔断而退出工作，此时纤维已吸收较多能量。

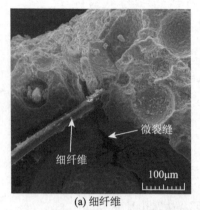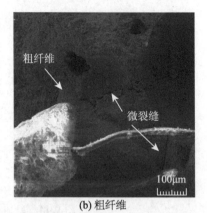

(a) 细纤维　　　　　　　　　　　(b) 粗纤维

图 9.46　作用于混凝土微裂缝上的纤维

根据压汞试验结果可知，纤维在高低两个应力比下，均表现出明显的增韧阻裂性能。尤其在应力比为 0.8 的高荷载水平下，A0 孔隙率增加到了 6.42%；临界孔径增大到 102.34nm，属于有害孔范围；有害孔增加到了 64.45%，其中 7000～500000nm 的大孔占比为 17.37%，大孔成为混凝土渗水的主要通道，连通性提高，致使混凝土抗渗性能显著降低。而掺入纤维后，混凝土孔结构被破坏程度得到了明显的缓解。以 A8 试件为例，在荷载作用下，混凝土各项抗渗参数均提高，增幅较素混凝土小很多。其孔隙率仅为 A0 的 77.7%；临界孔径仅为 A0 的 60.8%，仍属于无害孔范围；有害孔增加到 40.65%，仅为 A0 的 63.1%，而 7000～500000nm 的大孔占比仅为 A0 的 57.98%。

总体而言，纤维的掺入能在裂缝扩展时充分发挥桥接作用，抑制裂缝的扩展，缓解混凝土因荷载作用而发生孔结构破坏的程度，降低荷载作用下大孔隙的数量和连通性。对混凝土起到增强和增韧的作用，从而削弱荷载对混凝土抗渗性能的影响。

4. 混杂纤维增强机理

通过混凝土内部结构的亚微观分析发现，混凝土在承受荷载以前就已存在裂缝，这些裂缝大致可分为随机分布数量较多的微裂缝和方向一定、数量较少的宏观裂缝[226]。

根据纤维间距理论公式（8.11），在纤维充分均匀分散的前提下，纤维平均间距与阻裂效果成反比，即 s 越小，阻裂效果越好。而当纤维密度和掺量一定时，纤维直径越小，单位体积内纤维根数 n 越大，s 也越小，此时纤维对裂缝的约束力越大。A3、A6 和 A8 纤维掺量相同，A6 和 A8 试件单位体积内纤维根数 n 更大，纤维平均间距 s 更小，细纤维对混凝土基体内大量随机分布的微小裂缝和孔隙的产生和发展起到的阻碍作用远优于粗纤维。尤其在混凝土早期原生微裂隙的产生和发展时，外部荷载对基体影响较小，原生微小毛细裂隙尖端应力集中被纤维钝化甚至消除，从而将微小毛细孔隙拉压、阻隔、堵塞，细化孔径，甚至被分割成渗水性极低的封闭毛细孔隙。

由压汞试验结果得出，A6 和 A8 试件较 A3 试件掺入了一定量的细纤维，其无害孔的占比分别增加了 5.60%和 8.40%；而最可几孔径则减小了 5.44nm 和 7.8nm；临界孔径减小了 5.82nm 和 11.73nm。

当纤维混凝土受到外荷载作用时，首先由混凝土基体承担外力，当荷载继续增加，超过混凝土基体能承受的最大拉应力时，荷载将通过混凝土基体与纤维的黏结力传递给纤维，并把集中的应力扩散开来。由于细纤维尺寸、弹性模量、界面黏结强度以及抗拉强度较小，当荷载增加、裂缝扩展到一定程度后，细纤维被拔断、拔出，退出工作。而尺寸、弹性模量、界面黏结强度较大的粗纤维可以继续在裂缝处传递荷载，直到纤维与混凝土基体黏结面破坏而退出工作。所以粗纤维对提高混凝土承载力效果明显，其对较大裂缝的抑制作用优于细纤维。

相比粗纤维，细纤维对微小孔隙的抑制作用更为显著，添加适量的细纤维可以细化孔径，改善混凝土孔结构。但当裂缝发展到一定水平后，粗纤维对裂缝的抑制作用将大于细纤维。

粗、细纤维并没有一个明确的孔径工作区域分界线。只是从总体来看，细纤维对微裂缝抑制作用较强，粗纤维对宏观裂缝阻碍作用较强，如图 9.47 所示。而混凝土孔隙裂隙的产生与发展是一个渐进的过程，同一时刻混凝土中又同时包含了不同孔径的微观和宏观裂缝，如图 9.48 所示，不同尺寸纤维的混掺能够取长补短、协同作用，更为有效地对不同时期、不同孔径的孔隙裂隙的产生与发展起到阻碍抑制作用，降低有害孔占比，细化孔径，使孔径分布更为合理，降低混凝土连通性，改善混凝土孔结构，同时形成的三维空间网架结构使混凝土整体性更高，在应对外荷载时吸收能量，表现出更好的韧性。

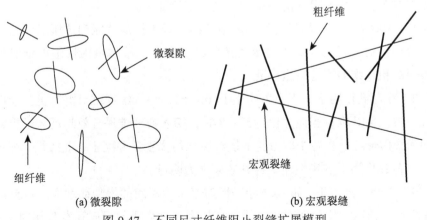

(a) 微裂隙　　　　　　　　　　　(b) 宏观裂缝

图 9.47　不同尺寸纤维阻止裂缝扩展模型

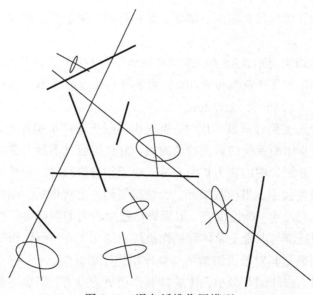

图 9.48　混杂纤维作用模型

9.5　本章小结

　　本章进行了多尺度聚丙烯纤维混凝土抗渗性和抗压强度试验，在混凝土试件相同配合比、相同试验条件下，分析了聚丙烯纤维的尺寸、掺量以及混掺比例对混凝土抗渗性和抗压强度的影响；根据混凝土不同的渗透扩散机理，又设置了 NEL 法测量氯离子扩散系数试验、毛细吸水试验和饱水法测定孔隙率试验，并通过试验加载研究荷载大小、荷载作用时间、持荷时和卸载后的荷载作用条件、吸水时间以及纤维等因素对混凝土抗渗性能的影响，主要结论如下。

　　（1）无荷载时，不同尺度的聚丙烯纤维混凝土抗渗性能和抗压强度的关系：多尺度聚丙烯纤维混凝土＞混掺聚丙烯纤维混凝土＞单掺聚丙烯细纤维混凝土＞单掺聚丙烯粗纤维混凝土＞素混凝土。

　　（2）在荷载作用下，当应力比小于 0.4 时，掺入细纤维对混凝土抗渗性能的提升优于掺入粗纤维；当应力比达到 0.8 时，掺入粗纤维提升效果远大于掺入细纤维；加入聚丙烯纤维在各个应力比下抗渗性能均优于素混凝土，混掺粗、细纤维对混凝土在荷载作用下抗渗性能的提升效果更为明显。

　　（3）在卸载条件下，混凝土渗透性随着持荷时间的增加而增大。在持荷时间60min 之前，荷载作用时间对吸水量影响较大，之后吸水量随荷载作用时间增加，增幅逐渐降低。纤维混凝土抗渗性对荷载作用时间长短更为敏感，即卸载后，具有较高韧性的纤维混凝土较素混凝土，裂缝闭合程度更高，其塑性变形和残余应变更小。

（4）无论有无荷载作用，多尺度聚丙烯纤维混凝土的三种纤维配合比为 1∶1∶8 时最有利于纤维发挥协同作用，对混凝土抗渗性能提升最为显著。

参 考 文 献

[1] 谷章昭，倪梦象，樊钧，等. 合成纤维混凝土的性能及其工程应用[J]. 建筑材料学报，1999, 2(2): 69-72.

[2] 沈荣熹. 聚烯烃粗纤维增强混凝土的性能及应用[J]. 混凝土世界，2009, (9): 42-50.

[3] 黄承逵. 纤维混凝土结构[M]. 北京：机械工业出版社，2004.

[4] 戴建国，宋玉普，赵国藩. 低弹性模量纤维混凝土剩余弯曲强度的力学意义[J]. 混凝土与水泥制品，1999, (1): 35-38.

[5] Altouhat S A, Lange D A. Creep, shrinkage, and cracking of restrained concrete at early age[J]. ACI Materials Journal, 2001, 98(4): 323-331.

[6] Banthia N, Nandakumar N. Crack growth resistance of hybrid fiber reinforced cement composites[J]. Cement and Concrete Composites, 2003, 25(1): 3-9.

[7] Bentur A, Kovler K. Evaluation of early age cracking characteristics in cementitious systems[J]. Materials and Structures, 2003, 36(3): 183-190.

[8] 戴建国，黄承逵，赵国藩. 混凝土中非结构性裂缝分析及合成纤维控制[J]. 建筑结构，2000, 30(9): 55-59.

[9] 鞠丽艳，张雄. 聚丙烯纤维控制砂浆塑性收缩裂缝的研究[J]. 施工技术，2003, 32(4): 18-19.

[10] Banthia N, Gupta R. Influence of polypropylene fiber geometry on plastic shrinkage cracking in concrete[J]. Cement and Concrete Research, 2006, 36(7): 1263-1267.

[11] Banthia N, Cheng Y. Shrinkage cracking in polyolefin fiber-reinforced concrete[J]. ACI Materials Journal, 2000, 97(4): 432-437.

[12] Wang K J, Shah S P, Phuaksuk P. Plastic shrinkage cracking in concrete materials—influence of fly ash and fibers[J]. ACI Materials Journal, 2001, 98(6): 458-464.

[13] 戴建国，刘明，黄承逵. 聚丙烯纤维混凝土和砂浆的塑性收缩试验研究[J]. 沈阳建筑工程学院学报，2000, 16(3): 195-198.

[14] Soroushian P, Mirza F, Alhozajiny A. Plastic shrinkage cracking of polypropylene fiber reinforced concrete[J]. ACI Materials Journal, 1993, 92(5): 553-560.

[15] 马一平，谈慕华，吴科如. 聚丙烯纤维几何形态对水泥砂浆塑性干缩开裂性能的影响[J]. 混凝土与水泥制品，2001, (2): 38-40.

[16] 张侠伦，詹树林，钱晓倩，等. 聚丙烯纤维混凝土早期收缩性能试验研究[J]. 新型建筑材料，2006, (1): 25-28.

[17] 禹凯，钱晓倩，张轶伦，等. 聚丙烯纤维对混凝土早期收缩影响的试验研究[J]. 混凝土，2007, 211(5): 64-65, 68.

[18] 刘数华，何林. 聚丙烯纤维混凝土抗裂性的试验研究[J]. 化学建材，2005, 21(2): 50-52.

[19] 李东，叶以挺. 聚丙烯纤维混凝土早期抗裂性能试验研究[J]. 混凝土与水泥制品，2009, (6): 39-42.

[20] 李红君, 屠柳青, 秦明强, 等. 聚丙烯纤维混凝土早期开裂敏感性的研究[J]. 建材世界, 2009, 30(1): 41-44.

[21] 王可良, 刘玲. C25喷射聚丙烯纤维混凝土的试验研究[J]. 混凝土与水泥制品, 2011, (1): 54-55, 62.

[22] 潘超, 冯仲齐, 陈凯. 低弹模聚丙烯纤维混凝土本构模型及力学性能研究[J]. 混凝土与水泥制品, 2011, (5): 36-39.

[23] 马宏旺, 王益群, 徐正良, 等. 地铁车站含聚丙烯纤维混凝土结构的抗裂防渗性能研究[J]. 上海交通大学学报, 2010, 44(1): 74-79.

[24] 张玉新. 合成纤维混凝土楼板中长期非荷载抗裂性能[J]. 广西大学学报(自然科学版), 2010, 35(1): 181-186.

[25] 郭海洋, 刘建树, 赵明, 等. 改性异形聚丙烯(PP)增强水泥混凝土抗裂性研究[J]. 山东纺织科技, 2001, 42(5): 11-13.

[26] 李光伟. 聚丙烯纤维对混凝土抗裂性能的影响[J]. 水电站设计, 2002, 18(2): 98-100, 104.

[27] 朱缨. 纤维增强混凝土结构防裂和抗渗的研究[J]. 混凝土, 2003, (11): 31-32.

[28] 葛其荣, 郑子祥, 高翔, 等. 宁波白溪水库二期面板聚丙烯纤维混凝土试验研究[J]. 建筑结构, 2001, 31(9): 63-66.

[29] 徐至钧. 纤维混凝土技术及应用[M]. 北京: 中国建筑工业出版社, 2003.

[30] 邢锋, 冷发光, 冯乃谦, 等. 克裂速纤维增强混凝土抗裂性能[J]. 复合材料学报, 2002, 19(6): 120-124.

[31] 曹诚, 刘兰强. 关于聚丙烯纤维对混凝土性能影响的几点认识[J]. 混凝土, 2000, (9): 49-51.

[32] Kraai P P. ACI-544, measurement of properties of fiber reinforced concrete[J]. ACI Materials Journal, 1998, 85(6): 583-593.

[33] Toutanji H, McNeil S, Bayasi Z. Chloride permeability and impact resistance of polypropylene-fiber-reinforced silica fume concrete[J]. Cement and Concrete Research, 1998, 28(7): 961-968.

[34] Song P S, Hwang S, Sheu B C. Strength properties of nylon-and polypropy lene-fiber-reinforced concretes[J]. Cement and Concrete Research, 2005, 35(8): 1546-1550.

[35] Choi Y, Yuan R L. Experimental relationship between splitting tensile strength and compressive strength of GFRC and PFRC[J]. Cement and Concrete Research, 2005, 35(8): 1587-1591.

[36] Tavakoli M. Tensile and compressive strengths of polypropylene fiber reinforced concrete[J]. Special Publication, 1994, 142(4): 61-72.

[37] 杨华美, 杨华全, 李家正, 等. 掺纤维水工混凝土性能试验研究[J]. 施工技术, 2010, 39(12): 53-55.

[38] Karahan O, Atiş C D. The durability properties of polypropylene fiber reinforced fly ash concrete[J]. Materials & Design, 2011, 32(2): 1044-1049.

[39] 徐晓雷, 何小兵, 易志坚. 聚丙烯纤维混凝土的抗渗性试验和机理分析[J]. 中国市政工程, 2010, (6): 6-7, 75.

[40] 曹雅娴, 申向东, 胡文利. 聚丙烯纤维加固水泥土的三轴试验研究[J]. 公路, 2011, (5): 158-161.

[41] 付春松. 聚丙烯纤维对现浇混凝土楼板非荷载裂缝影响的试验研究[D]. 南宁: 广西大

学, 2006.

[42] 熊燕. 南水北调中线穿黄工程南岸渠道机械化衬砌施工技术[J]. 河南水利与南水北调, 2010, (9): 11-13.

[43] 何伟. 聚丙烯纤维混凝土在桥面施工中的应用[J]. 市政技术, 2011, 29(1): 58-60.

[44] 曾兆平, 周凯, 刘小清. 广州国际体育演艺中心综合施工技术的应用[J]. 广州建筑, 2010, 38(5): 17-21.

[45] 何湘安. 聚丙烯纤维喷射混凝土在地下厂房锚喷支护中的应用研究[J]. 中国水运, 2011, 11(6): 216-217.

[46] 于丽君, 王亚芹. 聚丙烯纤维在闹德海水库除险加固坝下消能工程中的应用[J]. 中国科技信息, 2010, (1): 91-92.

[47] 桑普天, 庞建勇, 闫沛. 喷射聚丙烯纤维混凝土在矿业工程中的应用[J]. 混凝土与水泥制品, 2011, (8): 38-41.

[48] 王迪明, 周勇. 聚丙烯纤维在预应力锚索中的应用[J]. 中国高新技术企业, 2009, (18): 170-171.

[49] Najm H, Balaguru P. Effect of large-diameter polymeric fibers on shrinkage cracking of cement composites[J]. ACI Materials Journal, 2002, 99(4): 345-351.

[50] Oh B H, Kim J C, Choi Y C. Fracture behavior of concrete members reinforced with structural synthetic fibers[J]. Engineering Fracture Mechanics, 2007, 74(1-2): 243-257.

[51] 王伯昕, 黄承逵. 粗合成纤维混凝土抗裂与抗冲击性能试验研究[C]//第十一届全国纤维混凝土学术会议论文集. 大连：大连理工大学出版社, 2006.

[52] Voigt T, Bui V K, Shah S P. Drying shrinkage of concrete reinforced with fibers and welded-wire fabric[J]. ACI Materials Journal, 2004, 101(3): 233-241.

[53] Kotecha P, Abolmaali A. Macro synthetic fibers as reinforcement for deep beams with discontinuity regions: Experimental investigation[J]. Engineering Structures, 2019, 200: 9.

[54] Ramakrishnan V. Recent advancements in concrete fiber composites[C]//Concrete Lecture, American Concrete Institute, Singapore Chapter, Singapore, 1993.

[55] Ramakrishnan V. Performance characteristics and application of high-performance polyoefin fiber reinforced concretes[C]//Advances in Concrete Technology Third Canmet/ACI International Conference, Detroit, 1997.

[56] Ramakrishnan V. Materials and properties of fiber reinforced concrete[C]//Proceedings of the International Symposium on Fiber Reinforced Concrete, Madras, 1987.

[57] Gopalratnam V S, Shah S P, Batson G B, et al. Fracture toughness of fiber reinforced concrete[J]. ACI Materials Journal, 1991, 88(4): 339-353.

[58] Papworth F. Design guidelines for the use of fibre reinforced shotcrete in ground support[J]. Shotcrete, 2002, (9): 16-21.

[59] Malmgren L. Strength, ductility and stiffness of fibre reinforced shotcrete[J]. Magazine of Concrete Research, 2007, 59(4): 287-291.

[60] 毕远志, 孔一凡, 华渊, 等. 改性聚丙烯(粗)对混凝土增强增韧性能影响的试验研究[J]. 建筑节能, 2007, 35(12): 36-40.

[61] Nelhdi M, Ladanchuk J D. Fiber synergy in fiber-reinforced self-consolidating concrete[J]. ACI Materials Journal, 2004, 101(6): 508-517.

[62] Ding Y, Zhang Y, Thomas A. The investigation on strength and flexural toughness of fibre

cocktail reinforced self-compacting high performance concrete[J]. Construction and Building Materials, 2009, 23(1): 448-452.

[63] 金剑, 刘丽君, 史小兴. 凯泰(CTA)改性聚丙烯粗纤维在混凝土中的应用研究[C]//第十一届全国纤维混凝土学术会议论文集. 大连：大连理工大学出版社, 2006.

[64] 邓宗才, 李建辉, 孙宏俊, 等. 新型纤维增强混凝土梁的抗弯冲击特性[J]. 公路, 2004, (12): 163-169.

[65] 李建辉, 邓宗才, 张建军, 等. 异型塑钢纤维增强混凝土的抗弯韧性[J]. 混凝土与水泥制品, 2005, 146(6): 32-35.

[66] 李建辉, 邓宗才. 改性聚丙烯纤维混凝土性能[R]. 北京：北京工业大学建筑工程学院试验报告(内部版), 2005.

[67] 邓宗才, 李建辉, 王现卫, 等. 粗合成纤维混凝土抗弯韧性及疲劳特性试验研究[J]. 新型建筑材料, 2006, (7): 8-10.

[68] 赖建中, 孙伟, 董贺祥. 粗合成纤维混凝土力学性能及纤维-混凝土界面粘结行为研究[J]. 工业建筑, 2006, 36(11): 94-97.

[69] 马保国, 邹定华, 张凤臣. 聚合物粗纤维混凝土抗冻性能研究[J]. 武汉理工大学学报, 2009, 31(9): 4-7.

[70] 阳知乾. 聚丙烯粗纤维增强混凝土应用研究进展[J]. 合成纤维, 2009, 38(6): 10-14, 39.

[71] 焦红娟, 史小兴, 刘丽君. 粗合成纤维混凝土的性能及应用[J]. 混凝土与水泥制品, 2010, (1): 46-49.

[72] 张伟. 聚丙烯纤维高强混凝土的力学性能试验研究[D]. 太原：太原理工大学, 2010.

[73] 吴中伟. 纤维增强-水泥基材料的未来[J]. 混凝土与水泥制品, 1999, (1): 5-6.

[74] Qian C X, Stroeven P. Development of hybrid polypropylene-steel fibre-reinforced concrete[J]. Cement and Concrete Research, 2000, 30(1): 63-69.

[75] Qain C X, Stroeven P. Fracture properties of concrete reinforced with steel-polypropylene hybrid fibres[J]. Cement and Concrete Composites, 2000, 22(5): 343-351.

[76] 钱红萍, 贡浩平, 孙伟. 纤维混杂增强水泥基复合材料特性的研究[J]. 混凝土与水泥制品, 1997, (6): 43-47.

[77] 华渊, 曾艺. 纤维混杂效应的试验研究[J]. 混凝土与水泥制品, 1998, (4): 45-49.

[78] 华渊, 姜稚清, 王志宏. 混杂纤维增强水泥基复合材料的疲劳损伤模型[J]. 建筑材料学报, 1998, 1(2): 40-45.

[79] 孙伟, 钱红萍, 陈惠苏. 纤维混杂及其与膨胀剂复合对水泥基材料的物理性能的影响[J]. 硅酸盐学报, 2000, 28(2): 95-99, 104.

[80] 荀勇, 周启兆, 沈刘甲. 含混杂纤维的注浆纤维混凝土(SIFCON)力学性能及应用[J]. 混凝土与水泥制品, 2000, (4): 39-41.

[81] Soroushian P, Elyamany H, Tlili A, et al. Mixed-mode fracture properties of concrete reinforced with low volume fractions of steel and polypropylene fibers[J]. Cement and Concrete Composites, 1998, 20(1): 67-78.

[82] 焦楚杰, 孙伟, 秦鸿根, 等. 聚丙烯-钢纤维高强混凝土弯曲性能试验研究[J]. 建筑技术, 2004, 35(1): 48-49, 58.

[83] 刘斯凤, 孙伟, 张云升, 等. 新型超高性能混凝土的力学性能研究及工程应用[J]. 工业建筑, 2002, 32(6): 1-3, 11.

[84] 王凯, 张义顺, 王信刚. 低掺量 S-P 混杂纤维增强增韧的作用研究[J]. 哈尔滨工业大学

学报, 2003, 35(10): 1209-1211.

[85] 孙海燕, 何真, 龚爱民. 混杂纤维对混凝土力学及抗裂性能的影响[J]. 混凝土与水泥制品, 2009, (2): 48-51.

[86] 林一宁, 蔡巍. 混杂纤维高性能混凝土抗裂试验研究[J]. 桥梁建设, 2009, (z2): 97-100.

[87] 高丹盈, 王占桥, 朱海堂, 等. 混杂纤维高强混凝土断裂性能[J]. 水力发电学报, 2008, 27(1): 129-134.

[88] 黄杰. 混杂纤维混凝土力学性能及抗渗性能试验研究[D]. 武汉：武汉工业学院, 2012.

[89] 潘慧敏, 贺丽娟. 混杂纤维混凝土耐高温性能试验研究[J]. 铁道建筑, 2009, (10): 110-112.

[90] 宁博, 欧阳东, 易宁, 等. 混杂纤维混凝土在地铁管片中的应用[J]. 混凝土与水泥制品, 2011, (1): 50-53.

[91] 焦红娟, 金剑, 史小兴. 有机仿钢丝粗纤维与钢纤维在喷射混凝土中的性能研究[J]. 混凝土, 2007, (7): 54-56.

[92] 邓宗才, 李建辉, 刘国栋. 混杂粗纤维增强混凝土力学特性试验研究[J]. 混凝土, 2006, (8): 50-55.

[93] 郑捷. 钢纤维和聚丙烯粗纤维喷射混凝土性能研究[J]. 华东公路, 2011, (4): 24-26.

[94] 曹小霞, 郑居焕. 钢纤维和聚丙烯粗纤维对活性粉末混凝土强度和延性的影响[J]. 安徽建筑工业学院学报(自然科学版), 2011, 19(2): 58-61.

[95] 赵鹏飞, 毕巧巍, 杨兆鹏. 混杂粗纤维轻骨料混凝土的力学性能及耐久性的试验研究[J]. 硅酸盐通报, 2008, 27(4): 852-856.

[96] Haddad R H, Al-Saleh R J, Al-Akhras N M. Effect of elevated temperature on bond between steel reinforcement and fiber reinforced concrete[J]. Fire Safety Journal, 2008, 43(5): 334-343.

[97] Sun W, Chen D T. The effect of hybrid fibres and coupling agents on fiber reinforced cement matrix[C]//Proceedings of 3rd Beijing International Symposium on Cement and Concrete, Beijing, 1993.

[98] 孙家瑛. 混杂聚丙烯纤维混凝土性能研究[J]. 混凝土, 2003, (11): 16-17, 20.

[99] 蔡迎春, 代兵权. 改性聚丙烯纤维混凝土抗冻性能试验研究[J]. 混凝土, 2010, 249(7): 63-64, 75.

[100] 彭华, 乐运国, 曹定胜, 等. 高性能复合纤维与细灰增强混凝土的性能研究[C]//先进纤维混凝土 试验·理论·实践——第十届全国纤维混凝土学术会议, 上海, 2004.

[101] Romualdi J P, Batson G B. Mechanics of crack arrest in concrete[J]. Journal of the Engineering Mechanics Division, 1963, 89(3): 147-168.

[102] Romualdi J P, Mandel J A. Tensile strength of concrete affected by uniformly distributed and closely spaced short lengths of wire reinforcement[J]. ACI Structural Journal, 1964, 61(6): 27-37.

[103] de Vekey R C, Majumdar A J. Determining bond strength in fibre-reinforced composites[J]. Magazine of Concrete Research, 1968, 20(65): 229-234.

[104] Lawrence P. Some theoretical considerations of fibre pull-out from an elastic matrix[J]. Journal of Materials Science, 1972, 7(1): 1-6.

[105] Hsueh C H. Interfacial debonding and fiber pull-out stresses of fiber-reinforced composites[J]. Materials Science and Engineering: A, 1990, 123(1): 1-11.

[106] Yue C Y, Quek M Y. On failure phenomenon in single-fibre pull-out tests[J]. Journal of Materials Science Letters, 1996, 15(6): 528-530.

[107] Wu Z J, Ye J Q, Cabrera J G. 3D analysis of stress transfer in the micromechanics of fiber reinforced composites by using an eigen-function expansion method[J]. Journal of the Mechanics and Physics of Solids, 2000, 48(5): 1037-1063.

[108] Geng Y, Leung C K Y. A microstructural study of fibre/mortar interfaces during fibre debonding and pull-out[J]. Journal of Materials Science, 1996, 31(5): 1285-1294.

[109] Li V C, Wang Y, Backer S. Effect of inclining angle, bundling and surface treatment on synthetic fibre pull-out from a cement matrix[J]. Composites, 1990, 21(2): 132-140.

[110] Leung C K, Naaman A E, Reinhardt H W, et al. Contribution to "fiber-matrix interfaces" [C]//Proceeding of the 2nd International Workshop "High Performance Fiber Reinforced Cement Composites", London, 1995.

[111] 邓宗才. 高性能合成纤维混凝土[M]. 北京：科学出版社, 2003.

[112] 彭勃, 郑伟. 混凝土单轴直接拉伸强度试验方法的研究[J]. 湖南大学学报(自然科学版), 2004, 31(2): 79-83.

[113] 蔡向荣. 超高韧性水泥基复合材料基本力学性能和应变硬化过程理论分析[D]. 大连：大连理工大学, 2010.

[114] 过镇海. 混凝土的强度和本构关系——原理与应用[M]. 北京：中国建筑工业出版社, 2004.

[115] 高丹盈, 赵军, 汤寄予. 掺有纤维的高强混凝土劈拉性能试验研究[J]. 土木工程学报, 2005, 38(7): 21-26.

[116] 赵国藩, 彭少民, 黄承逵, 等. 钢纤维混凝土结构[M]. 北京：中国建筑工业出版社, 1999.

[117] 焦楚杰, 詹镇峰, 彭春元, 等. 混杂纤维混凝土抗压试验研究[J]. 广州大学学报(自然科学版), 2007, 6(4): 70-73.

[118] 梁宁慧, 刘新荣, 孙霁. 多尺度聚丙烯纤维混凝土抗裂性能的试验研究[J]. 煤炭学报, 2012, 37(8): 1304-1309.

[119] 孙启林, 王利民. 钢纤维混凝土单轴拉伸实验方法[J]. 山西建筑, 2009, 35(25): 1-3.

[120] 田稳苓, 黄承逵, 李子祥. 钢纤维膨胀混凝土管状构件受拉应力-应变全曲线研究[J]. 大连理工大学学报, 2000, 40(1): 112-116.

[121] 梁宁慧, 刘新荣, 孙霁. 多尺度聚丙烯纤维混凝土单轴拉伸试验[J]. 重庆大学学报(自然科学版), 2012, 35(6): 80-84.

[122] Liu X R, Yang X, Liang N H. A damage constitutive model for multi-scale polypropylene fiber concrete under compression and its numerical implementation[J]. Journal of Reinforced Plastics and Composites, 2015, 34(17): 1403-1412.

[123] Liang N H, Liu X R, Sun J. Experimental study of compression for multi-scale polypropylene fiber concrete[J]. Applied Mechanics and Materials, 2012, 174-177: 1584-1588.

[124] 张慧莉. 矿渣聚丙烯纤维混凝土性能研究[D]. 杨凌：西北农林科技大学, 2010.

[125] 徐松林, 唐志平, 胡元育, 等. 纤维增强水泥基复合材料压剪破坏的细观实验研究[J]. 复合材料学报, 2005, 22(1): 92-101.

[126] 易成, 逢治宇, 戴成琴. 纤维拔出时耗能机理对纤维混凝土力学性能的影响[J]. 哈尔

滨建筑大学学报, 1998, 31(6): 88-93.

[127] 邵晓蓉. 聚丙烯纤维混凝土结构性能的试验研究[D]. 杭州：浙江大学, 2006.

[128] 李贺东, 徐世烺. 超高韧性水泥基复合材料弯曲性能及韧性评价方法[J]. 土木工程学报, 2010, 43(3): 32-39.

[129] Gopalaratnam V S, Gettu R. On the characterization of flexural toughness in fiber reinforced concretes[J]. Cement and Concrete Composites, 1995, 17(3): 239-254.

[130] ASTM C1550-20. Standard Test Method for Flexural Toughness of Fiber Reinforced Concrete (Using Centrally Loaded Round Panel) [S]. West Conshohocken: ASTM International.

[131] ASTM C1399-98. Standard Test Method for Obtaining Average Residual-Strength of Fiber-Reinforced Concrete[S]. West Conshohocken: ASTM International.

[132] JSCE-SF4b. Method of Test for Flexural Strength and Flexural Toughness of Steel Fiber Reinforced Concrete[S]. Tokyo: Japan Concrete Institute.

[133] 中国工程建设标准化协会. CECS 13: 2009 纤维混凝土试验方法标准[S]. 北京：中国计划出版社, 2010.

[134] 梁宁慧, 钟杨, 刘新荣. 多尺寸聚丙烯纤维混凝土抗弯韧性试验研究[J]. 中南大学学报(自然科学版), 2017, 48(10): 2783-2789.

[135] 邓宗才, 张鹏飞, 薛会青, 等. 纤维素纤维及混杂纤维混凝土的弯曲韧性[J]. 北京工业大学学报, 2008, 34(8): 852-855, 877.

[136] 徐世烺, 王楠, 李庆华. 超高韧性水泥基复合材料增强普通混凝土复合梁弯曲性能试验研究[J]. 土木工程学报, 2010, 43(5): 17-22.

[137] Fordyce M W, Wodehouse R G. GRC and Buildings[M]. London：Butterworth & Co., 1983.

[138] Shah S P. Determination of fracture parameters (KsIC and CTODc) of plain concrete using three-point bend tests[J]. Materials and Structures, 1990, 23(6): 457-460.

[139] Shah S P. Determination of the fracture energy of mortar and concrete by means of the three-point bend tests on notched beams[J]. Materials and Structures, 1985, 18(4): 287-290.

[140] Shah S P. Size effect method for determining fracture energy and process zone size of concrete[J]. Materials and Structures, 1990, 23(6): 461-465.

[141] 李建辉. 粗合成纤维混凝土力学特性及其细观增强机理[D]. 北京：北京工业大学, 2006.

[142] Kaplan M F. Crack propagation and the fracture of concrete[J]. Journal Proceedings, 1961, 58(11): 591-610.

[143] Hillerborg A, Modéer M, Petersson P E. Analysis of crack formation and crack growth in concrete by means of fracture mechanics and finite elements[J]. Cement and Concrete Research, 1976, 6(6): 773-781.

[144] 徐世烺. 混凝土双K断裂参数计算理论及规范化测试方法[J]. 三峡大学学报(自然科学版), 2002, 24(1): 1-8.

[145] Löfgren I. The wedge splitting test—A test method for assessment of fracture parameters of FRC[J]. Fracture Mechanics of Concrete Structures, 2004, 2: 1155-1162.

[146] 于骁中, 居襄. 混凝土的强度和破坏[J]. 水利学报, 1983, (2): 24-36.

[147] Brown J H. Measuring the fracture toughness of cement paste and mortar[J]. Magazine of Concrete Research, 1972, 24(81): 185-196.

[148] Xu S L, Reinhardt H W. A simplified method for determining double-K fracture parameters for three-point bending tests[J]. International Journal of Fracture, 2000, 104(2): 181-209.

[149] 中华人民共和国国家发展和改革委员会. DL/T 5332—2005 水工混凝土断裂试验规程[S]. 北京：中国电力出版社, 2006.

[150] Tada H, Paris P C, Irwin G R. The Stress Analysis of Cracks Handbook[M]. New York: ASME Press, 1973.

[151] Murakami Y. Stress Intensity Factors Handbook[M]. London：Pergamon Press, 1987.

[152] Liang N H, Dai J F, Liu X R, et al. An experimental study of fracture toughness of multi-size polypropylene fiber concrete[J]. Magazine of Concrete Research, 2018, 71(9): 1-30.

[153] 徐世烺, 吴智敏, 丁生根. 砼双 K 断裂参数的实用解析方法[J]. 工程力学, 2003, 20(3): 54-61.

[154] Guinea G V, Planas J, Elices M. Measurement of the fracture energy using three-point bend tests: Part1—Influence of experimental procedures[J]. Materials and Structures, 1992, 25(4): 212-218.

[155] 钱觉时. 论测定断裂能的三点弯曲法[J]. 混凝土与水泥制品, 1996, (6): 20-23.

[156] 赵艳华. 混凝土断裂过程中的能量分析研究[D]. 大连：大连理工大学, 2002.

[157] 钱觉时, 王智, 罗晖. 混凝土应变软化关系及其确定[J]. 大连理工大学学报, 1997, 37(S1): 63-68.

[158] Reinhardt H W. Crack softening zone in plain concrete under static loading[J]. Cement and Concrete Research, 1985, 15(1): 42-52.

[159] 梁宁慧, 缪庆旭, 刘新荣, 等. 聚丙烯纤维增强混凝土断裂韧度及软化本构曲线确定[J]. 吉林大学学报(工学版), 2019, 49(4): 1144-1152.

[160] Peterson P P. Crack growth and development of fracture zones in plain concrete and similar materials[R]. Lund: Division or Building Materials, Lund Institute of Technology, 1981.

[161] Comite Euro-International Du Beton CEB-FIP Model Code 1990[S]. Cheshire: Thomas Telford Publishing, 1993.

[162] Reinhardt H W, Xu S L. Crack extension resistance based on the cohesive force in concrete[J]. Engineering Fracture Mechanics, 1999, 64(5): 563-587.

[163] Liang N H, Dai J F, Liu X R. Study on tensile damage constitutive model for multiscale polypropylene fiber concrete[J]. Advances in Materials Science and Engineering, 2016, 2016(7): 1-6.

[164] Leung C K Y, Ybanez N. Pullout of inclined flexible fiber in cementitious composite[J]. Journal of Engineering Mechanics, 1997, 123(3): 239-246.

[165] 杜明干, 李庆斌. 合成纤维混凝土细观拉拔模型[J]. 水力发电学报, 2005, 24(4): 21-25.

[166] Niwa J, Sumranwanich T, Tangtermsirikul S. Proposed new method to determine tension softening curve of concrete[J]. Fracture Mechanics of Concrete Structures, 1998, (1): 347-356.

[167] 王礼立. 应力波基础[M]. 2 版. 北京：国防工业出版社, 2005.

[168] 方秦, 洪建, 张锦华, 等. 混凝土类材料 SHPB 实验若干问题探讨[J]. 工程力学, 2014, 31(5): 1-14, 26.

[169] Davies E D H, Hunter S C. The dynamic compression testing of solids by the method of the

split Hopkinson pressure bar[J]. Journal of the Mechanics and Physics of Solids, 1963, 11(3): 155-179.

[170] Li Q M，Meng H. About the dynamic strength enhancement of concrete-like materials in a split Hopkinson pressure bar test[J]. International Journal of Solids and Structures, 2003, 40(2): 343-360.

[171] Erzar B, Forquin P, Pontiroli C, et al. Influence of aggregate size and free water on the dynamic behavior of concrete subjected to impact loading[J]. EPJ Web of Conferences, 2010, 6: 39007.

[172] 王道荣, 胡时胜. 骨料对混凝土材料冲击压缩行为的影响[J]. 实验力学, 2002, 17(1): 23-27.

[173] 梁宁慧, 杨鹏, 刘新荣, 等. 高应变率下多尺寸聚丙烯纤维混凝土动态压缩力学性能研究[J]. 材料导报, 2018, 32(2): 288-294.

[174] Karki N B. Flexural behavior of steel fiber reinforced pre-stressed concrete beams and double punch test for fiber reinforced concrete[D]. Arlington：University of Texas at Arlington, 2011.

[175] 孙霁. 混杂聚丙烯纤维混凝土损伤力学性能研究[D]. 重庆：重庆大学, 2013.

[176] Miao C W, Mu R, Qian T N, et al. Effect of sulfate solution on the frost resistance of concrete with and without steel fiber reinforcement[J]. Cement and Concrete Research, 2002, 32(1): 31-34.

[177] 邓宗才, 张鹏飞, 刘爱军, 等. 高强度纤维素纤维混凝土抗冻融性能试验研究[J]. 公路, 2009, (7): 304-308.

[178] 姜磊, 牛荻涛. 硫酸盐与冻融复合作用下混凝土裂化规律[J]. 中南大学学报(自然科学版), 2016, 47(9): 3208-3216.

[179] 王庆石, 王起才, 张凯, 等. 不同含气量混凝土的孔结构及抗冻性分析[J]. 硅酸盐通报, 2015, 34(1): 30-35.

[180] Powers T C. A working hypothesis for further studies of frost resistance of concrete[J]. Journal Proceedings, 1945, 41(1): 245-272.

[181] Powers T C, Helmuth R A. Theory of volume change in hardened portland cement paste during freezing[J]. Highway Research Board, 1953, 32: 285-297.

[182] Fagerlund G. The significance of critical degrees of saturation at freezing of porous and brittle materials[J]. Symposium Paper, 1975, 47: 13-66.

[183] 张士萍, 邓敏, 唐明述. 混凝土冻融循环破坏研究进展[J]. 材料科学与工程学报, 2008, 26(6): 990-994.

[184] 宁作君. 冻融作用下混凝土的损伤与断裂研究[D]. 哈尔滨：哈尔滨工业大学, 2009.

[185] Krenchel H. Fibre reinforcement: Theoretical and practical investigations of the elasticity and strength of fibre-reinforced materials[R]. Copenhagen: Technical University of Denmark, 1964.

[186] 李杰林. 基于核磁共振技术的寒区岩石冻融损伤机理试验研究[D]. 长沙：中南大学, 2012.

[187] 李海波, 朱巨义, 郭和坤. 核磁共振 T_2 谱换算孔隙半径分布方法研究[J]. 波谱学杂志, 2008, 25(2): 273-280.

[188] 张士萍, 邓敏, 吴建华, 等. 孔结构对混凝土抗冻性的影响[J]. 武汉理工大学学报,

2008, 30(6): 56-59.

[189] 王庆石, 王起才, 张凯, 等. 3℃下含气量对混凝土强度、孔结构及抗冻性的影响[J]. 硅酸盐通报, 2015, 34(3): 615-620.

[190] 李金玉, 曹建国, 徐文雨, 等. 混凝土冻融破坏机理的研究[J]. 水利学报, 1999, (1): 41-49.

[191] 孟庆超. 混凝土耐久性与孔结构影响因素的研究[D]. 哈尔滨: 哈尔滨工业大学, 2006.

[192] 吴中伟, 廉慧珍. 高性能混凝土[M]. 北京: 中国铁道出版社, 1999.

[193] 张萍, 袁翠平, 闫西乐, 等. 孔结构对混凝土抗冻性能影响规律研究进展[J]. 混凝土, 2014, (9): 26-29.

[194] 骆冰冰, 毕巧巍. 混杂纤维自密实混凝土孔结构对抗压强度影响的试验研究[J]. 硅酸盐通报, 2012, 31(3): 626-630.

[195] 梁宁慧. 多尺度聚丙烯纤维混凝土力学性能试验和拉压损伤本构模型研究[D]. 重庆: 重庆大学, 2014.

[196] 吴刚, 李希龙, 史丽华, 等. 聚丙烯纤维混凝土抗渗性能的研究[J]. 混凝土, 2010, (7): 95-97, 101.

[197] 钟世云, 袁华. 聚合物在混凝土中的应用[M]. 北京: 化学工业出版社, 2003.

[198] 易成, 谢和平, 孙华飞, 等. 混凝土抗渗性能研究的现状与进展[J]. 混凝土, 2003, (2): 7-11, 34.

[199] 杨钱荣, 等. 混凝土渗透性及其与强度的关系[C]//全国第六届混凝土耐久性学术交流会, 深圳, 2014.

[200] 杨钱荣, 朱蓓蓉. 混凝土渗透性的测试方法及影响因素[J]. 低温建筑技术, 2003, (5): 7-10.

[201] 杨钱荣. 掺粉煤灰和引气剂混凝土渗透性与强度的关系[J]. 建筑材料学报, 2004, 7(4): 457-461.

[202] 路新瀛, 李翠玲. 混凝土渗透性的电学评价[J]. 混凝土与水泥制品, 1999, (5): 12-14.

[203] Lu X Y. Application of the Nernst-Einstein equation to concrete[J]. Cement and Concrete Research, 1997, 27(2): 293-302.

[204] 李翠玲, 路新瀛, 张海霞. 确定氯离子在水泥基材料中扩散系数的快速试验方法[J]. 工业建筑, 1998, 28(6): 41-43.

[205] 黄华县, 欧阳东, 蔡瑞环, 等. 模拟海砂混凝土氯离子渗透性试验研究[J]. 混凝土, 2007, (3): 22-24.

[206] 李志勇, 姚佳良, 张宇. 关于混凝土抗渗性试验方法的研究[J]. 混凝土, 2006, (2): 57-60, 69.

[207] 黄智德, 彭志辉, 彭家惠, 等. NEL法测定海工混凝土氯离子扩散系数的应用研究[C]//第七届全国混凝土耐久性学术交流会, 北京, 2008.

[208] Saito M, Ishimori H. Chloride permeability of concrete under static and repeated compressive loading[J]. Cement and Concrete Research, 1995, 25(4): 803-808.

[209] Lim C C, Gowripalan N, Sirivivatnanon V. Microcracking and permeability of chloride concrete under uniaxial compression[J]. Cement and Concrete Composites, 2000, 22(5): 353-360.

[210] 张之颖, 周建军, 王晋, 等. 服役状态下混凝土渗透性的研究[J]. 混凝土, 2005, (6): 7-10.

[211] 邢锋, 冷发光, 冯乃谦, 等. 长期持续荷载对素混凝土氯离子渗透性的影响[J]. 混凝土, 2004, (5): 3-8.

[212] Banthia N, Biparva A, Mindess S. Permeability of concrete under stress[J]. Cement and Concrete Research, 2005, 35(9): 1651-1655.

[213] 方永浩, 李志清, 张亦涛. 持续压荷载作用下混凝土的渗透性[J]. 硅酸盐学报, 2005, 33(10): 1281-1286.

[214] Choinska M, Khelidj A, Chatzigeorgiou G, et al. Effects and interactions of temperature and stress-level related damage on permeability of concrete[J]. Cement and Concrete Research, 2007, 37(1): 79-88.

[215] Sugiyama T, Bremner T W, Holm T A. Effect of stress on gas permeability in concrete[J]. ACI Materials Journal, 1996, 93(5): 443-450.

[216] Babushkin V I, Matveyev G M, Petrosyan M O P. Thermonamics of Silicate[M]. Heidelberg: Springer-Verlag, 2005.

[217] Leventis A, Verganelakis D A, Halsee M R, et al. Capillary imbibition and pore characterisation in cement pastes[J]. Transport in Porous Media, 2000, 39(2): 143-157.

[218] 杜修力, 金浏. 含孔隙混凝土复合材料有效力学性能研究[J]. 工程力学, 2012, 29(6): 70-77.

[219] 张强, 刘红彪. 饱水法测定混凝土孔隙率的试块尺寸优化研究[J]. 水道港口, 2017, 38(6): 604-609.

[220] Hall C. Water movement in porous building materials—I. Unsaturated flow theory and its applications[J]. Building and Environment, 2007, 12(2): 117-125.

[221] Hall C, Hoff W D. Water transport in brick, stone and concrete[J]. Cement & Concrete Research, 2004, 34(11): 2169.

[222] 中华人民共和国住房和城乡建设部. GB/T 50082—2009 普通混凝土长期性能和耐久性能试验方法标准[S]. 北京: 中国建筑工业出版社, 2009.

[223] Mehta P K. Studies on blended portland cement containing Santorin earth[J]. Cement and Concrete Research, 1981, 11(4): 507-518.

[224] 韩强. CFRP-混凝土界面粘结滑移机理研究[D]. 广州: 华南理工大学, 2010.

[225] 程云虹, 王宏伟, 王元. 纤维增强混凝土抗渗性试验研究[J]. 公路, 2010, (7): 142-144.

[226] 杨延毅. 混凝土损伤断裂过程研究[J]. 浙江大学学报(自然科学版), 1993, 27(5): 654-662.